国家社科基金
GUOJIA SHEKE JIJIN HOUQI ZIZHU XIANGMU
后期资助项目

历法、宗教与皇权：
明清之际中西历法之争再研究

Calendar, Religion and Imperial Power: Rethinking the Contest between Chinese and Western Calendars During the Late Ming and Early Qing Period

马伟华 著

中華書局
ZHONGHUA BOOK COMPANY

图书在版编目(CIP)数据

历法、宗教与皇权:明清之际中西历法之争再研究/马伟华著.
—北京:中华书局,2019.8(2024.4重印)
(国家社科基金后期资助项目)
ISBN 978-7-101-13938-9

Ⅰ.历…　Ⅱ.马…　Ⅲ.历法-研究-中国-明清时代
Ⅳ.P194.3

中国版本图书馆 CIP 数据核字(2019)第 124894 号

书　　名	历法、宗教与皇权:明清之际中西历法之争再研究
著　　者	马伟华
丛 书 名	国家社科基金后期资助项目
责任编辑	吴爱兰
责任印制	陈丽娜
出版发行	中华书局 (北京市丰台区太平桥西里 38 号　100073) http://www.zhbc.com.cn E-mail:zhbc@zhbc.com.cn
印　　刷	三河市中晟雅豪印务有限公司
版　　次	2019 年 8 月第 1 版 2024 年 4 月第 2 次印刷
规　　格	开本/710×1000 毫米　1/16 印张 16¼　插页 2　字数 276 千字
国际书号	ISBN 978-7-101-13938-9
定　　价	68.00 元

国家社科基金后期资助项目出版说明

后期资助项目是国家社科基金设立的一类重要项目，旨在鼓励广大社科研究者潜心治学，支持基础研究多出优秀成果。它是经过严格评审，从接近完成的科研成果中遴选立项的。为扩大后期资助项目的影响，更好地推动学术发展，促进成果转化，全国哲学社会科学工作办公室按照“统一设计、统一标识、统一版式、形成系列”的总体要求，组织出版国家社科基金后期资助项目成果。

全国哲学社会科学工作办公室

目　录

序　从多元角度探究明末清初西方科学的传入 ………………………………………… 关增建 1

绪　言 …………………………………………………………………………………… 1

第一章　中西初识——崇祯改历中修历诸家的纷争 …………………… 15
第一节　崇祯指挥改历史实辨析 ………………………………………… 15
第二节　崇祯改历期间西法所报交食数据再辨析 …………………… 36

第二章　调适会通——明清之际耶稣会士在改历中的活动 …………… 58
第一节　崇祯改历中耶稣会士所受朝廷廪给与恩赐探析 …………… 58
第二节　顺治年间汤若望管理钦天监事务探赜 ………………………… 70

第三章　碰撞与冲突——康熙历狱的发生与审判 ……………………… 84
第一节　五世达赖喇嘛进京朝觐与康熙历狱的发生 ………………… 84
第二节　杨光先告发康熙历狱的经过考辨 …………………………… 102
第三节　一场政治斗争:康熙历狱的审判过程再辨析 ………………… 112

第四章　西法中用——康熙历狱的翻案 ………………………………… 126
第一节　政治权力与天文管理:杨光先任职钦天监探析 ……………… 126
第二节　鳌拜被擒与康熙历狱的彻底翻案 …………………………… 134
第三节　时分秒制在中国的确立——以九十六刻制为
中心的探讨 ………………………………………………………… 153

第五章　融合发展——康熙三十一年容教诏令的颁发 …………………… 163
　　第一节　信仰、职责与政治——南怀仁对选择星占术的立场与态度 …………………………………………… 163
　　第二节　南怀仁治理历法事务探析 ………………………… 181
　　第三节　国家治理与君臣之谊——康熙颁布容教诏令的考量 ……………………………………………… 195

结　论 …………………………………………………………………… 216

参考文献 ………………………………………………………………… 224

后　记 …………………………………………………………………… 242

Abstract ………………………………………………………………… 244

序　从多元角度探究明末清初西方科学的传入

关增建

人们在考察中国近代科学的发展历程时，明末清初的西学东渐是一个怎么都绕不开的论题。多年以来，关于该论题的研究汗牛充栋，研究者从各自熟知的领域，分门别类地对之做了深入探究，形成了丰富多彩的研究成果。

从科技史的角度来看，通过前辈学者“筚路蓝缕，以启山林”的耕耘，通过当代学者考镜源流、辨是论非的努力，很多历史事实得以展现、历史误解得以澄清、历史源流有所显现。例如，通过已有的研究，我们知道了利玛窦等负笈东来，在以西方天文学为敲门砖，敲开向中国传教的大门的同时，是如何把西方经典的天文学理论传入中国的；通过医史界的努力，我们知道了西方的人体结构学说是如何通过《人身说概》等书的引进，为中国人所知晓的；通过天文学史界孜孜不倦地解读精义、整理校注，《崇祯历书》终于被整理出来，付梓面世，使我们得以一窥这部中西历法名著的全貌；通过数学史界对《几何原本》抽丝剥茧的梳理、溯源析流的考镜，我们知道了西方公理化思想是如何借助这部不朽著作的译介为中国先进知识分子所接受的，知道了西方的角度计量是如何在这一过程中为中国人所了解，并在反复的折腾中得以建立起来的，等等。类似的例子不胜枚举。这些成果，为揭示明末清初西方科学传入中国的历史过程做出了卓越贡献，也为进一步的研究奠定了坚实的基础。

但是，到目前为止，传统的分门别类的专题式研究，似乎也遇到了发展的瓶颈。如何在学界已有工作的基础上，进一步深化该领域的研究，增进我们对于那个时代的理解，这是一个值得深入思考的问题。

既然分门别类的专门研究遇到了瓶颈，解决之道似乎应该是开展综合性的研究，从多元角度对这段历史进行解读。因为历史本身不是按专题发展的，在历史的长河中，一些浪潮的形成，未必是水流本身循河道流动所致,外力的施加也会造成惊涛骇浪。即以当时传入中国的西方诸学科来说,天文学之所以能够成为带头学科,不是国内外天文学发展本身水到渠成的结果,而是利玛窦等人在传教使命的驱使下,为取信于中国人,精心选择的结果。如果按专题研究方式,仅从天文学自身的发展寻求解释,所得答案就会步入歧途,很难展示历史的真貌。类似的例子可以举出许多。显然,所谓从多元角度开展综合性的研究,就是从历史本身出发研究历史,以求得到比较接近历史真实的历史解释。

现在,摆在读者案头的马伟华博士的《历法、宗教与皇权:明清之际中西历法之争再研究》一书,就是作者尝试以多元角度对这段历史进行解读的结果。该书的主题,是对明清之际的历法改革进行探讨,作者没有把视野局限于历法的结构、数据的推算、历理的辨析等历法要素本身,而是将全书分成五章,分别从崇祯改历中修历诸家的纷争、明清之际耶稣会士在改历中的活动、康熙历狱的发生与审判、康熙历狱的翻案和康熙三十一年(1692)容教令的颁发诸角度着眼,探析明清之际历法改革的背景、宗教和皇权对历法改革走向的影响。作者把历法改革这一科学问题置于当时中西碰撞、朝代鼎革、皇权干预、宗教理念冲突等社会背景之下,全方位揭示这些社会因素是如何引发、影响历法改革这一科学活动的,并说明了科学因素本身在对抗和调适这些社会因素的过程中所起的作用。作者的讨论有理有据,得出的结论多有启发性,证实了通过多元角度研究科技历史的可行性。

马伟华博士毕业于上海交通大学,是在笔者的指导下完成其博士学位论文的,该书就是在其博士论文的基础上,经进一步修订改写形成的。正因为如此,笔者的评说,也许不无偏颇。倘若读者有不同意见,倘若读者发现该书在史料依据、论证方式乃至叙述细节等任何方面有所不妥,敬请告诉笔者或马伟华博士,以便作者在今后的研究中进行更改,为学界奉献真正的学术精品。

2019 年 5 月于上海交通大学

绪言

一、选题意义

天文历法在中国古代政治、社会生活中具有特殊的地位。从政治层面讲，中国古代君主以上天在人间的代理人自居，“垄断的、独占的通天手段，在上古是王权的来源，到后世成为王权的象征”[①]。在天人感应观念的影响下，观察、推算天体运动的天文历法工作以及相应的星占学说，成为君主了解天心、天意的重要渠道。颁历授时又是中国古代君主统治权的重要标志，“历法反映的是天时，所以颁历就是君主代替上天向民众授时。承认了君主的颁历权，也就等于承认了他们作为上天代理人的身份，当然也就表示愿意接受他们的统治”[②]。从社会层面讲，作为历法主要载体的历日与百姓的生活息息相关，“对于广大民众而言，在日常生活中，除了根据历法安排农时外，选定合适的时间进行婚嫁、修建、葬迁、旅行、投师、收徒、贩运、开业等活动是他们最基本的需要”[③]。正因为历法如此重要，每当王朝更替、历法发生偏差（如推算交食和冬至、立春等节气不准）、发生灾异祥瑞和重要祭祀活动、不同学派对历法产生争论等情况发生时[④]，朝廷都会下令改历。

中土的改历活动有时会受到域外天文学的影响，历史上这些情形主要发生在三个历史时期：六朝隋唐时期随佛教传入的印度天文学、元朝时阿拉伯天文学的传入以及明末清初近代西方天文学的传入[⑤]。明末清初中

---

① 江晓原：《天学真原》，译林出版社，2011 年，第 107 页。

② 关增建：《中国古代计量的社会功能》，《中国计量》2003 年第 6 期。有关颁历重要性的论述可参见汪小虎《明代颁赐王历制度考论》，《史学月刊》2013 年第 2 期；汪小虎：《明朝颁历朝鲜及其影响》，《史学月刊》2014 年第 7 期。

③ 董煜宇：《从文化整体概念审视宋代的天文学——以宋代的历日专卖为个案》，载孙小淳、曾雄生主编《宋代国家文化中的科学》，中国科学技术出版社，2007 年，第 50 页。

④ 钮卫星：《汉唐之际历法改革中各作用因素之分析》，《上海交通大学学报（哲学社会科学版）》2004 年第 5 期。

⑤ 相关内容参见江晓原、钮卫星《天文西学东渐集》，上海书店出版社，2001 年。

土的历法改革和中西天文学交流,发生在中华文明与欧洲文明第一次大规模交流碰撞的背景之下,因而显得尤为重要。席泽宗先生将十七、十八世纪西方天文学在中国的传播归纳为六大方面:引入了欧洲古典的几何模型方法、引入了明确的地圆概念、《崇祯历书》的刊行、望远镜的引入、西方天文仪器的制造、耶稣会士长期主持清朝的皇家天文机构①。科技史学界对这些问题都进行了卓有成效的研究,如江晓原对传入中国的第谷天文体系和托勒密体系的研究②,张柏春对明清天文仪器欧化的研究③,《崇祯历书》及《新法算书》更是学术界研究的一个热点问题④。王广超的博士论文从"岁差""圭表测影""五星运动"等案例,探讨了明清之际中国天文学转型中宇宙论、计算与观测之间关系的转变⑤。祝平一探讨了明清之际有关地圆说的争议,并仔细整理了相关研究成果⑥。王广超分析了望远镜的传入对中国天文学的影响,对有关望远镜的研究进行了详细的梳理⑦。

这些研究勾勒了明清之际西方天文学传入中国的盛况,如此大规模、系统的西方天文学知识传入,与来华耶稣会士施行的学术传教策略密切相关。17 世纪来华的耶稣会士正是"借助天文学得以直接打入中国社会最

① 席泽宗:《十七、十八世纪西方天文学对中国的影响》,《自然科学史研究》1988 年第 3 期。

② 江晓原:《明清之际西方天文学在中国的传播及其影响》,博士学位论文,中国科学院自然科学史研究所,1988 年。此外,江晓原教授还发表了一系列相关论文,如《第谷天文工作在中国的传播及影响》《第谷天文学说的历史作用:西方与东方》《第谷天文体系的先进性问题》《明末来华耶稣会士所介绍之托勒密天文学》《汤若望与托勒密天文学在中国之传播》《明清之际中国学者对西方宇宙模型之研究及态度》等,收录于江晓原、钮卫星《天文西学东渐集》,上海书店出版社,2001 年。

③ 张柏春:《明清测天仪器之欧化——十七、十八世纪传入中国的天文仪器技术及其历史地位》,辽宁教育出版社,2000 年。张柏春发表的相关论文有:《明末欧洲式天文仪器的试制与使用》,《中国科技史料》2000 年第 1 期;《清朝前期观象台天文仪器的欧洲化》,《中国科技史料》1999 年第 4 期;《南怀仁所造天文仪器的技术及其历史地位》,《自然科学史研究》1999 年第 4 期等。

④ 相关研究有江晓原:《〈崇祯历书〉的前前后后(上、下)》,《中国典籍与文化》1996 年第 4 期、1997 年第 2 期;孙小淳:《〈崇祯历书〉星表和星图》,《自然科学史研究》1995 年第 4 期;付邦红、石云里:《〈崇祯历书〉和〈历象考成后编〉中所述的蒙气差修正问题》,《中国科技史料》2001 年第 3 期;宁晓玉:《〈新法算书〉中的日月五星运动理论及清初历算家的研究》,博士学位论文,中国科学院国家授时中心,2007 年;吴蕴豪:《崇祯改历——明清学术变迁中的国家科学活动》,博士学位论文,中国科学院自然科学史研究所,2008 年。更多相关研究参见吴蕴豪博士论文导言。

⑤ 王广超:《明清之际中国天文学转型中的宇宙论、计算与观测》,博士学位论文,中国科学院自然科学史研究所,2009 年。

⑥ 祝平一:《跨文化知识传播的个案研究:明清之际地圆说的争议,1600—1800》,《"中央"研究院历史语言研究所集刊》第六十九本(1998)第三分。

⑦ 王广超:《明清之际望远镜的传入对中国天文学的影响》,《自然科学史研究》1995 年第 4 期。

上层——北京宫廷”[①],进而利用皇权的影响为其在华传播天主教打开方便之门。耶稣会士之所以能够进入中国,并在一定程度上公开传播天主教以及西方自然科学知识,又受惠于他们采取的文化适应策略——“大多数17世纪中国传教团的耶稣会士对中国怀有一种赞同、主动适应其文化的态度”[②]。如今,当重新回顾这段历史时,笔者发现学界现有的研究成果,尚不足以回答自己的一些疑问:明清之际的历法改革、天主教传播与皇权政治之间是什么样的关系?[③] 学术传教策略和文化适应策略是否足以保障17世纪耶稣会士在华传教事业的顺利开展?

明清之际的中西历法之争恰好将明清两朝禁教、允许传教的诸多事件联系起来[④],且与彼时的政治局势、耶稣会士的学术传教策略、中西文化之间的冲突等密切关联。因此梳理明末清初中西历法之争的过程,剖析其中历法改革、天主教传播与皇权政治三者之间的相互关系,有助于我们重新认识、了解明清之际中西历法之争的根源,以及耶稣会士在华的传教策略。明末清初历法之争中保存的钦天监管理史料,又为我们考察明清皇权体制下官署的运行提供了比较完整的案例,藉此或许可以重新审视明清时期皇权政治的某些特性。总之,笔者希望通过对明清之际历法之争的再研究,对相关科技史、基督教史以及政治史等的研究有所裨益。

二、学术史回顾

明清之际的中西历法之争及与其息息相关的明清中西交流史是国内外学术界持续关注的热点问题,科技史、学术史、宗教史、中外关系史、全球

---

① 江晓原:《通天捷径——明清之际耶稣会士在华传播的欧洲天文学说及其作用与意义》,载江晓原、钮卫星《天文西学东渐集》,第412页。

② 孟德卫著,陈怡译:《奇异的国度:耶稣会适应政策及汉学的起源》,大象出版社,2010年,第329页。

③ 本书主要考察皇权执掌者对天文历法、天主教的态度,故本书中的“皇权政治”一词主要指明清时期的君主集权体制而言。“皇权”一词取其最基本的含义,即:“皇帝(或君主、国王)个人所执掌的权力而已。”(李渡:《明代皇权政治研究》,中国社会科学出版社,2004年,第37页)并不涉及观念、政策等问题。

④ 这一系列事件主要指万历皇帝因南京教案下令驱逐传教士、顺治年间传教事业的蓬勃发展、康熙历狱后清廷禁止天主教传播、康熙历狱的平反以及康熙三十一年(1692)容教诏令的颁发等事件。

史等领域的诸多学者都对相关问题进行过细致深入的研究，成果斐然[①]。由于笔者学识所限，本研究将主要集中于明末清初有关中西历法之争的一系列事件：崇祯改历、清初西方历法正统地位的确立、康熙历狱、康熙历狱的翻案、康熙三十一年(1692)容教诏令的颁发等。现将学界相关研究成果回顾如下：

一、有关崇祯改历期间中西历法之争的研究。对于明末中西历法之争，薄树人、黎正甫、吴蕴豪、桥本敬造等在相关研究中都曾涉及[②]。石云里在《崇祯改历过程中的中西之争》一文中分析了明末西方天文学受抵制的一般原因，梳理了改历过程中东、西历局以及西局和钦天监之间的纷争[③]。吕凌峰、褚龙飞将古籍中所记载的明末历争中的交食时刻转换为现代时制，然后再与现代天文软件所计算出的交食理论值进行对比，考察西法与大统历预报交食的精度；褚龙飞还考察了崇祯改历中的时制问题[④]。李亮通过对崇祯七年(1634)三月日食的分析，认为西法"与天密合"的现象

---

① 相关研究有樊洪业：《耶稣会士与中国科学》，中国人民大学出版社，1992年；张国刚：《从中西初识到礼仪之争——明清传教士与中西文化交流》，人民出版社，2003年；吴伯娅：《康雍乾三帝与西学东渐》，宗教文化出版社，2002年；徐海松：《清初士人与西学》，东方出版社，2001年；李天纲：《跨文化的诠释：经学与神学的相遇》，新星出版社，2007年；孙尚扬：《基督教与明末儒学》，东方出版社，1994年；艾尔曼著，原祖杰等译：《科学在中国(1550—1900)》，中国人民大学出版社，2016年；柏理安著，毛瑞方译：《东方之旅：1579—1724耶稣会传教团在中国》，江苏人民出版社，2017年；Qiong Zhang, *Making the New World Their Own: Chinese Encounters with Jesuit Science in the Age of Discovery*(Leiden | Boston: Brill Press, 2015)；Florence C. Hsia, *Sojourners in a Strange Land: Jesuits and Their Scientific Missions in Late Imperial China*(Chicago: The University of Chicago Press, 2009)；Catherine Jami, *The Emperor's New Mathematics: Western Learning and Imperial Authority During the Kangxi Reign* (1662—1722)(Oxford: Oxford University Press, 2011)等。

② 薄树人：《徐光启的天文工作》，载中国科学院自然科学史研究室编《徐光启纪念论文集》，中华书局，1963年，第110—142页；黎正甫：《明季修改历法始末(上、中、下)》，《大陆杂志》(台北)第27卷(1963)第10、11、12期；吴蕴豪：《崇祯改历——明清学术变迁中的国家科学活动》，博士学位论文，中国科学院自然科学史研究所，2008年；Keizo Hashimoto(桥本敬造)，*Hsu Kuang-chi and Astronomical Reform*(Osaka: Kansai University Press, 1988).

③ 石云里：《崇祯改历过程中的中西之争》，《传统文化与现代化》1996年第3期。

④ 吕凌峰、石云里：《明末历争中交食测验精度之研究》，《中国科技史料》2001年第2期；褚龙飞、石云里：《再论崇祯改历期间西法交食预报的时制与精度》，《中国科技史杂志》2014年第2期；吕凌峰：《明末及清代交食记录研究》，博士学位论文，中国科学技术大学，2002年。此外，李亮用同样的方法分析了明代大统历、回回历的交食精度，见李亮《明代历法的计算机模拟分析与综合研究》，博士学位论文，中国科学技术大学，2011年；李亮等：《〈回回历法〉交食精度之分析》，《自然科学史研究》2011年第3期。

并非因其推算精密，也与传教士隐瞒对新法不利的证据有关[①]。祝平一在《西学东渐：晚明中西历法的初步接触与历法形式的冲突》中介绍了明末历法改革的背景，中西历法在时刻、角度等问题上的差异；其《三角函数表与明末中西历法之争——科学的物质文化试探》一文以三角函数表为例探讨了物质文化在科学中的角色，指出中西历法之间根本无法调和，只能在两者中选择其一[②]。上述成果的研究方法、结论对我们理解崇祯改历期间的中西历法之争启迪甚大，但有一些问题尚待继续深入探讨。譬如学界尚没有对为何《崇祯历书》早已编撰完成，而西洋历法却迟迟得不到颁行的原因给出合理的解释；崇祯主宰了改历的全过程，现有成果却没有分析崇祯对改历活动的影响；有关崇祯改历所使用的时制、西法预报交食的精确度等问题也存在进一步讨论的空间。

二、关于清初西方历法正统地位的确立及汤若望对民历的改革之研究。对这些问题，黄一农发表一系列论文探讨了清初历法之争中天文历法与社会、政治间的关系。由黄一农的研究可知，明清鼎革之后，汤若望在与清政府建立关系后，通过测验天象证明西法准确、争取制定新历的授权、以新法考选钦天监官生等措施确立了西方历法的正统地位[③]。汤若望对中国传统民历进行了有限度的改革，如改"觜前参后"为"参前觜后"、改百刻制为九十六刻制、用定气法决定气闰等，试图调和中、西间对术数之学的认识[④]。康熙历狱中杨光先就调整觜参两宿的先后次序、删除"四余"等向汤若望发难，黄一农对此亦有详细的梳理研究[⑤]。黄一农系统完整的研究使

---

① 李亮、吕凌峰、石云里：《被遗漏的交食——传教士对崇祯改历时期交食记录的选择性删除》，《中国科技史杂志》2014 年第 3 期。

② 祝平一著，余晓岚译：《西学东渐：晚明中西历法的初步接触与历法形式的冲突》，载《法国汉学》丛书编辑委员会编《法国汉学》第六辑，中华书局，2002 年，第 340—341 页。祝平一：《三角函数表与明末中西历法之争——科学的物质文化试探（上、下）》，《大陆杂志》（台北）第 99 卷（1999）第 5、6 期。

③ 黄一农：《汤若望与清初西历之正统化》，载吴嘉丽、叶鸿洒主编《新编中国科技史》（下册），银禾文化事业公司，1990 年，第 465—490 页。

④ 黄一农：《从汤若望所编民历试析清初中欧文化的冲突与妥协》，《清华学报》（新竹）新 26 卷（1996）第 2 期；黄一农：《汤若望〈新历晓或〉与〈民历铺注解惑〉二书略记》，《"国立中央"图书馆馆刊》（台北）新 25 卷（1992）第 1 期。

⑤ 黄一农：《清前期对觜、参两宿先后次序的争执——社会天文学史之一个案研究》，载杨翠华、黄一农主编《近代中国科技史论集》，"中央"研究院近代史研究所、清华大学历史研究所，1991 年，第 71—94 页；黄一农：《清前期对"四余"定义及存废的争执——社会天文学史个案研究（上、下）》，《自然科学史研究》1993 年第 3 期、1993 年第 4 期。

相关问题几无可垦之处，笔者此处只对汤若望管理钦天监期间的相关措施拾遗补缺。

三、有关康熙历狱的研究。2015年詹嘉玲(Catherine Jami)梳理了六十年来国际上关于康熙历狱的研究成果，并针对已有成果提出了一个非常值得深思的问题：对康熙历狱中满人和辅政大臣的立场应给以合理的解释[①]。尽管有关康熙历狱国外学者做了相当多的探讨[②]，但其中具有说服力的观点主要在中文文献中呈现。林健曾撰文详细介绍了康熙历狱发生和翻案的经过[③]，安双成利用满文密本档梳理了康熙历狱的始末[④]。黄一农认为选择荣亲王葬期一事是历狱发生、发展的中心，汤若望在顺治十五年(1658)授意钦天监下属状告礼部误择荣亲王葬期，导致礼部尚书恩格德等七名官员遭到革职解任处分；杨光先指责汤若望选择荣亲王葬期年、月、时皆凶，康熙三年(1664)的政治背景与顺治年间相比亦发生变化，此一背景下，在辅政大臣苏克萨哈的支持下，恩格德积极活动，误择荣亲王葬期一事成为汤若望等人判决的焦点；在历狱翻案过程中，择日一事被重新提起，最终南怀仁等为康熙历狱全面翻案[⑤]。黄一农的观点在学界影响甚大，几成定论[⑥]。不过詹嘉玲敏锐地发现此种解释存在一个悖论：辅政大臣敌视汉文化，却将汤若望以触犯汉文化为由判决，辅政大臣的动机到底是什么？[⑦]

围绕康熙历狱，黄一农考证了杨光先的家世、生平、著述，康熙朝士人

① Catherine Jami, "Revisiting the Calendar Case (1664—1669): Science, Religion, and Politics in Early Qing Beijing", *The Korean Journal for the history of Science*, vol, 37, no. 2 (August 2015): 459—477.

② 国外学者的研究情况可参见詹嘉玲教授的论文。

③ 林健：《西方近代科学传来中国后的一场斗争——清初汤若望和杨光先关于天文历法的论争》，《历史研究》1980年第2期。

④ 安双成：《汤若望案始末》，《历史档案》1992年第3期。

⑤ 黄一农：《择日之争与康熙历狱》，《清华学报》(新竹)新21卷(1991)第2期；Huang Yi-long, "Court Divination and Christianity in the K'ang-hsi Era", *Chinese Science* 10 (1991): 1—20.

⑥ 有学者认为康熙历狱的起因是权力斗争，但相关论述缺乏过硬的史料支撑，没有获得学界的普遍认可。如钱志坤《"钦天监教案"起因探析》，《杭州师范学院学报(人文社会科学版)》2001年第4期；李大鸣：《中西历法的三次较量》，《紫禁城》2006年Z1期；

⑦ 此即上文所述詹嘉玲认为应该对辅政大臣立场给以合理解释的原因。

对"历狱"的态度等一系列问题[①]。祝平一分析了康熙历狱中杨光先对汤若望等人的攻击，以及历狱翻案的过程，他认为中、西历法在置闰等问题上的争执，本质上是规则制定权的争夺[②]。此外，赵殿红考察了康熙历狱后被拘押在广州传教士的活动[③]，张中鹏考证了历狱中边缘人物许之渐的家世生平及其西学人脉关系[④]；吕江英亦考察了康熙初年的历法之争[⑤]。这些研究对本书都有重要参考价值。

目前，历法和选择荣亲王葬期两事是康熙历狱发生主因的观点获得了学界的普遍认可。然而在研读新出版的《清初西洋传教士满文档案译本》时，笔者发现康熙历狱更有可能是一场陷害汤若望的政治斗争，历法和选择荣亲王葬期不过是辅政大臣判处汤若望的借口。书中利用新公开的满文史料以及《清内秘书院蒙古文档案汇编汉译》等文献，尝试从政治斗争的角度重新探究康熙历狱发生的原因及审判过程。笔者期许书中的论述能够回答詹嘉玲的疑惑，使学界对康熙历狱有一全新的认识。

四、关于康熙历狱翻案的研究。黄一农在《清初钦天监中各民族天文家的权力起伏》《清初天主教与回教天文家间的争斗》两文中梳理了康熙历狱翻案的全过程，重点考证了杨光先、吴明烜与南怀仁有关历法问题的论争，并利用现代天文学知识重新检验了史料中记载的天文数据，指出南怀仁指斥《回回历》中的错误，"多因新历屡以同名异义的方式定义或计算历日中的内容(如定义周天度数、一日刻数或推求气闰、黄道宿度等)所致。

① 黄一农：《杨光先著述论略》，《书目季刊》(台北)第23卷(1990)第4期；《杨光先家世与生平考》，《"国立"编译馆馆刊》(台北)第19卷(1990)第2期；《康熙朝涉及"历狱"的天主教中文著述考》，《书目季刊》(台北)第25卷(1991)第1期；《张宸生平及其与杨光先间的冲突》，《九州学刊》(美国)第6卷(1993)第1期；《新发现的杨光先〈不得已〉一书康熙间刻本》，《书目季刊》(台北)第27卷(1993)第2期；《从〈始信录序〉析究杨光先的性格》，*Sino-Western Cultural Relations Journal* (U. S. A.), No. 16(1994)：1—18；《吴明炫与吴明烜——清初与西法相抗争的一对回回天文家兄弟?》，《大陆杂志》(台北)第84卷(1992)第4期。

② Chu Ping-yi, "Scientific Dispute in the Imperial Court: The 1664 Calendar Case", *Chinese Science* 14 (1997): 7—34. Chu Ping-yi, *Technical Knowledge, Cultural Practices and Social Boundaries: Wan-nan Scholars and the Recasting of Jesuit Astronomy*, 1600—1800 (PhD diss., University of California, Los Angeles, 1994), pp.83—129.

③ 赵殿红：《"康熙历狱"中被拘押传教士在广州的活动：1662—1771》，《澳门研究》2003年第19期。

④ 张中鹏：《许之渐与康熙历狱——兼论许之渐的西学人脉关系》，载林广志等主编《西学与汉学——中外交流史与澳门史论集》，上海古籍出版社，2009年，第51—71页。

⑤ 吕江英：《康熙初年的历法之争与儒耶冲突》，中华书局，2015年。

亦即旧历与天行的误差，远不如南怀仁所渲染者大，且西法亦非果真如天主教天文家所宣称的'吻合无差'"[①]。《择日之争与康熙历狱》一文阐述了选择荣亲王葬期一事的前因后果，论述中涉及钦天监官员在历狱翻案时为洪范五行所做的辩护。《耶稣会士对中国传统星占术数的态度》一文中则论述了历狱翻案时，杨光先指责南怀仁不懂选择术，康熙询问新、旧两历间有关铺注与支干异同一事[②]。

庄吉发在《南怀仁与清初历法的改革》一文中介绍了康熙七年(1668)末南怀仁指责吴明烜所造历日中的错误，以及南怀仁与杨光先测验日影、五星等活动，梳理了南怀仁为康熙历狱翻案的经过[③]。席泽宗、吕实强的文章也分别涉及了南怀仁为康熙历狱翻案、杨燝南攻击新法历书等事[④]；黄一农考证了攻击西洋新法之杨燝南的生平家世[⑤]。至今，有关康熙历狱翻案的研究中仍有两个问题值得进一步探究：第一，前辈学者的研究很少关注康熙八年辅政大臣鳌拜下台后政治局势的变化对历狱翻案的影响[⑥]；第二，康熙帝在康熙历狱翻案中发挥着重要作用，而前人对此很少论述。

五、对康熙三十一年(1692)容教诏令颁发原因的研究。张先清在《康熙三十一年容教诏令初探》一文中对容教诏令颁布的全过程进行了细致入微的研究。对于容教令颁发的原因，吴伯娅、张先清都认为康熙对天主教态度的转变以及索额图的推动都是其中的重要因素[⑦]。林金水则认为南怀仁有意识地向康熙传播和灌输有关天主教的信仰和知识，促使康熙对待

① 黄一农：《清初钦天监中各民族天文家的权力起伏》，《新史学》(台北)第2卷(1991)第2期；黄一农：《清初天主教与回教天文家间的争斗》，《九州学刊》(美国)第5卷(1993)第3期。

② 黄一农：《耶稣会士对中国传统星占术数的态度》，《九州学刊》(美国)第4卷(1991)第3期。

③ 庄吉发：《南怀仁与清初历法的改革》，载庄吉发《清史论集(六)》，文史哲出版社，2000年，第1—40页。

④ 席泽宗：《南怀仁对中国科学的贡献》，载魏若望编《传教士·科学家·工程师·外交家南怀仁(1623～1688)》，社会科学文献出版社，2001年，第193—224页；吕实强：《南怀仁的科技贡献与宣道风范》，载《南怀仁逝世三百周年国际学术讨论会论文集》，辅仁大学，1987年，第67—78页。

⑤ 黄一农：《杨燝南——最后一位疏告西方天文学的保守知识分子》，《汉学研究》(台北)第9卷(1991)第1期。

⑥ 黄一农在《清初钦天监中各民族天文家的权力起伏》一文中已经注意到了鳌拜下台后政局的改变，不过作者并未就此展开论述。

⑦ 吴伯娅：《康熙帝事考两则》，载中国社会科学院历史研究所清史研究室编《清史论丛(2009年号)》，中国广播电视出版社，2008年，第187—196页。

天主教的态度发生变化，从而间接导致了容教令的颁发[①]。在学者们的论述中，南怀仁、徐日升、索额图等人是推动容教诏令颁发的主要人物，康熙只是处于被动接受者的角色——康熙对天主教完全没有明确的方针策略[②]。学界这样的论述，与历史上康熙的形象完全不同，夸大了南怀仁、索额图的能量，忽视了康熙作为一国之君的作用，笔者将在书中阐释康熙在容教诏令颁发过程中的主导地位，探讨他决定颁布容教诏令的原因。

以上研究成果，多将重点放在单个事件的探讨上，没有从整体上对明清之际中西历法之争进行贯通式的探究，这样的研究割裂了明清之际中西历法之争的历史。学界一些从宏观上探讨耶稣会士与明清科学的著作[③]，又缺乏对相关细节的钻研，对有关历争的内容大多泛泛而谈。此种研究现状使得学者无法从整体上、长时段地把握历法之争的根源，以及历法改革、天主教传播及皇权政治之间相互影响、相互作用的关系，无法回答本书研究意义中所提出的两个问题。有鉴于此，本书在论述内容上涵盖从 1629 年崇祯改历开始到 1692 年容教诏令颁发期间中西历法之争的全部重要事件——崇祯改历期间的历法之争及西法预报交食时刻数据的精度问题、五

---

① 林金水：《试论南怀仁对康熙皇帝天主教政策的影响》，载魏若望编《传教士・科学家・工程师・外交家南怀仁（1623～1688）》，社会科学文献出版社，2001 年，第 403—438 页。

② 相关研究参见张先清《康熙三十一年容教诏令初探》，《历史研究》2006 年第 5 期；林金水：《试论南怀仁对康熙皇帝天主教政策的影响》，载魏若望编《传教士・科学家・工程师・外交家南怀仁（1623～1688）》，第 403—438 页；吴伯娅：《康雍乾三帝与西学东渐》，第 124—139 页；吴伯娅：《康熙帝事考两则》，载中国社会科学院历史研究所清史研究室编《清史论丛（2009 年号）》，中国广播电视出版社，2008 年，第 187—196 页；龚缨晏、陈雪军：《康熙"1692 年宽容敕令"与浙江》，载黄爱平、黄兴涛编《西学与清代文化》，中华书局，2008 年，第 178—182 页；曹增友：《康熙时期耶稣会传教士所为及政府政策的演变》，载张西平主编《莱布尼茨思想中的中国元素》，大象出版社，2010 年，第 355—387 页；梅谦立：《清初的满人、汉人和西方人：1692 年容教诏令和文化多元化》，《神州交流》2009 年第 2 期；古伟瀛，"Father Tomás Pereira, SJ, the Kangxi Emperor and the Court Westerners", in Artur K. Wardega, SJ, António Vasconcelos de Saldanha, eds., *In the Light and Shadow of an Emperor: Tomás Pereira, SJ (1645—1708), the Kangxi Emperor and the Jesuit Mission in China* (London: Cambridge Scholars Publishing, 2012), pp. 64－84; Nicolas Standaert, "The 'Edict of Tolerance' (1692): A Textual History and Reading", in Artur K. Wardega, SJ, António Vasconcelos de Saldanha, eds., *In the Light and Shadow of an Emperor: Tomás Pereira, SJ (1645—1708), the Kangxi Emperor and the Jesuit Mission in China* (London: Cambridge Scholars Publishing, 2012), pp. 308－358.

③ 相关研究参见樊洪业《耶稣会士与中国科学》，中国人民大学出版社，1992 年；徐海松：《清初士人与西学》，东方出版社，2001 年；吴伯娅：《康雍乾三帝与西学东渐》，宗教文化出版社，2002 年。

世达赖喇嘛进京朝觐与康熙历狱发生间的关系、康熙历狱审讯中的政治倾向、鳌拜被擒与康熙历狱的翻案以及康熙颁布容教诏令的考量等，既注重宏观上的整体研究，又力争在每个重要事件的研究上提出新意，全面、系统、辩证地考察明清之际的中西历法之争。

三、研究内容及核心史料

在史料上，本选题围绕崇祯改历、康熙历狱、康熙三十一年（1692）容教诏令的颁布等事件，注重利用相关常见史料，如《崇祯历书·治历缘起》《汤若望奏疏》、《汤若望传》（魏特著）、《清世祖实录》《清圣祖实录》《清初五世达赖喇嘛档案史料选编》《五世达赖喇嘛传·云裳》《明清时期澳门问题档案文献汇编》《熙朝定案》《耶稣会士中国书简集》《中国近事——为了照亮我们这个时代的历史》等。对此类史料的处理原则是围绕本选题的论述主旨，挖掘其中为前辈学者忽视的细节，力求从中发掘新内容、论述新观点。与此同时，本选题十分重视近年来新出版史料的使用，如《清初西洋传教士满文档案译本》《清内秘书院蒙古文档案汇编汉译》《明末清初天主教史文献新编》《〈崇祯历书〉合校》《钦定新历测验纪略》[①]、《妄择辩》《妄占辩》《妄推吉凶辩》《预推纪验》《南怀仁的〈欧洲天文学〉》[②]、《Letters of a Peking Jesuit: The Correspondence of Ferdinand Verbiest, SJ (1623—1688)》等。这些新史料是本书重新研究明清之际中西历法之争的主要支撑，是阐发、回答本书所提问题的基础所在。

在研究内容上，本书探讨从崇祯改历开始（1629）到康熙三十一年（1692）容教诏令颁发期间，六十余年中历法改革、天主教传播与皇权政治之间的关系，主要探讨以下五个大的论题：

一、崇祯改历期间的中西历法之争。此章包括两个内容：（1）崇祯指挥改历史实的辨析。分析崇祯在改历启动、东局的成立、西洋新法无法颁行

---

① 本书写作过程中曾查阅南怀仁写给沙皇的信，内容与《钦定新历测验纪略》大致相同，主要介绍西洋历法的确立过程。见 Noël Golvers, Efthymios Nicolaidis, *Ferdinand Verbiest and Jesuit Science in 17th Century China: An Annotated Edition and Translation of the Constantinople Manuscript* (Athens-Leuven, 2009).

② 写作中亦对照该书的英文版，Noël Golvers, *The Astronomia Europaea of Ferdinand Verbiest, S.J. (Dillingen, 1687): Text, translation, notes and commentaries* (Steyler Verlag, 1993).

等事件中的关键作用，考察徐光启、魏文魁、李天经等如何应对崇祯“参合诸家”的改历指导方针，以及历争之中所牵涉的利益纠葛，指出改历最终陷入僵局是因为改历无法达到崇祯设定的各家“务要画一”之目标。崇祯改历总体上呈现外行领导内行的局面，皇权制约、影响了改历的全过程。(2)崇祯改历期间西法所报交食时刻的辨析。与崇祯改历中曾采用九十六刻制的观点进行讨论，认为崇祯改历期间西法所报交食时刻始终采用百刻制计时，且遵循小刻在大刻之后的传统。指出崇祯改历中的交食测验受到天气、计时和观测工具、管理者所认可的误差标准等因素影响，不能仅仅依据西法所报交食时刻考察西法预报的精度。书中辨析了一些有关崇祯改历的误读，阐明两个史实：崇祯改历并不缘起于西法推算崇祯二年(1629)日食优于《大统历》；崇祯改历中交食测验“与天密合”的标准与当代科学对精确度的追求不同，改历中各家交食测验较量的本质是测得何种历法误差最大。

二、明清鼎革之际耶稣会士在改历中的活动。此章论述内容如下：(1)从廪给与恩赐角度审视耶稣会士参与崇祯改历的目的与意义。耶稣会士在崇祯改历中贡献颇大，然而改历之初他们所受朝廷廪给却非常少。改历中耶稣会士兢兢业业工作的行为，以及面对清军入侵时的态度，表明了他们效忠明朝的立场，最终在明朝官员的奏请下朝廷增加了耶稣会士的廪给。汤若望请赐匾额的行为表明耶稣会士希望借助皇权的影响传教，通过崇祯改历耶稣会士成功融入明朝的政治体制。(2)顺治年间汤若望管理钦天监事务探赜。明清鼎革之后，汤若望积极向清廷靠拢，其效忠清朝的政治立场，帮助他赢得了钦天监的管理权。此后汤若望通过控制钦天监中层领导权，笼络钦天监内中下层人员的人心，同时加紧督促钦天监众人学习西法等措施，经过漫长的过程才确立了西法在钦天监的主体地位。汤若望对回回科采取的打击压制措施，则导致了吴明炫对西法的攻击。

三、康熙历狱的发生原因与审判过程。围绕康熙历狱，阐述以下内容：(1)五世达赖喇嘛进京朝觐与康熙历狱的发生。顺治年间，满汉大臣围绕顺治是否应出京迎接五世达赖喇嘛一事发生了激烈的论争。汤若望因宗教因素，同汉族大臣一道使用天象示警的办法，成功阻止顺治出京迎接达赖喇嘛，导致满洲大臣稳定边疆的希望部分落空，以至于与索尼等满洲大臣结怨。康熙三年(1664)，在厄特鲁蒙古侵扰内地的背景下，索尼等辅政大臣要求五世达赖喇嘛惩治作乱之人无果。当时汤若望是曾经反对五世达赖喇嘛进京朝觐且仍处于权力中心的唯一一人。此种政治背景下，杨光先状告汤若望，最终引发了康熙历狱。

（2）杨光先告发汤若望案的过程及原因。利用新出版的满文档案梳理了杨光先告发康熙历狱的经过，考察杨光先不断上告的缘由以及上告过程中的境遇，阐明以下论点：顺治到康熙年间，杨光先状告的对象经历了从西洋历法到汤若望的转变；认定传教士意图谋叛是杨光先不断状告的根本原因；杨光先的状告只是康熙历狱发生的导火线，政治局势才是康熙历狱发生的决定因素。

（3）康熙历狱的审判过程再辨析。根据新公布的满文档案，从政治斗争的角度重新分析了康熙历狱的审判过程，阐释了历法和误择荣亲王葬期并非康熙历狱审讯的核心，欲将汤若望置之死地才是历狱审讯关键所在的观点。清廷首先以“谋叛”和“妖书”等罪名审讯汤若望等人，并判决汤若望传播邪教、编造新书惑众的罪名成立。然而这一判决却因顺治曾经对汤若望的公开褒奖而难以执行，清廷才转而以误用洪范五行选择荣亲王葬期判处汤若望等人。康熙历狱不是因选择荣亲王葬期发生的择日之争，而是辅政大臣陷害汤若望的政治斗争。

四、康熙历狱的翻案。考察历狱翻案的过程：（1）杨光先任职钦天监始末辨析。康熙历狱审讯过程中，因辅政大臣以为杨光先精通历法，清廷执意任命其为钦天监官员。杨光先上奏陈述其不知历数等理由，五次请辞无果，因而被迫任职。杨光先上任后，极力打压钦天监内精习西洋历法之人，却无真正可依靠之人治历，以致在编制历日一事上出现重大争议。当康熙要求用测验的办法检验中西历法之优劣时，杨光先在测验中败北，黯然离职。杨光先不谙历法的事实从未改变，改变的只是执政者处理此事的依据——主观臆断还是客观测验。清廷中央政权权力更迭成为决定杨光先命运的关键，而钦天监官生的命运亦在钦天监权力更迭中演绎同样的沉浮。清代政治体制中，政治权力决定天文管理的取向，权力执掌者认可的准则即是选择钦天监人员的标准。

（2）鳌拜被擒与康熙历狱的彻底翻案。因为有关康熙八年（1669）历日的置闰问题出现巨大争议，康熙接受南怀仁的建议以测验的方法检验中西历法之优劣，成为西法重新确立正统地位的契机。鳌拜手握权柄之时，康熙谨慎地处理了杨光先与南怀仁有关历法问题的论争，特意强调杨光先状告汤若望一案属实。鳌拜被擒之后，清廷中央政权格局发生重大变革。在一片平反冤假错案的浪潮中，南怀仁等人上奏指责杨光先倚恃权奸、诬告汤若望，要求为康熙历狱翻案。康熙下旨要求重新明辨是非，清廷审查后认为使用洪范五行选择荣亲王葬期并无不妥之处，汤若望案被平反。康熙对待汤若望案实事求是的态度成为历狱翻案的关键，辅政体制解体则是康熙历狱翻案的前提条件。

(3)九十六刻制在中国的确立。明末清初在耶稣会士的推动下，九十六刻制记时制度流传开来。顺治年间，九十六刻制被推行开来。康熙历狱中杨光先与汤若望就百刻制与九十六刻制展开论争，九十六刻制成为传教士的罪名之一。在为康熙历狱平反的过程中，南怀仁重申了九十六刻制与十二时辰制配合更为简便的观点。伴随着西方历法正统地位的重新确立，九十六刻制最终在中国确立。九十六刻制的命运与西方历法的地位紧密联系在一起；百刻制与九十六刻制的论争，技术层面的根源在于中西历法采用不同的计量体系，杨光先等人反对九十六刻制，主要还是出于政治、文化原因。

五、康熙三十一年(1692)容教诏令颁发过程。(1)南怀仁对选择星占术的立场与态度。为了替康熙历狱翻案，南怀仁撰写《妄择辩》《妄推吉凶辩》等批驳中国选择术不能推定吉凶祸福，然而他却因担负管理钦天监的职责，又不得不辩护选择术存在合理之用。对中国星占术，南怀仁意图在理论和实践上将其彻底推翻。对天文气象学等西方星占术，南怀仁却坚信其确有实效，并在钦天监内将其付诸实践。为了迎合清廷的政治文化，南怀仁最终依照中土军国星占学的传统奏报异常天象。政治是决定南怀仁对中国选择星占术采取何种态度的首要因素，南怀仁对中西星占术不同立场的根源在文化信仰。

(2)南怀仁治理历法事务探析。南怀仁在为清廷治理历法期间，通过同反对西洋历法者进行斗争、提拔钦天监内精通西洋历法的属员、向康熙宣扬其治理历法的功绩等措施，巩固了西洋历法的正统地位。此外，南怀仁因情势所需还为清廷铸造火炮。南怀仁治理历法、铸造火炮的劳绩，获得了康熙的赞许和认可，从而为天主教在华传教空间的拓展奠定了基础。

(3)康熙颁布容教诏令的考量。康熙起先从维护清朝统治的角度出发，禁止天主教在华传播。因南怀仁等耶稣会士效忠清廷的行为，又逐渐默许天主教传播。容教诏令颁发前，康熙对天主教的策略是限制其传播。康熙通过各种途径密查传教士的行为，得出其不为非作歹的结论。康熙一面禁教、一面默许天主教传播的政策，最终导致了杭州教案的发生。杭州教案发生后，康熙企图继续维持先前的政策，但耶稣会士的强烈反应触动了康熙。在权衡得失之后，康熙推动官僚系统颁布容教诏令。南怀仁等耶稣会士效力清廷的劳绩构成容教诏令颁布的基础，天主教的传播不会威胁到清朝统治是康熙颁布容教诏令的前提，康熙对西学强烈的求知欲则促成了容教诏令的最终颁布。

结论部分阐明了本书的观点：(1)明清之际中西历法之争的根源在于皇权对历法改革态度的不断转变，皇权的态度决定了历法改革和天主教在华传播的命运。(2)耶稣会士的政治适应策略。适应明清时期的皇权政治是保障耶稣会士在华顺利传教的根本，从崇祯改历开始至康熙三十一年(1692)，耶稣会士试图融入明清时期的官僚体制，并从掌管钦天监中获得接触皇权、服务皇权的机会。学术传教策略、文化适应策略有赖于政治适应策略才能发挥效用。(3)徐光启、李天经、汤若望、杨光先、南怀仁等管理改历机构或钦天监的历史表明，明清之际的天学管理机构中存在着集权和专制。由于天学主管官员在其衙署内拥有不受制约的权力，使得政治权力决定了中西历法在天学管理机构中的命运。钦天监的案例表明，明清时期各级行政机构或许都存在集权与专制的现象。

第一章　中西初识——崇祯改历中修历诸家的纷争

崇祯改历开启了明清之际中西天文学大规模交流的序幕。此次改历的特别之处在于招揽耶稣会士参加，通过翻译西方天文学著作的方式，将第谷天文学说等欧洲天文历法知识引入中国[①]。体现改历成果的皇皇巨著《崇祯历书》，更是对明清之际天文历算学的发展影响深远。然而改历从某种程度上来说却是失败的，因为西洋新法虽然屡经测验确认比大统历法更为精确，却依然没有颁行。导致这一结果的原因，很大程度在于改历之中修历诸家的争斗。改历中历争不断的原因是什么？为何历争迟迟得不到解决？改历期间西法预报交食的精度到底如何？本章将围绕这些问题展开论述。

第一节　崇祯指挥改历史实辨析

崇祯改历从崇祯二年(1629)开始至明朝灭亡(1644)中止，历经约十五年的时间。其间虽然翻译了一批书籍[②]、制造了一些天文仪器，但体现改历成果的历书却迟迟得不到颁行，明清鼎革之后反而最终由清廷颁布施行。西洋历法在明朝迟迟得不到颁行的原因是什么？

回答这个问题需要从皇权政治方面着眼。前辈学者对改历中涉及的天文学知识等科学方面内容进行了详尽的探讨，但对政治尤其是皇权对改历影响的讨论却很少。吴蕴豪的博士论文《崇祯改历——明清学术变迁中的国家科学活动》探讨了改历的政治环境，但几乎没有论及崇祯帝在改历中的作用[③]；石云里在《崇祯改历过程中的中西之争》一文中提出崇祯为改

---

① 详细内容可参见江晓原、钮卫星《天文西学东渐集》，上海书店出版社，2001年。

② 后来被编纂为《崇祯历书》《西洋新法历书》，详情可参考 Pingyi Chu："Archiving Knowledge：A Life History of the Calendrical Treatises of the Chongzhen Reign (Chongzhen lishu)"，*Extrême-Orient, Extrême-Occident* (2007)：159—184.

③ 吴蕴豪：《崇祯改历——明清学术变迁中的国家科学活动》，博士学位论文，中国科学院自然科学史研究所，2008年。

历提出的“悉心互参”“务要折衷画一”方针，更像是“一种调停党争的政治权术”的论点[①]，但对崇祯指导改历的实际工作，以及这一方针如何影响改历没有进行全面细致地论述。本节从《治历缘起》等史料中梳理崇祯帝指挥改历的史实，考察崇祯调停历争的方针和政策，以及徐光启等人如何应对崇祯对改历提出的要求，分析西洋新法没有颁行的原因。

一、崇祯指挥改历的方针和政策

明初颁行的《大统历》至明朝中期误差渐大，推算的日食、月食时刻与实际观测数据之间的差错增大[②]。相应地要求改历的建议逐渐出现，“明自成化以后，历法愈谬，而台官墨守旧闻，朝廷亦惮于改作，建议者俱格而不行”[③]。万历年间，官僚士大夫阶层中要求改历的呼声更是高涨起来[④]。

万历二十三年(1595)，朱载堉因《大统历》“气朔渐差”，上书请求改历，并进献了《圣寿万年历》《律历融通》两书。礼部尚书范谦认为《大统历》的误差尚不十分严重，应将朱载堉所上书籍交与钦天监参订测验，不过还是应该褒奖他用心历学之意。万历皇帝同意了范谦的意见。万历二十四年，邢云路上奏要求改历，钦天监监正张应侯称其“僭妄惑世”。礼部尚书范谦则因钦天监所报当年闰八月日食时刻有差错，建议由邢云路提督钦天监事，精心测候，以成巨典。万历皇帝将礼部的奏疏“留中”，不做任何处理，此事无果而终。

因钦天监推算万历三十八年十一月日食出现差错，兵部员外郎范守己于次年上疏驳斥其误。礼部官员因此请求访求知历学者，与钦天监官生一道推测，以求历法无差。钦天监五官正周子愚建议由西洋人庞迪峨、熊三拔等人翻译西方历法书籍，以补中国典籍之缺。礼部最后向万历皇帝上奏：

> 精通历法，如云路、守己为时所推，请改授京卿，共理历事。翰林

---

① 石云里：《崇祯改历过程中的中西之争》，《传统文化与现代化》1996年第3期。

② 以往学界认为《大统历》沿用郭守敬《授时历》算法(见中国天文学史整理研究小组编著《中国天文学史》，科学出版社，1981年第87页)。李亮则认为明代钦天监推算交食所使用的是《大统历法通轨》，并非《授时历》或《大统历》。参见李亮、吕凌峰、石云里《从交食算法的差异看〈大统历〉的编成与使用》，《中国科技史杂志》2010年第4期。

③ 永瑢、纪昀编：《四库全书总目提要》，海南出版社，1999年，第546页。

④ 相关研究参见王淼《邢云路与明末传统历法改革》，《自然辩证法通讯》2004年第4期；王淼：《邢云路与明末传统历法的复兴》，博士学位论文，中国科学技术大学，2003年。

院检讨徐光启、南京工部员外郎李之藻亦皆精心历理，可与迪峨、三拔等同译西洋法，俾云路等参订修改。然历法疏密，莫显于交食，欲议修历，必重测验。乞敕所司修治仪器，以便从事。[①]

万历皇帝仍然将奏疏“留中”。由于历法在中国古代社会中的特殊地位，进行历法改革必须获得最高统治者的首肯。明朝万历以前的改历主张，朝廷官员没有就改历形成一致意见，也没有能够引起最高统治者的注意[②]。万历三十九年(1611)的改历主张，各方都同意改历，礼部甚至提出了初步的改历方案，完全因为万历皇帝“不置可否”的态度而被搁置。万历之所以如此行事，则是因为他在立储问题上与文官集团产生间隙，因而“以皇帝身分(份)向臣僚作长期的消极怠工”，把一些“可恶的奏本留中，即扣押在宫内不加批示”[③]。改历一事也因此被搁置起来，直到崇祯年间后才重新被提起。

崇祯即位以后励精图治，渴望有一番作为，《明史》评价称：“帝承神、熹之后，慨然有为。即位之初，沈机独断，刈除奸逆，天下想望治平。”[④]对待改历一事，崇祯也一改万历置之不理的态度。崇祯二年五月初一日(1629年6月21日)日食，钦天监先期预测食甚、复圆时刻与实际测验结果间的误差两刻有余(约31.2分钟)。礼部主事黄鸣俊因而上奏，要求依例惩罚钦天监。崇祯下发敕谕称钦天监推算日食前后刻数都不对，“天文重事，这等错误，卿等传与他，姑恕一次，以后还要细心推算。如再错误，重治不饶”[⑤]。钦天监夏官正戈丰年等官员回奏禀明事情的原委，陈述了当时的困境，“今欲循守旧法，向后不能无差；欲行修改，更非浅陋所及”[⑥]。礼部则表示欲求日食时刻符合天行，必须将《大统历》大加修改，况且古代也没有施行百余年而不改之历法。五月十三日，崇祯同意改历，并要求礼部提出具体的方案[⑦]。

① 张廷玉等：《明史·志第七·历一》，中华书局，1974年，第528页。

② 王淼：《邢云路与明末传统历法的复兴》，博士学位论文，中国科学技术大学，2003年，第6—18页。

③ 黄仁宇：《万历十五年》，中华书局，2006年，第66—67页。

④ 张廷玉等：《明史·本纪第二十四》，中华书局，1974年，第335页。

⑤ 徐光启撰，王重民辑校：《徐光启集》(下册)，中华书局，1963年，第319页。

⑥ 徐光启撰，王重民辑校：《徐光启集》(下册)，第320页。

⑦ 改历的奏疏中丝毫没有提及徐光启依照新法推算的日食时刻比大统历推算结果更为符合，改历缘起于崇祯责怪钦天监推算误差，这与吕凌峰等的观点相悖。见吕凌峰等《明末历争中交食测验精度之研究》，《中国科技史料》2001年第2期。

针对如何改历，当时任礼部侍郎的徐光启主张采用西法改历："至若岁差环转，岁实参差，天有纬度，地有经度，列宿有本行，月五星有本轮，日月有真会似会，皆古来所未闻，惟西国之历有之，而舍此数法，则交食凌犯，终无密合之理。"[①]徐光启在筹备改历的奏折中推荐龙华民、邓玉函两位传教士参与改历，并说西方历法知识可以校正讹谬，增补缺漏。崇祯认为改正历法要参考各家之历，西法自然应该兼收。

崇祯二年九月十三日（1629 年 10 月 28 日），改历开始后不久，崇祯在给徐光启的敕谕中，详细阐述了自己对天文历法的认识，以及可能出现的历争的解决方法。此谕令对认识改历非常关键，故将其全文引用如下：

> 皇帝敕谕太子宾客礼部左侍郎兼翰林院侍读学士徐光启：朕惟授时钦若，王者所以格天。观运画图，羲和所以底日。夷考（考察）[②]大衍、系卦、九畴（洛书）、五纪（岁、月、日、星辰、历数）之书，冯相保章（周礼天文官）之职，辨三辰（日月星）而察九野（九天），至详且备。然造历者多门而乩（占卜问疑），疑者互证，甘石（齐人甘公与魏人石申）莫究，禆梓（禆灶和梓慎）难通。及至视祲（不祥之气）考祥，言盈转缩，天保迷于申卯[③]，孔氏示于辰（北极星）房（二十八宿之一），代有成规，谁衷聚讼。
>
> 自太祖辟乾，大统验七政之交会，为行度无差。迨神宗出震延禧，握三生之命苞，而屡议修举。诞及朕躬，膺兹帝命，顷因日食不合，会议宜请更修。特允廷推，命尔督领改修历法事务。尔宜广集众长，虚心采听，因数察理，探赜推玄。
>
> 据尔所陈四款之三十三条，按之岁功（一年的时序）五行之二十四气。凡岁差岁实之异[④]，测日测月之岐（歧）[⑤]。三大三小为定朔定望

① 徐光启撰，王重民辑校：《徐光启集》（下册），第 327 页。

② 括号内内容为笔者注释，下同。

③ 天保，"天象名称。中国古代称呼某种流星的名称。……从现象看，它与现代天文学中所说的火流星相似"（参见徐振韬主编《中国古代天文学词典》，中国科学技术出版社，2013 年，第 235 页）。

④ 徐光启在《条奏历法修正岁差疏》中说："其一、议岁差。每岁东行渐长渐短之数，以正古来百年、五十年、六十六年等多寡互异之说。其二、议岁实小余。昔多今少，渐次改易，及日景长短岁岁不同之因，以定冬至，以正气朔。"徐光启撰，王重民辑校：《徐光启集》（下册），第 333—334 页。

⑤ 徐光启在《条奏历法修正岁差疏》中说："其三、每日测验日行经度，以定盈缩加减真率、东西南北高下之差、以步日躔。其四、夜测月行经纬度数，以定交转迟疾真率。东西南北高下之差，以步月离。"徐光启撰，王重民辑校：《徐光启集》（下册），第 34 页。

之枢，一大一小为平朔平望之准[①]。法宜稽于四应，气宜印于二分[②]。黄道赤道之远近悬殊[③]，度多度寡之增减靡泥[④]。算天行而置闰，定中极以握衡。合与犯之互乘[⑤]，经与纬之相错。漏壶窥昼夜之长短[⑥]，圭表转左右之交旋[⑦]。

总之，迟速之天象可摹，而积久则进退多爽，异同之师法可质，而守株则疏密胥乖，析之则天时人事阳德阴功。须究厘于分秒，约之则观象、测景、候时、筹策、凭仪器以推求。西法不妨于兼收，诸家务取而参合。用人必求其当，制象必核其精，较正差讹，增补阙略。庶宿离之不忒，璇玑环玑，而工绩之咸熙，璧轮应琯。和协八风之律，职符二正之司，阐千古之历元，成一朝之巨典。朕则尔庸，倘玩忽罔功，因仍乖次，责有攸归，尔其慎之。故谕[⑧]。

崇祯在敕谕第一段阐述了天文历法工作的重要意义，强调古今天文官观察、记载的天象十分详备。但随即提出造历各家门派众多，且容易发生纷争的情况，像甘公、石申、裨灶、梓慎之类的著名天文家也很难辨别孰是孰非。此外，从天象中考察灾祥和天体的运行的问题，古今以来更是一大难题。崇祯在从对历法问题的历史考察中，提出了一个难题——改历中出现的纷争该如何解决？

① 三大、三小，为定朔望；一大、一小，为平朔望。此处用典可能出自《新唐书·历志》。

② 此"四应""二分"可能指天文学中的候气学说。

③ 《条奏历法修正岁差疏》："其七、推变黄赤道广狭度数，密测二道距度及月五星各道与黄道相距之度，以定交转。"徐光启撰，王重民辑校：《徐光启集》(下册)，第334页。

④ 可能出自《条奏历法修正岁差疏》："其九、测日行、考知二极出入地度数，以定周天纬度，以齐七政，因月食考知东西相距地轮经度，以定交食时刻。其十、依唐元法，随地测验二极出入地度数，地轮经纬，以定昼夜晨昏永短，以正交食有无多寡先后之数。"徐光启撰，王重民辑校：《徐光启集》(下册)，第334页。

⑤ 可能出自《条奏历法修正岁差疏》："其六、密测五星经纬行度，以定小轮行度、迟疾、留逆、伏见之数，东西南北高下之差，以推步凌犯。"徐光启撰，王重民辑校：《徐光启集》(下册)，第334页。

⑥ 可能出自《条奏历法修正岁差疏》："其十、造作钟漏以知时刻分秒，若日月星晷、不论公私处所、南北东西、欹斜坳突，皆可安置施用，使人人能分更分漏，以率作兴事，屡省考成。"徐光启撰，王重民辑校：《徐光启集》(下册)，第338页。

⑦ 可能出自《条奏历法修正岁差疏》："其八、天下舆地，其南北东西纵横相距，纡直广袤，及山海原隰、高深广远，皆可用法测量，道里尺寸，悉无谬误。"徐光启撰，王重民辑校：《徐光启集》(下册)，第338页。

⑧ 徐光启等纂：《崇祯历书·奏疏》，载周岩编校《明末清初天主教史文献新编》，国家图书馆出版社，第893—894页。引文中的段落乃作者自己划分，标点参考了周岩的标注。

第二段，崇祯首先赞扬了明太祖朱元璋所造《大统历》与天象吻合无差，继而提到万历皇帝时众人曾要求改历。进而叙述自己决定改历的缘由，并对徐光启的改历活动提出了期望。崇祯在历法一事上似乎希望恢复明太祖时的荣耀。

第三段的论述最具迷惑性。乍一看感觉崇祯帝对历法的造诣颇深，了解岁差、岁实、黄道、赤道置闰等具体问题。但如果将此与徐光启之前所上《条奏历法修正岁差疏》仔细进行比较[①]，可以发现许多是崇祯将徐光启奏疏中所述的历法概念抽出，重新进行编排与文字修饰。此外一些则是从古籍中引述的关于置闰、候气、观测天象等问题的宏观性描述。这一段文字对仗工整、文学性很强，但只涉及宏观的论述，没有对改历提出任何实质性的建议。

最后一段，崇祯对于敕谕开始提出的难题给出了解决方案——"积久"和"析之"，即在长时段观测的积累之后，分辨、分析各家历法的疏密及原因。崇祯十分强调观测的重要性，正是在这样的背景下，崇祯才同意吸收西法参与改历，并提出"参合诸家"的方针，因为崇祯自信通过长久的观测能够辨别各家的疏密。文末崇祯对改历提出了很高的期许，希望能够"阐千古之历元，成一朝之巨典"。

崇祯在敕谕中对改历的期望不可谓不高，可为何经过十余年最终却事与愿违呢？此问题的症结恰巧就在崇祯帝本人。崇祯给徐光启的敕谕停留在引经据典、"纸上谈兵"的层面，而且结合他在改历中的种种作为来看，崇祯本人并不知晓历法。改历中无论是徐光启等主持的西局，还是魏文魁主掌的东局，亦或是钦天监，其实都听命于崇祯，崇祯才是改历的最终决策者。当改历中真的出现诸家纷争的局面，崇祯没有根据测验的结果判定诸家历法孰优孰劣，却固执地秉持自己先前提出"积久"的办法来解决问题，妄图在更多的观测中实现他提出的"务要画一"的目标，导致改历活动延宕十余年。不知晓历法却指挥改历，外行领导内行是崇祯改历期间西洋新法一直得不到颁行的主要原因。

二、崇祯指挥徐光启改历

徐光启是明末中西交流史上的代表人物，他本人倾心西学，希望用引

① 徐光启撰，王重民辑校：《徐光启集》(下册)，第332—338页。

入西方天文学知识进行改历。在筹划好改历的人员、仪器、财政等事后，历局于崇祯二年(1629)九月正式开局改历。崇祯三年五月，徐光启奏称此次改历，“必须参西法而用之，以彼条款，就我名义，从历法之大本大原，阐发明晰，而后可以言改耳”[①]。可能是担心徐光启过于偏重西法，崇祯在随后的奏折中批复道：“历学甚微，其理数法象，必须悉心互参，不可偏执。”[②]崇祯三年十二月，徐光启上奏请求博访知历之人，陈述自己对历法并无偏见，不敢偏执，“即载籍有异同，众论有彼此，亦不敢偏徇，而惟以七政运行为本”[③]。一切立法定数，皆以与天行密合、众人共见为标准。崇祯帝让吏、礼二部访寻知历之人，并再次强调改历“不得偏循”。正是在这个背景下，徐光启在崇祯四年正月所上的《历书总目表》中阐述改历的方针：首先翻译西方天文历法书籍，“然后令甄明大统、深知法意者，参详考定，镕彼方之材质，入大统之型模”[④]。这样就符合了崇祯“不得偏循”的指示。

尽管徐光启向崇祯提出了“会通”的策略，可是到崇祯七年“参考了到那时为止欧洲历史上几乎所有重要的天文学著作，编译而成的中文欧洲古典天文学百科全书”[⑤]——《崇祯历书》，其内容基本上全部都是西方天文学知识。在改历实践中，徐光启“不仅在‘材质’上尽取西法，而且在‘型模’上也未完全恪守传统历法的全部规范”[⑥]。之所以有这样的反差，笔者认为既不是因徐光启过早去世，改历尚未进入“会通”阶段；也不是徐光启“考虑中国历法与中国社会相一致的具体情况”[⑦]。“镕西法之材质，入大统之型模”的说辞，更可能是徐光启应对崇祯“不得偏循”指示所采取的一种策略。

针对崇祯有关交食数据的疑问，徐光启也向崇祯做出了详细的解释。改历期间，有分别依照《大统历》西洋新法、《回回历》推算的日食、月食数据奏报，崇祯似乎对各家推算数据不一致尤为关注。如崇祯要求徐光启解释为何崇祯五年(1632)九月十四日各家所报月食时刻不一，“其食时先后，各

---

① 徐光启撰，王重民辑校：《徐光启集》(下册)，第344页。
② 徐光启撰，王重民辑校：《徐光启集》(下册)，第359页。
③ 徐光启撰，王重民辑校：《徐光启集》(下册)，第363页。
④ 徐光启撰，王重民辑校：《徐光启集》(下册)，第374—375页。
⑤ 江晓原：《〈崇祯历书〉的前前后后(上)》，《中国典籍与文化》1996年第4期。
⑥ 石云里：《崇祯改历过程中的中西之争》，《传统文化与现代化》1996年第3期。
⑦ 石云里：《崇祯改历过程中的中西之争》，《传统文化与现代化》1996年第3期。

法不一，也着奏明"[①]。徐光启在随后的奏疏中对大统、西洋新法进行了详细的比较说明："（甲）旧法历元不准，求出的平望后天六十五分。（乙）旧法夏至点和最高（远地点）不分，计算日行有差。（丙）旧法计算月亮运动疾迟转周，以平立定三差法计算，而新法则用4个小数的集合体系计算，考虑比较细致。"[②]

徐光启称他并不通晓回回历法，因此并未陈述回回历法与大统、西洋新法的异同。在徐光启看来，《大统历》、西洋新法、《回回历》分别是三家不同的历法体系，之间不可能折中调和，只能从其中"商求"出"将来准法"。徐光启在给崇祯的奏折中明确阐述了这一观点："总之三家所报，各依其本法展转推求，乃始得之，不能立异以相畸，亦不能中变以相就，必欲辨其疏密，则在临食之时，实测实验而已。"[③]

改历刚开始时，徐光启的官衔是礼部侍郎，自崇祯三年（1630）八月徐光启升任礼部尚书兼翰林院学士[④]。钦天监恰好归礼部管辖，利用同时管理钦天监和历局的有利条件，徐光启成功协调了两者间的关系。徐光启命钦天监中熟习历法之人在历局中效力，从事缮写已经翻译完成的历法书籍等工作。当时钦天监历科中有知历官员七名，徐光启令其中两人每日轮流到历局供事，历科天文生则每日三人轮流在历局效力。此外，徐光启还教授他们学习测星定时之法。钦天监人员看到徐光启等翻译著述之书颇多，推算甚繁，担心学习新法为不可及之事，心生恐惧之意。徐光启则认为这是钦天监官生没有领会西洋新法的缘故，有意督促他们学习西法。崇祯五年四月第三次进呈历书时，徐光启更进一步提出了钦天监众人学习西法的具体步骤，"督令到局渐次演习，月食既通……次及日食，次及气朔躔离，次及五星诸法"[⑤]。

徐光启从不指责钦天监推算交食粗疏，认为这是钦天监官员沿袭郭守敬算法使然，并不是钦天监众人的罪责，他们也不应因此受到责罚。徐光启所担心的是钦天监众人"以惶恐畏咎之心，坚其安习溺闻之陋，臣等书虽

---

① 徐光启撰，王重民辑校：《徐光启集》（下册），第411页。

② 薄树人：《徐光启的天文工作》，载中国科学院自然科学史研究室编《徐光启纪念论文集》，第135—136页。

③ 徐光启撰，王重民辑校：《徐光启集》（下册），第413页。

④ 梁家勉：《徐光启年谱》，上海古籍出版社，1981年，第174页。

⑤ 徐光启撰，王重民辑校：《徐光启集》（下册），第403页。

告成，而愿学者少，有倡无和，有传无习，恐他日终成废阁耳”[①]。为了避免出现这样的情形，徐光启向崇祯奏明以前推算的误差并非钦天监众人之过，即使他们现在推算尚有粗疏，也不要立即加以谴责。反而应该嘉奖钦天监学习新法的行为，有精习通晓者，给与优待；对长久学习而不谙习者，则应予责罚。只有这样将来才会有熟习新法的杰出人才，改历才算最终成功，以“明羲和之大业，应唐虞之景运者矣”。

通过学习钦天监众人渐渐熟习并折服于西法。《历学小辩》中记述有钦天监在历局中学习之周胤等人的一段话：“至迩来奉命习学，日与西先生探讨。不直谱之以书，且试以器，不直承之以耳，且习以手，语语皆真诠，事事有实证。”[②]如果这种学习持续下去，那么最终钦天监众人或许会精通西法。

改历之初，朝廷曾经向全国博访知历之人。河北保定布衣魏文魁也将其撰写的《历元》一书送至礼部，魏文魁自称通晓历法，但是未经检验，礼部不敢将其著作轻易奏给崇祯阅览，因而转给徐光启请他考验得失。徐光启认为与其将其书进呈崇祯后，奉旨考究异同，不如“计定于前”。因此崇祯四年（1631）六月，徐光启根据魏文魁的《历元》《历测》两书以及有关推算交食的单子，与魏文魁展开讨论。徐光启先就明白易见的交食、冬至时刻问题与魏文魁讨论，指出其书中差错，接着就《历元》《历测》两书中采用的回归年长度大于郭守敬时代的回归年长度，与天象不符；圆周率采用“周三径一”，误差过大；“冬夏二至，不为盈缩之定限”等七个理论问题向魏文魁发难[③]。

魏文魁坚持己见，与徐光启进行争辩，不做丝毫退让，徐光启不得已再次向魏文魁详细阐述自己的观点。徐光启与魏文魁讨论的七个问题，“除少数纯属魏氏个人的错误外，其余大都反映了当时历局所采纳的西方天文学理论与中国传统天文学理论之间的差异”[④]。钦天监在历局中学习的周

① 徐光启撰，王重民辑校：《徐光启集》（下册），第415页。

② 徐光启编纂，潘鼐汇编：《崇祯历书（附西洋新法历书增刊十种）》，上海古籍出版社，2009年，第1792页。

③ 对争论的七个问题，薄树人、石云里曾有详细论述。参见薄树人《徐光启的天文工作》，载中国科学院自然科学史研究室编《徐光启纪念论文集》，第129—132页；石云里：《崇祯改历过程中的中西之争》，《传统文化与现代化》1996年第3期。

④ 石云里：《崇祯改历过程中的中西之争》，《传统文化与现代化》1996年第3期。

胤等人也参与到批驳魏文魁的行列之中，并现身说法，称改历之初他们对"兼用西法"也心存疑虑，看到改历所著书籍井井有条时仍半信半疑，"久之，与测日食者一，月食者再，见其方位时刻分秒，无不吻合，乃始中心折服"[①]。最终，徐光启认为魏文魁之法疏远，没有把魏文魁知晓历法一事禀明崇祯。这样的处理方式，似乎并不符合崇祯二年（1629）徐光启曾经奏称的方针："果有专门名家，亦宜兼收，容臣等随时访求。有立法超卓、陈义精当者，具实奏闻，以待简用。"[②]

三、崇祯调停东、西历局之争

崇祯六年九月，徐光启因病无法继续主持改历，以李天经"博雅沉潜，兼通理数"，因此荐举李天经来京主持修历工作，并获得崇祯的认可。徐光启在崇祯六年十月上缴印信及改历所用钱粮清单，李天经于次年六月正式到任，从此一直到崇祯十七年，历局都在李天经的掌管之下。

曾经被徐光启压制的魏文魁，于崇祯七年正月向崇祯奏报他推算的交食数据："今年甲戌二月十六日癸酉晓刻月食，今历官所订乃二月十五日壬申夜也。八月应乙卯日食，今乃以甲寅，遂令八月之望与晦并白露秋分皆非其期，讹谬尚可言哉！臣年已七十八矣，谨将本年日食月食时刻分抄，详具进览。"[③]崇祯继而下旨命召魏文奎入京测验。崇祯七年三月初一日（1634 年 3 月 29 日）日食，魏文魁与历局、钦天监一道奏报推算数据。结果"在日食时刻上，《大统历》初亏、食甚和复圆时刻推算表现相当优异，魏文魁法和新法则略有偏差，不过也控制在一刻以内"[④]，西法在推算食分上却出现了明显的误差。中国传统历法在测量中胜出，崇祯因此次日食观测结果，要求李天经迅速到任，与魏文魁、钦天监一道"会同悉心讲究，仍临期详加测验，务求画一，以裨历法"[⑤]。

崇祯七年七月，李天经进呈历书二十九卷及恒星屏障一架后，崇祯询问李天经所进历书及星屏是否与魏文魁参合商定。李天经称自己到局任

---

① 徐光启编纂，潘鼐汇编：《崇祯历书（附西洋新法历书增刊十种）》，第 1547 页。

② 徐光启撰，王重民辑校：《徐光启集》（下册），第 335 页。

③ 《崇祯实录》，"中央"研究院历史语言研究所，1961 年，第 188—189 页。

④ 李亮、吕凌峰、石云里：《被遗漏的交食——传教士对崇祯改历时期交食记录的选择性删除》，《中国科技史杂志》2014 年第 3 期。

⑤ 徐光启编纂，潘鼐汇编：《崇祯历书（附西洋新法历书增刊十种）》，第 1602 页。

事后，曾向礼部移文催促魏文魁到历局，同历局众人一道探究异同，可是魏文魁许久不至。李天经又托人传话给魏文魁，要他不要固执己见，应该虚心参证。魏文魁亦托人回话称因此前与历局曾有“辩驳之隙”，因此不欲见历局中一人，亦不欲跨入历局中一步。李天经与魏文魁又曾于他人私宅中相见，可是于私邸中无法进行考验参究之事。李天经建议应测验魏文魁之法疏密之后，再考虑是否参用其法。或许是因看到李天经与魏文魁无法一起商定历法，崇祯七年八月崇祯下旨令魏文魁另开局修订历法。

魏文魁自崇祯七年(1634)八月底奉旨另开局修历，因其历局地处京城之东，被称之为东局，李天经所率历局相应被称为西局。崇祯曾询问东局所供钱粮之事，魏文魁也曾与李天经争论木星是否犯“积尸”一事[①]，但是自崇祯九年底魏文魁就未在改历中出现，据李天经说魏文魁已经去世[②]。其后，东局由山西代州知州郭正中管理，属员主要有蒋所乐、魏象乾等人。郭正中曾向崇祯进言：“中历必不可尽废，西历必不可专行。四历各有短长，当参合诸家，兼收西法。”[③]只有将各家历法考究参合，不专用一家之言，才能“会通画一”。他甚至举出徐光启“镕西法之材质，入大统之型模”之语来表明不可“举一废百”。郭正中的言论很好地符合了崇祯为改历预设的目标和方针，使得东局能够在“无知历之人”的情况下继续存在。郭正中又以“统会四法”为名，暗地向李天经求和，希望李天经将“已成之法，迁就凑合”，以达到“画一”之目的，李天经不肯。

据李天经说郭正中因此对他恨之入骨，东、西两局的关系逐渐恶化，东局挤压排挤西局也无所不用其极。李天经说：“窥其立意不但欲挠臣局已成之法，并欲驱臣局任事之人，而后可结彼欺诳之局，以塞修完备考之责，至于屡疏诋诬，而臣宁以缄然自守。”[④]崇祯十年，东局蒋所乐状告李天经“十大罪”，李天经于该年十一月上奏进行辩解，该奏疏题名为《奏为微臣治历有绪，正言见嫉，奸党求和，计穷泼口相加，谨述臣局招谤之因，并剖群奸

---

① “积尸”乃星名。

② 徐光启等撰：《崇祯历书·奏疏》，载周岩编校《明末清初天主教史文献新编》，国家图书馆出版社，2013年，第1144页。东局崇祯十年正月初一日日食预测已由蒋所乐、边大顺承担，由此可见魏文魁并非因在与李天经的争论中败北而引退。相关论述见石云里《崇祯改历过程中的中西之争》，《传统文化与现代化》1996年第3期。

③ 张廷玉等：《明史·志第七·历一》，中华书局，1974年，第543页。

④ 徐光启编纂，潘鼐汇编：《崇祯历书(附西洋新法历书增刊十种)》，第1685页。

欺罔之款，以祈圣鉴，再乞罢斥孤臣，以免图害，以无辱大典事》[1]。从奏疏题名和内容中可知，东局以星宿的排序等问题向李天经发难，李天经辩白的第一条内容如下：

> 如以后宫之列于鹑首也，为臣之罪。据所乐等闻说，紫微垣内第一星为帝星，第二星为后星，宜共列于鹑火宫。而首造此言以耸皇上暨母后之听闻者，祗欲图害于臣，乃自涉其欺罔而不知也。臣按步天歌开载云："大帝之座第二珠，第三之星庶子居，第一号曰为太子，四为后宫五天枢。"其从来矣。今所乐称帝星为第一，后星为第二，不但擅移位分，且将置太子于何地。倘如彼罔说，则太子自不宜居于帝前，而后宫又何得置于庶子之后。总之，古人命名取象，各各俱从经纬测定，非可倒置，亦非任人有意于逢迎，乃所乐等不识经纬，为何物，故其言如此。此其说谎自暴欺君之罪一。[2]

东局以星宿的排序等问题向李天经发难，耶稣会士罗雅谷、汤若望也成为蒋所乐攻击的目标，"藉诋诬先圣，以肆中伤，为驱逐计"。李天经辩称二人奉旨来京修历，非潜入京城，两人著书十余种都无不经之言，蒋所乐诬告耶稣会士的根据，皆摘自他人"谤书"，不可为信。蒋所乐所告内容已经偏离了改历本身，多为诬告中伤之语。崇祯既不追究蒋所乐"偏辞攻诋"李天经的责任，也不斥责李天经。

崇祯十年十二月初一日（1638 年 1 月 15 日）日食，东局推荐郭凝之推算，李天经认为郭凝之根本不通晓历法。李天经请求东、西历局同日向礼部进呈预测数据，以防"依傍那移之弊"，临期则一同测验。该日，礼部官员同钦天监、东局、西局等相关人员在观象台测验。测验前，礼部官员申明说改历已经数年，理应结局，为了保证测验的公平，钦天监、东局、西局各选一人"运仪测候"。据李天经所说测验经过为：

> 及测，至午初四刻之末，即午正初刻，据台官徐源等报称未几，而远臣罗雅谷、汤若望等用远镜照看，随见初亏，众目共睹，巩主事执笔亲纪，

---

[1] 徐光启等撰：《崇祯历书·奏疏》，载周岩编校《明末清初天主教史文献新编》，第 1144—1149 页。

[2] 徐光启等撰：《崇祯历书·奏疏》，载周岩编校《明末清初天主教史文献新编》，2013 年，第 1145—1146 页。

是与臣局所推为合。候至未初二刻半，远镜映照见食六分有余，随见食分秒退，众目皆同，礼臣亦亲笔书纪，是与臣局时刻分秒俱合。候至申初初刻，众报复圆，随亦亲纪，是与臣局所推申初一刻弱者又合。[①]

礼部向崇祯奏报了最终各方都认定的日食时刻，崇祯对此次测验结果的态度是："这日食分秒时刻新局为近，其余虽于时刻有一二稍近，又于分秒疏远，着即看议画一。"[②]

当日测验，及至日食将要复圆之时，东局魏象乾从袖中取出"一揭"投递给礼部官员巩焴，巩焴询问此是何物，魏象乾回答是日食分秒时刻。巩焴同钦天监官员浏览发现其内容"大抵摹拟新法"，遂当即质问他日食时刻钦天监于半年前上报，东、西两局提前一个月奏闻，现在即将复圆之时再行奏报日食时刻，"不亦晚乎"。魏象乾自知理屈，拂袖而去，后魏象乾向崇祯上题为《感激天恩，剖陈秘法，愿揭愚忠，仰佐圣明敬授之大典事》的奏折，亦提及当时情形。崇祯下旨询问礼部及钦天监官员，得知彼时的真实情况。东局郭正中又在奏折中私自改西局所报食甚时刻未初二刻半为未初三刻半，谎报当日食分六分为四分。此次造假事件，可能使崇祯意识到东局之人完全不懂历法。崇祯十一年(1638)正月，崇祯下旨解散东局，令郭正中速赴州任，赏赐蒋所乐、魏象乾等人后，将其遣返回籍。此时钦天监却又上奏希望保留东局，与之商究历法，"漫图更正"，被崇祯驳回。

崇祯帝在调停东、西历局之争时，看似不偏不倚，其实是毫无原则，导致的结果是东、西历局间的争斗愈演愈烈。虽然东局在改历中欺瞒了崇祯，但他们确实非常准确地把握住了崇祯为改历设定的方针和目标，那就是参合诸家历法、得到一致的推算数据。李天经主持下的历局通过引进西洋历法知识的确在交食测验中显现了西法的优势。但是由于李天经错误理解了崇祯的意图，不愿将西法传授钦天监，导致改历最终陷入僵局。

四、崇祯要求李天经与钦天监"务期画一"却无果而终

从崇祯二年至崇祯七年十二月，西局前后五次向朝廷进呈历书，总共一百三十七卷。第五次进呈历书后，李天经认为至此"前局结矣"，并上奏

---

① 徐光启编纂，潘鼐汇编：《崇祯历书(附西洋新法历书增刊十种)》，第1688页。

② 徐光启编纂，潘鼐汇编：《崇祯历书(附西洋新法历书增刊十种)》，第1690页。

恳请崇祯犒赏历局中修历诸人。崇祯也催促钦天监与李天经参订异同，“务求推算画一，以正历法”。李天经遂率领历局众人和钦天监监正张守登等人逐条分析新旧历法之异同，人人各陈己见。经过数月，三四次易稿之后，共商定出新旧历法之异同共二十六款，如“测诸曜行度用赤道仪尚不足，应用黄道仪”“诸曜损益加减分用平立定三差法尚不足”“以圭表测冬夏二至非法之善”“平节气非天上真节气”“天行无紫气”等[①]。可是商定出这些也无济于事，因为新旧二法不同的根源在于中西历法理论体系的不同，正如徐光启所说两者“不可通约”，而崇祯却一味地要求各家参订异同，以求“画一”。

崇祯八年(1635)四月，李天经上疏请求返回故乡养病。李天经奏称自己到历局任职以来屡遭“傍(谤)忌”，诸人不能秉持公心，致使新法难明。如今历书已经完成，新旧二法异同已经参订，倘若崇祯下旨将新法颁行，李天经保证其可以成为一代之大典，且没有差错。如果仍然欲与“异术较疏密”，等到屡测屡验，所有人信服之后才欲颁行，则耗时长久，“非岁月之可计也”。李天经请求将历局官生纳入钦天监之中，将新法附于大统，以便日后考验。崇祯批复道：“新法书器虽完，然推测疏密未经考验。且据称度数旁通尚有多款，徐待制造，岂得遽云局历告成。李天经还同该监官虚心详究，务期画一，以裨历法。”[②]崇祯仍期望李天经与钦天监得到一致的推算结果。

自崇祯七年以来，屡次测验日月五星运动及春分、秋分，新法皆密合天行。李天经认为到了将新法颁历的时候了，“法取合天，事久论定，考验至此，情面不得不破，旧法不得不更”[③]。因此，李天经督率历局众人依新法撰写崇祯十一年“七政经纬诸历”，并于崇祯九年十一月进呈，请求崇祯将其颁行天下。此后，李天经每年进呈“七政经纬诸历”，一再要求颁行新法，还请求崇祯让礼部查覆，否则“历法无更正之期，修历无结局之日，而蹉跎岁月，虚縻廪禄，尤非臣谊之所安也”[④]。

崇祯十一年正月，崇祯下旨仍照旧颁行《大统历》，但是其中“交食、经

---

① 徐光启编纂，潘鼐汇编：《崇祯历书(附西洋新法历书增刊十种)》，第1633—1639页。

② 徐光启编纂，潘鼐汇编：《崇祯历书(附西洋新法历书增刊十种)》，第1640页。李天经还在奏折中抱怨自己到京以来，并未领到薪俸，崇祯令查明补给。

③ 徐光启编纂，潘鼐汇编：《崇祯历书(附西洋新法历书增刊十种)》，第1674页。

④ 徐光启编纂，潘鼐汇编：《崇祯历书(附西洋新法历书增刊十种)》，第1718页。

纬、晦朔、弦望”因年久有差，令钦天监“傍求参考更正”；新法推算密合天行，照回回科例存监学习。四个月后，李天经上奏崇祯称钦天监并未移文前来商量更正旧法，只是向历局中各官投帖，其文“狃旧惮新之故智，与夫妒贤嫉能之情形，尽皆显露于笔端”①。李天经质问钦天监如果他们说没有学习新法，那以前教授其学习日躔、月离之法，难道尽数无用？钦天监知晓新法更为精确，却仍然固守《大统历》，李天经认为钦天监官员贪图官位俸禄之故，“诚恐一更新法，并其人更，故未免以怀禄顾位之私，而致误国家钦若授时之典”②。

其实，钦天监监正张守登在奏折中已经承认新法密合天行，亦称要学习新法。崇祯十年(1637)九月钦天监监副曾上奏请求学习新法。李天经认为历法之所以失传是因为只知传习其法，而失其所以然之理，因此对钦天监传授新法必须先讲明其理，然后再传授其法。钦天监在历局供事的周胤、贾良栋等人虽然经徐光启题请学习新法，但是数年以来只学习完日躔、月离两法。五星运行及交食等项虽经测验密合，但周胤等尚未亲自推算。周胤上奏崇祯表明其“不敢溺于旧闻，而偏执己见，亦不敢遽以未达而妄意担承”，请求崇祯下旨历局“速为尽法传习”，以使钦天监推算合天。

钦天监监副周胤表示他会督率钦天监官生跟随罗雅谷、汤若望学习新法，待熟习之后，奖励学习优异者，惩戒懒惰之人，“诸法学完之日，即当申报礼部恭请颁行”，以期早日完成大典。崇祯十一年六月，在崇祯的命令下，李天经率领汤若望等教授钦天监官生学习新法。不过李天经显然并未真心实意地将西洋新法传授给钦天监官员，经过将近半年的学习，李天经就匆匆上奏称已经将新法推算测量交食、七政之法“一一尽法传授”。

五、崇祯“务期画一”与李天经“画一于天”的对峙

崇祯之所以没有把新法颁行，是因为改历没有达到他所设定的“务期画一”的目标。崇祯的本意是将各家历法“折中画一”，各家推算各项数据得到一个相同的结果。李天经把崇祯的“画一”理解为只要新法密合天行，将新法颁行，其余各家“画一遵行”即可。礼部按照崇祯的旨意多次照会李

---

① 徐光启编纂，潘鼐汇编：《崇祯历书(附西洋新法历书增刊十种)》，第1701页。

② 徐光启编纂，潘鼐汇编：《崇祯历书(附西洋新法历书增刊十种)》，第1702页。

天经与东局等参合会通，挪移迁就。李天经认为此种做法根本不可行，"历法原自浑成，迁就割裂不得，倘一挪移，一差尽差"[①]。李天经抱怨正是礼部"折中画一"的做法导致各家历法争论难定，屡次请求将新法"画一遵行"。

面对当时的僵局，李天经多次上奏称新旧两法不可并存，"臣详考两法疏密判然，实不能迁合傅(附)会以结局，但既不能迁此以就彼，惟有舍疏以用密"[②]。崇祯要求李天经继续细心测验，不得速求结局。对于李天经建议新历中如交食、经纬、晦朔、弦望及节气、七政用新法，而神煞、宜忌、月令诸款仍用《大统历》，崇祯表态："务求折衷画一，以归至当。"崇祯十四年(1641)二月，李天经上报月食时刻，并奏明测验冬至、春分等项新法密合的情形，要求对旧法的错误大加"厘正"。崇祯对此评论道："据奏月食、冬至、春分等项，新旧法种种不合，若复承讹袭舛，何以治历授时。着便会同监局等官，虚心推测，大加厘正，不许仍前彼此争执，致误协时正日之典。"[③]

李天经曾多次抱怨礼部没有厘定历法，崇祯同样不满，崇祯十三年九月崇祯对礼部下旨："历法原期画一，何至今尚无成议。这所奏置闰旧法不差，太阳躔度旧法于春、秋二分各差二日，及冬至所推，同日时刻互异。通着监局诸臣恪遵明旨，各虚心再加考正，并律吕候气，依法测验。"[④]崇祯十三年十一月初九日冬至时刻，旧法推在辰刻，新法推在午刻。当日，李天经、钦天监、礼部官员等用圭表测日影、象限仪测日等方法，测得冬至时刻新法更为准确。新法推崇祯十四年二月初十为春分，旧法推十二日为春分，最后"测得赤道平分亦与新法相同"。

礼部在测验春分、交食等事后，于崇祯十四年十二月禀明新法、旧法的不同不处。在置闰问题上，"(《大统历》)平正气盈朔，虚积余生闰之法，所以与新法不同。若以太阳十五度为一气，则无积余之数，无积余凭何生闰。新法所谓庚辰岁闰四月，正坐此也"[⑤]。此外，"旧法用日度计日定率，西法

---

① 徐光启编纂，潘鼐汇编：《崇祯历书(附西洋新法历书增刊十种)》，第1695页。

② 徐光启编纂，潘鼐汇编：《崇祯历书(附西洋新法历书增刊十种)》，第1724页。

③ 徐光启编纂，潘鼐汇编：《崇祯历书(附西洋新法历书增刊十种)》，第1727页。

④ 徐光启编纂，潘鼐汇编：《崇祯历书(附西洋新法历书增刊十种)》，第1736页。

⑤ 徐光启编纂，潘鼐汇编：《崇祯历书(附西洋新法历书增刊十种)》，第1738页。"庚辰岁闰四月"指新法推算崇祯十三年应当闰四月。

用天度因天立差。旧法用黄道距度，西法用黄道纬度"[1]。因新法屡测密合天行，礼部建议照回回科例，另立新法一科，专门传习新法。而后继续测验交食、节气等项，各法直陈异同，等测验大定之后，"徐商更改"。历法改革又回到四年前的原点上，毫无进展，崇祯竟然十分赞同礼部的提议。

此后，李天经每年都进呈按西洋历法编订的历书，奏报西法密合天行的证据，要求将西法颁行天下。崇祯却一味地以西法与钦天监推测"互异"为由，要求两者间"细加考正，以求画一"。李天经自崇祯九年(1636)起就请求崇祯亲自观测交食，崇祯只需用望远镜仰观天象即可测验星辰伏见。崇祯十四年九月十四日(1641 年 10 月 19 日)月食，崇祯用李天经所进的黄赤全仪测验。崇祯十六年二月初一日(1643 年 3 月 20 日)日食，崇祯亲测后表示西法确实更为准确，不过他还是要求钦天监细加考正，"以求画一"。崇祯十六年年底，崇祯在给礼部的旨意中说，测验日月交食，"如新法得再密合，着即改为大统历法，通行天下"[2]。然而历史却没有给他这个机会，西洋历法最终由清朝颁行。

六、历争之中的利益纠葛

崇祯指挥改历的政策和方针是否必然导致改历无果而终？其实，参与改历的各方如果真能按照崇祯的方针辨析每次观测的异同，精诚合作，改历还有成功的希望。但是由于改历机构中存在的集权与专制，使得历法改革纠缠了过多的利益之争，各方将自己利益置于改历成功之上。

徐光启在改历中功劳最大。崇祯敕谕中"朕则尔庸，倘玩忽罔功，因仍乖次，责有攸归，尔其慎之"清楚地表明徐光启对改历成败全权负责，在承担责任的同时，徐光启也拥有相当大的权力。被崇祯帝任命主持改历事务后，徐光启在改历方向、人事配备、财政等方面拥有相当大的自主权。正是依靠这些权力，徐光启才能主张以西法改历、吸收耶稣会士参与改历、督促钦天监官生学习西法。因为自己的权力和地位，徐光启才将魏文魁排除在历局之外，使得历局完全由赞成西法者组成。由于徐光启本身的地位很高，他在改历中很少考虑个人利益，完全以改历成功为根本目标。

---

① 徐光启编纂，潘鼐汇编：《崇祯历书(附西洋新法历书增刊十种)》，第 1741 页。

② 徐光启编纂，潘鼐汇编：《崇祯历书(附西洋新法历书增刊十种)》，第 1752 页。

接替徐光启管理历局的李天经则不同，由于自己的仕宦经历，改历已经和李天经的个人升迁紧密结合在一起。李天经的本职是山东布政使司右参政，因徐光启举荐，吏部考察认为李天经："清望素著，治行咸优，而学际天人，深明理数，合依原题，改补京秩……合将李天经议升太仆寺少卿，添注督领修正历法事务，以成昭代大典。"[①]建议将李天经改授京官，但崇祯帝不同意，"李天经着以见(现)衔修历，俟有功再议"[②]。改历成果成为崇祯考量李天经升迁与否的关键。

李天经以地方官员的身份在京城负责改历工作，在政治和经济生活上给他带来诸多不便。上任伊始，李天经将崇祯七年八月十六日(1634 年 9 月 7 日)月食情形送到会极门呈递，当值官员却称他是地方官，不敢擅自收纳他的奏章；次日到通政司进呈时，对方又称他有钦给的关防，也不便代进；最终该奏章由礼部尚书代进，此后崇祯才下令他的奏章由会极门奏进[③]。

地方官的身份也限制了李天经在京城的政治活动，"臣自奉旨入京，在局办事，从陛见之后，未敢随班朝参者，守藩臣之礼也"。而这种尴尬在节日时更加明显，"兹遇圣节留期，普天同庆，臣既不偕外之两司，遥祝于藩府之中，再不随内之百僚，嵩呼于殿陛之下，堰蹇私寓中，非臣谊之所能安也"[④]。李天经在经济上的遭遇更加不堪，"自去岁四月到京，已及一年，藩司薪俸久不沾濡，仕籍姓名，向已刊落，论臣子敬事后食之义，皆不敢言"[⑤]。与此同时，他还要蒙受东局的攻击，这种情形下他两次上奏要求辞任，均被崇祯拒绝。

随着历法书籍、天文仪器等的陆续奏呈，李天经的官职逐渐高升。崇祯九年十二月十九日(1637 年 1 月 14 日)其头衔升为"督修历法山东按察使司按察使照京官例正三品支俸"。崇祯十一年十二月二十六日(1639 年 1 月 29 日)加了京职的名分，头衔变为"督修历法加光禄寺卿支正三品俸

---

① 徐光启等撰：《崇祯历书・奏疏》，载周岩编校《明末清初天主教史文献新编》，第 1011 页。

② 徐光启等撰：《崇祯历书・奏疏》，载周岩编校《明末清初天主教史文献新编》，第 1012 页。

③ 石云里、褚龙飞校注：《〈崇祯历书〉合校》，中国科技大学出版社，2017 年，第 54 页。

④ 徐光启等撰：《崇祯历书・奏疏》，载周岩编校《明末清初天主教史文献新编》，第 1059 页。

⑤ 徐光启等撰：《崇祯历书・奏疏》，载周岩编校《明末清初天主教史文献新编》，第 1112 页。李天经不但俸禄被拖欠，还要向朝廷捐献银两，"将臣柴银查扣八十两充饷，其余亦望敕令该司，早赐补给，以纾目前之困"。

管历局事”。崇祯十六年七月二十六日(1643 年 9 月 8 日)正式改授京职，“光禄寺卿管历局事”。改历和李天经的个人利益紧密结合在一起，而历局管理中的集权和专制，又使得李天经的个人利益左右了整个历局和改历的走向。

李天经和崇祯关于改历成功标准的分歧，是导致西洋新法迟迟得不到颁行的原因。崇祯帝“务要画一”的标准，要求参加改历的各家得到一致的推算结果。李天经理解的“画一”标准却不同，“画一之法，惟取合天者而遵用之。今新法既已合天，惟乞圣明勅令该监诸臣以后照依新法推算通行，庶嫉忌消而玄黄息”①。李天经认为只要新法符合天行，将其颁行后，各家的争斗自然消失。李天经的管理策略与崇祯的本意相违背，极大影响了改历的进程。现存《治历缘起》中几乎未见西局中人员对他的策略提出异议，更没有发现其他人上奏崇祯的奏折，这是因为李天经垄断了西局与皇帝交往的渠道。这是李天经集权的表现之一，历局之中的一切运作都要依照李天经的意图进行。李天经的个人升迁，再加上改历之中各家的争斗，使得李天经不愿将西洋新法传授给他人，分享改历的成果。

东局魏文魁、郭正中等人的境遇与李天经十分相似。因为东局成立，魏文魁从平民登上朝堂，郭正中从代州知州来到京城参与改历，改历与他们的荣辱同样息息相关。崇祯八年正月十五日(1635 年 3 月 4 日)月食，魏文魁推算的初亏、复圆时刻都错误，崇祯令其自行回奏。魏文魁奏疏内承认自己一时失算，“又云丙、子丁丑二年尚有六食，或明验不符，甘蹈妄言之咎”②。推算的准确与否和魏文魁的个人利益结合在一起。魏文魁去世后，东局更面临着没有通晓历法之人的尴尬境地③。此种情形下，郭正中意图与李天经求和，“以统会四法为名而暗地求和，无非欲臣等将已成之法迁就凑合，以冒仰遵画一之旨”④。揣摩郭正中之意，可能是希望李天经私下将西洋新法传授给东局，但遭到了李天经的拒绝。

---

① 徐光启等撰:《崇祯历书·奏疏》,载周岩编校《明末清初天主教史文献新编》,第 1163 页。

② 徐光启等撰:《崇祯历书·奏疏》,载周岩编校《明末清初天主教史文献新编》,第 1154 页。

③ 崇祯十年，东局先举荐边大顺推算正月初一日食，至期不验，边大顺安分引退。后又推荐郭正中修历，郭正中却根据礼部奏折中“公同两字，疏中每脱卸其推算之责，自许以测验之任矣”不推算历法，只参加测验。

④ 徐光启等撰:《崇祯历书·奏疏》,载周岩编校《明末清初天主教史文献新编》,第 1144—1145 页。

东局彼时的境地十分危险，因为无人能够推算天体运行数据，他们已经到了生死存亡的边缘。为了使东局继续存在，“诸臣未免以惶恐畏咎之心，转而生其更端文罪之想”①，所以才会做出造假、恶意攻击西局等事。东局编造各种罪名是为了将西局彻底击垮，“窥其立意，不但欲挠臣局已成之法，并欲驱臣局任事之人，而后可结彼欺诳之局，以塞修完备考之责”②。东局这么做，原本是为了生存的奋力一搏。经过数年的测验，东局、钦天监其实对各家历法的疏密心知肚明，“即监局诸臣各法疏密，本心自明，第不肯明以入告者”③。背后的根本原因在于大家都在考量、盘算各自的利益。

东局最终难逃被解散的命运，西局与钦天监的分歧又逐渐显现。当东、西历局争斗不休时，李天经还妄想钦天监能够主持公道，“臣思该监诸臣，世守术业，一有差讹，辄自修改。不敢自文其短，想断不肯作左右袒，以自取罪戾。……如果谁法为密，即当遵守谁法，则万年宝历遂可计日告成矣”④。李天经没有处理好与钦天监的关系，钦天监最终也没有站在他们一边，“监官亦知新法推测屡近，急宜更正而遵用之。乃一段隐情，诚恐一更新法，并其人俱更故，未免以怀禄顾位之私，而致误国家钦若敬授之典”⑤。李天经只是一味指责钦天监顾及私利，却没有反思问题的症结恰巧是他顾及个人利益，不愿与钦天监分享改历的成果。

李天经和钦天监的主要分歧在于先颁布新历还是先学习新法。李天经主张先颁历，只要将西洋新法颁行，争论自然迎刃而解。钦天监则主张应先教授他们学习西洋新法，“诸法学完之日，即当申报礼部，恭请颁行，庶大典得以刻期早襄，而皇上钦若至意可以仰副矣。……伏乞勅下该局，遵奉速为尽法传习报完，令臣等推算合天，颁布天下，成千秋之旷典，作一代之宏谟”⑥。虽然李天经也教授钦天监学习新法，但效果不佳，李天经“在对监官传授新法的问题上历局以‘必先讲明其理，然后方授其法’为理由，放慢教授节奏。……与局内官生在短时间内很快达到‘俱娴推算’的情况

① 徐光启等撰：《崇祯历书·奏疏》，载周岩编校《明末清初天主教史文献新编》，第1154页。
② 徐光启等撰：《崇祯历书·奏疏》，载周岩编校《明末清初天主教史文献新编》，第1142页。
③ 徐光启等撰：《崇祯历书·奏疏》，载周岩编校《明末清初天主教史文献新编》，第1153页。
④ 徐光启等撰：《崇祯历书·奏疏》，载周岩编校《明末清初天主教史文献新编》，第1154页。
⑤ 徐光启等撰：《崇祯历书·奏疏》，载周岩编校《明末清初天主教史文献新编》，第1173页。
⑥ 徐光启编纂，潘鼐汇编：《崇祯历书（附西洋新法历书增刊十种）》，第1684页。

形成了明显的反差”[①]。

对于李天经是否将西法全部传授，李天经与钦天监各执一词，崇祯也无法判别：“李天经前奏尽法传授，这本内又称坚执不吐，殊属嚣争。以后还着同心讲求，再有这等的治罪不宥。”[②]从钦天监要求学习西法的态度、李天经不愿真心传授的行为，以及改历后期的僵持局面，笔者推测直到明朝灭亡李天经也没有将西法真正传授给钦天监。崇祯十三年（1640）二月，因新旧两法在置闰问题上的分歧，钦天监和历局再起纷争。李天经称钦天监监副戈近亨：“信口谩骂，不谓欺天惑世，毫无可采，且欲剿除驱逐，并杀其身。嫉忌肺肠，尽吐笔端。”[③]东、西历局间的冲突摩擦，又在钦天监和历局之间重演。

如此一来，就形成了改历后期的局面——李天经每年按照西洋新法编制历日，不断催促崇祯将其颁行天下；崇祯依然要求历局和钦天监“讲求异同”，最终“画一”；钦天监明知新法符合天行，却因无法学习西洋新法，而装聋作哑，依然按照《大统历》推算。改历的初衷被搁置一旁，李天经、钦天监众人都将各自利益置于改历成败之前。

七、结语

清人在评价《崇祯历书》时说：“其中有解、有术、有图、有考、有表、有论，皆钩深索隐，密合天行，足以尽欧罗巴历学之蕴。然其时牵制于廷臣之门户，虽诏立两局，累年测验，明知新法之密，竟不能行。迨圣代龙兴，乃因其成帙，用备畴人之掌。岂非天之所祐，有开必先，莫知其然而然者耶！”[④]将西洋新法没有为明朝所用，却为清朝所颁的原因归结为“天意”。其实，仔细分析可知其中的原因更多是“人力”，崇祯帝是其中的关键因素。

崇祯改历发生在明代专制皇权空前膨胀的政治背景下，“皇帝不仅掌握最高决策权，而且还成为领导政府日常工作的行政首脑”[⑤]。此种政治体制下，历法改革这类专业性很高的活动，也需要由皇帝来主导，这便对皇

① 石云里：《崇祯改历过程中的中西之争》，《传统文化与现代化》1996 年第 3 期。

② 石云里、褚龙飞校注：《〈崇祯历书〉合校》，第 134 页。此句是崇祯帝给钦天监监副戈近亨奏折的批语。

③ 石云里、褚龙飞校注：《〈崇祯历书〉合校》，第 135 页。

④ 永瑢、纪昀主编：《四库全书总目提要》，第 546 页。

⑤ 李渡：《明代皇权政治研究》，2004 年，第 31 页。

帝的个人能力提出非常高的要求。然而从上文的分析可知，崇祯帝偏偏不通晓历法，由此形成了外行领导内行的局面。皇权干预就成为改历自始至终需要协调处理的问题，皇帝对历法问题的认知决定了改历的进程。

改历的启动、传教士参与改历都得益于崇祯的态度以及他“参合诸家”的方针，崇祯的固执己见却又引发了改历中东局、西局、钦天监之间的纷争。崇祯“务要画一”的要求，使得西洋新法虽然屡次在交食测验中取胜，却迟迟得不到颁行。崇祯为改历提出的指导方针，根本不是一种指导科学工作的客观准则，更像是“一种调停党争的政治权术”[①]。而且从理论上讲，崇祯改历后期预设各家得到一致推算结果的目标也无法实现，这只是一名对历法知识知之甚少的外行人的美好愿景。

崇祯帝的要求尽管有些纸上谈兵，不切实际，但改历依然有成功的希望。此时，主管具体改历事务官员的管理协调能力就显得十分关键。徐光启很好地领会了崇祯参合诸家的要求，并且十分巧妙地处理了历局与钦天监、魏文魁之间的关系，使改历有了成功的希望。李天经则将西法视为自家的“独家秘笈”，拒绝东局将“已成之法，迁就凑合”的要求，却又不断指责《大统历》疏远，也不愿真心实意地把西法传授给钦天监，坚持只要西法在测验中密合天行将其颁行即可。此举更无法达到崇祯设定的目标，致使改历陷入僵局。

改历过程中，参与改历的李天经、东局、钦天监等都将一己之利置于国家改历事业之上，争论不休，罔顾改历的本意。改历失败的原因，表面上看来是这些人的个人能力欠佳，根本的原因却在于明朝的政治体制。君主的集权和专制使改历这种专业性很强的活动也要由皇帝来指挥。天学机构中的集权和专制使得官员的个人利益成为他们考量的首要因素。

第二节　崇祯改历期间西法所报交食数据再辨析

日食、月食是检测历法是否精确的重要标准之一，崇祯改历期间西法所报交食精度问题是科技史学界关注的经典话题。褚龙飞、石云里在《中国科技史杂志》2014 年第 2 期发表了《再论崇祯改历期间西法交食预报的

① 石云里：《崇祯改历过程中的中西之争》，《传统文化与现代化》1996 年第 3 期。

时制与精度》(以下简称《再论》)一文，该文认为崇祯改历期间西法预报交食所用的时制，经历了“从九十六刻制到百刻制再到九十六刻制的转变”[①]。笔者认为此观点无法成立，只要对崇祯改历期间各方公同测验的交食数据进行分析，就能很容易地否定《再论》的论述。此外，《再论》一文利用重新修订后的数据，将史料记载西法所报的交食数据转换为现代时间，再与用现代计算软件推算的理论值进行比较，重新探讨了西法所报交食的精度问题。事实上，这种方法存在明显的缺陷，不能真实反映崇祯改历期间西法交食测验的场景。笔者不揣浅陋，试就以上问题展开论述。

一、崇祯改历中修历诸家始终采用百刻制计时

时制是预报交食等各种天文数据的基础。将崇祯改历中修历诸家所用时制探讨清楚，是正确理解崇祯改历交食测验的前提。如果采纳《再论》一文的观点，那么崇祯改历期间西法所用时制变更就过于频繁，毫无规律可循。而且另外一个问题也随之而来——改历中修历各家预报和公同测验的交食记录到底采用的是何种时制？本书以崇祯十年十二月初一日(1638年1月15日)日食为例，分析改历中各家所用时制。

之所以选择崇祯十年十二月初一日日食，是因为这次日食的观测数据为礼部、钦天监、东局、西局所共同认可。该日观测时，礼部官员同钦天监、东局、西局等处人员一起在观象台测验。为了保证测验的公平，钦天监、东局、西局各选一人“运仪测候”。李天经所述测验经过为：

> 臣等公验简仪外盘周分十二时，每时分为八刻，凡初正四刻之下并列初刻者，因四刻已尽，未及一刻，故名为初刻。及测，至午初四刻之未(末)，即午正初刻，据台官徐源等报称未几，而远臣罗雅谷、汤若望等用远镜照看，随见初亏，众目共睹，巩主事执笔亲纪，是与臣局所推为合。候至未初二刻半，远镜映照见食六分有余，随见食分秒退，众目皆同，礼臣亦亲笔书纪，是与臣局时刻分秒俱合。候至申初初刻，众报复圆，随亦亲纪，是与臣局所推申初一刻弱者又合。[②]

---

① 褚龙飞、石云里:《再论崇祯改历期间西法交食预报的时制与精度》,《中国科技史杂志》2014年第2期。

② 徐光启编纂，潘鼐汇编:《崇祯历书(附西洋新法历书增刊十种)》,第1688页。

礼部官员巩焴奏报的观测经过如下：

> 职仰睇日光，初亏于午时初刻，食甚未初二刻半，复圆未末申初，约食将及五分。随据灵台各官报称，及西洋玻璃远镜所验分秒，初亏于午初四刻，食甚未初二刻五十分，复圆未末申初，约食六分余。[①]

崇祯对此次观测的评判结果是：

> 这日食分秒时刻新局为近，其余虽于时刻有一二稍近，又于分秒疏远，着即看议画一奏夺。[②]

将礼部官员巩焴奏报的数据，与西法预先奏报的数据进行比较，可以发现两者基本一致。如果西法如《再论》所述采用的是九十六刻制、算外式，那么西法数据的误差在一刻以上，根本不可能达到李天经、崇祯所称西法为近的论断。巩焴和灵台所报数据应是采用明代通行的时制百刻制，这个数据又与李天经奏报的结果相吻合。由此判断，崇祯改历中各家预报、测验交食数据应为通行的百刻制。至于文献中既然明确说"每时分为八刻"，为何又在"初正四刻之下"列小刻的困惑，其实文中已经透露出部分信息，那就是当时人在奏报数据对小刻忽略不计。西法预报的所有交食数据，必须始终采用百刻制计算，才能与当时的观测记录吻合。

根据褚龙飞的计算，从崇祯七年二月十五日（1634 年 3 月 15 日）月食到崇祯十年十一月十六日（1637 年 12 月 31 日）月食中，如若采用百刻制，"交食时长却无一可以和初亏、复圆时刻吻合"；而采用九十六刻制，则可使两者吻合[③]。其实褚龙飞忽视了另外一种可能，那就是古人在计算交食时长时，使用百刻制，却常常忽略小刻的存在。文献中详细记载了崇祯二年五月初一日（1629 年 6 月 21 日）日食《大统历》《回回历》推算的时刻和交食时长。《大统历》推算"初亏巳正三刻""复圆午正三刻"，《回回历》推算"初亏午初三刻""复圆未初三刻"，两者计算的交食时长均为八刻[④]。可是如果严格按照百刻制计算，两者的交食时长应该是八大

① 徐光启编纂，潘鼐汇编：《崇祯历书（附西洋新法历书增刊十种）》，第 1688 页。

② 徐光启编纂，潘鼐汇编：《崇祯历书（附西洋新法历书增刊十种）》，第 1690 页。

③ 褚龙飞、石云里：《再论崇祯改历期间西法交食预报的时制与精度》，《中国科技史杂志》2014 年第 2 期。

④ 徐光启撰，王重民辑校：《徐光启集》（下册），第 323—324 页。

刻两小刻。徐光启推算的日食数据“初亏巳正三刻二分算外”“复圆午初四刻六分”，交食时长“五刻四分”，同样也忽略了小刻的存在。如若仅凭此就宣称徐光启采用九十六刻制，那么《大统历》《回回历》是否也已采用九十六刻制了呢？

由此可见，古人在计算交食时长时，常常会忽略小刻的存在。而忽略小刻与否，取决于制历者对精度标准的把握。因为徐光启在崇祯二年(1629)五月的日食观测中，只是仓促推算，采用忽略小刻的计算方法。改历开始后，徐光启对精度的要求很高，所以又将小刻计算在内。李天经主持历局后，西法预报交食数据的精度在降低(下文将列表阐述)，计算时又忽略了小刻的存在。如此一来，一些看起来令人迷惑的数据也就迎刃而解了。这可以清楚地解释《再论》中所述从崇祯七年二月十五日(1634 年 3 月 15 日)到崇祯十年十一月十六日(1637 年 12 月 31 日)中，八次交食预报中交食时长与初亏、复圆时刻的关系。《再论》中提到山西太原府和湖广武昌府，崇祯九年正月十五日(1636 年 2 月 21 日)和七月十六日月食所预报两地时刻之差应该相等的问题，“亥正三刻零五十三分”加六十分，忽略小刻，刚好得到“子初初刻零一十三分”的答案①。

因为《再论》没有把握这一变化，才会产生崇祯改历西法所用时制在九十六刻和百刻制之间变换的误解。改历中各家始终采用百刻制计时，还可从“强弱式”记时方式上证明。根据下文中表格可知，崇祯十年以后各方共同认同的观测结果也采用“强弱式”，如果“强弱式”是九十六刻制，是否改历中所有各方都统一采纳九十六制了呢？事实上，这是根本不可能的，因为文献中根本没有崇祯年间改革时制的记载。至于四川成都府和陕西西安府月食食甚时刻相差 1.2 刻，如果忽略小刻不计，最后得出的结果就是“戌初一刻强”。

《再论》认为“《治历缘起》所用百刻制中小刻的位置应是在前”的理由同样不充分。根据李天经的解释“凡言某刻内者，尚未及本刻实数，而已历过前刻、才交本刻若干分秒。如食甚卯正二刻内一十三分，谓其过卯正一刻后又交二刻内一十三分，非谓食甚时即卯正二刻也”②，因此，《治历缘

① 徐光启编纂，潘鼐汇编:《崇祯历书(附西洋新法历书增刊十种)》，第 1660 页。
② 徐光启编纂，潘鼐汇编:《崇祯历书(附西洋新法历书增刊十种)》，第 1645 页。

起》中“寅正四刻内九十七分二十一秒”，“酉正四刻内九十三分一十六秒”表达的时间点介于寅正三刻结束至寅正四刻结束之间、酉正三刻结束到酉正四刻结束之间。无论小刻在大刻之前或之后，此时间点总在大刻中间。《治历缘起》中第四刻中出现九十多分的表述，并不与小刻在大刻之后相矛盾。

《再论》中以交食时长判断小刻位置的论证也存在瑕疵。该文计算交食时长，采用“复圆刻下分秒小于初亏刻下分秒，初亏所在刻不算在内”的方法无法令人信服，此举有刻意迎合作者观点之嫌。按照小刻在大刻之后计算，同样可以得到与文献记载一致的数据。如崇祯五年三月十六日(1632 年 5 月 4 日)月食时长，因为这次推算还在徐光启主持之下，将小刻计算在内，按照大刻在前小刻在后，则“初亏酉正四刻内五十一分五十秒”与“复圆亥初二刻内一十分八十三秒”之间，刚好得出“食限内九大刻三小刻又五十九分三十三秒”的数据。至于崇祯四年四月十五日(1631 年 5 月 15 日)的月食时长，从“初亏丑初一刻内第二十五分三十秒”至“复圆卯初初刻内第二分二十三秒”，因复圆发生在小刻，按小刻再大刻后同样得出十五大刻三小刻的结果。“查历代历法，未见有将小刻放在大刻之前的。所以，应以小刻放在大刻之后的规定为准”[①]。崇祯改历中的西法所用百刻制也应遵循这一规定。

崇祯改历中，统一的时制是各方公平公正测验的基础。统一的时间计量背后体现的是国家权力[②]，从梁武帝改革百刻制以后，一直到明末，中国官方和民间都施行的是百刻制。很难想象在西局这样一个由官方组织的改历机构中，会妄改时制，而且是百刻制和九十六刻两者间变来变去。况且，崇祯改历过程中东局、西局、钦天监之间曾发生激烈的斗争，东局因西局等所进星图中星宿排列次序的变化就攻击李天经，在时制这么重大的问题上“变幻莫测”，东局会毫无声息吗？从现存改历过程的史料中，没有看到更改时制的资料。再者，《治历缘起》中记载西法所奏报的交食数据都是进呈给崇祯皇帝审阅的，徐光启、李天经胆敢篡改百刻制而不禀明吗？因此，应以各方共同采用百刻制纪时为准。

从研究路径上来讲，以往学界对时刻制度的研究，很少关注时间的表示

---

① 陈久金：《中国古代时制研究及其换算》，《自然科学史研究》1983 年第 2 期。

② 关增建：《中国古代计量的社会功能》，《中国计量》2003 年第 6 期。

方式[①]。崇祯改历中所记载时间表示方式的变化，凸显对此问题研究的重要性。《再论》对此的研究很具有启发性，许多疑惑也应以时间的表示方式作为研究的突破点，而不是直接否定西法采用百刻制纪时。如上文所引李天经所述观象台简仪的规制时，称人们把小刻叫作“初刻”。是否可以据此认为当时纪时采用小刻在前的百刻制？如果这样理解，将与李天经所解释的“算内式”表达方式产生矛盾。笔者推测崇祯改历期间西法采用百刻制纪时，且小刻在大刻之后，只是将小刻所指时间段称为“初刻”。如此一来，有关疑惑可以得到合理的解释。

二、崇祯改历中交食测验的完整场景

《再论》一文延续了吕凌峰、石云里在《明末历争中交食测验精度之研究》中采用的考察交食精度的方法：一方面从相关文献中整理出崇祯改历中各方奏报的交食数据，将其换算为现代时制；一方面用现代天文理论值对这些记录进行精度分析[②]。《再论》中认为以前的研究未考虑西法所用时制不统一，对其进行了修正，然而《再论》却恰巧在时制这个最基本的问题上出错。既然原始数据已经出现错误，那么《再论》最后得出的结论“西法预报初亏误差最小，总体而言先天稍许，食甚则整体上后天半刻左右，复圆误差最大，平均后天接近一刻”[③]也就无法成立了。

从方法论上讲，这种采用现代天文理论值校验文献中记载交食数据的方法也颇为不妥。它将复杂的交食测验简单化，把当代科学中所追求的精确测量理念套用在崇祯改历中，同时又摈弃了许多影响交食测验的因素。崇祯改历中的交食测验，并不是参与修历诸家上报一个预先推定的数据，临期共同检验那么简单。徐光启就曾感叹：“按交食法不惟推步为难，并较验亦复未易。”[④]事实上，崇祯改历中的交食测验受到天气、观测和计时工具、管理者的策略等诸多因素的影响，现将改历中的交食测验有关数据列表如下：

---

① 陈久金：《中国古代时制研究及其换算》，《自然科学史研究》1983 年第 2 期；王立兴：《纪时制度考》，载《中国天文学史文集》第四集，科学出版社，1986 年，第 1—47 页。

② 褚龙飞、石云里：《再论崇祯改历期间西法交食预报的时制与精度》，《中国科技史杂志》2014 年第 2 期。

③ 褚龙飞、石云里：《再论崇祯改历期间西法交食预报的时制与精度》，《中国科技史杂志》2014 年第 2 期。

④ 徐光启撰，王重民辑校：《徐光启集》（下册），第 413 页。

表 1—1 崇祯改历中大统、西法推算及观测的北京交食时刻表

序号	日期	食相	大统推算	新法推算	观测值	大统误差	新法误差	备注
1	崇祯二年五月初一日日食（1629 年 6 月 21 日）	食分	三分二十四秒	二分有奇	三分余（二分有余）			1.本次观测值采用的是钦天监观测的数据，食分钦天监观测“三分余”，徐光启奏报“二分有余”。2.此次新法乃徐光启一人推算。
		初亏	巳正三刻	巳正三刻二分算外	午初一刻	31.2 分钟	约 16.3 分钟①	
		食甚	午初三刻	午初二刻六分算外	午正一刻	31.2 分钟	约 22.6 分钟	
		复圆	午正三刻	午初四刻六分算外	午正三刻	0	约 34.6 分钟	
2	崇祯三年十月十六日月食（1630 年 11 月 20 日）	食分	七分一秒约二分之一弱	一十一分一十三秒七十五微约四分之三弱算外	约一十一分以上			1.徐光启用新造星晷测验时刻，钦天监用壶漏测验时刻。2.测验复圆时刻时，阴云遮掩，无从考验。
		初亏	寅正三刻	寅正一刻八十九分二十五分秒算外	寅正一刻九十分算外	1.44 分钟	基本吻合	
		食甚	卯正二刻	卯正初刻六十七分九十四秒算外	卯正初刻七十分算外	4.32 分钟	0.3 分钟	
		复圆	辰正初刻	辰初三刻五十一分六十二秒算外				

① 此次日食新法误差数据是将徐光启的推算值与钦天监的观测值之间比较，经换算后得出。徐光启奏报的“午初二刻六分”等数据，无法确定“刻”下面之“分”采用的是十进制还是百进制，表格中暂且采用十进制计算。

续表

序号	日期	食相	大统推算	新法推算	观测值	大统误差	新法误差	备注
				二十六分六秒				
3	崇祯四年四月十五日（1631 年 5 月 16 日）月食	食分初亏		依新晷在丑初一刻内第二十五分三十秒，依台晷在丑初一刻内第七十五分三十秒	丑初一刻三十六分		1.5 分钟	1.用星晷等测星，推定时刻。2.复圆时云气稍重，“不及见其全复”，复圆时刻乃估算。3.据徐光启讲“食分原推二十六分，其征验在初亏正东，生光正西，暗虚本三十分，今月体直穿暗虚而过，稍稍偏北，所差甚微”①。
		食既		依新晷在丑正一刻内第五十一分一十三秒，依台晷在丑正二刻内第二分二十三秒	丑正一刻六十分		1.3 分钟	
		食甚		依新晷在寅初一刻内第六分四十三秒，依台晷在寅初一刻内第五十六分四十三秒	寅初一刻三十分		3.4 分钟	
		生光		依新晷在寅初四刻内第五十九分二秒，依台晷在寅正初刻内第九分三秒	寅初四刻八十分		3 分钟	
		复圆		依新晷在卯初初刻内第二分二十三秒，依台晷在卯初一刻内第三十四分九十秒	卯初初刻		0.3 分钟	

① 徐光启撰，王重民辑校：《徐光启集》（下册），第 380 页。

续表

序号	日期	食相	大统推算	新法推算	观测值	大统误差	新法误差	备注
4	崇祯四年十月初一日（1631年10月25日）日食	食分 初亏 食甚 复圆		二分一十二秒 午正一刻内九十四分四十一秒 未初二刻内一十三分三十三秒 未初四刻内五十一分三十三秒	未及二分 午正二刻内 午正四刻 未初三刻内		少半分 7.2分钟 30.7分钟 14.4分钟	1.新法误差乃是据徐光启奏折中所说折算。2.西法食甚误差在30.7分钟，不知为何徐光启在奏折中说没有误差。3.使用望远镜观测日食。
5	崇祯四年十月十五日（1631年11月9日）月食	食分 初亏 食既 生光 复圆		一十六分三十秒 寅正四刻内七十五分 卯正一刻内三十四分七十二秒 辰正初刻内九分七十二秒 巳初一刻内八十七分五十秒	寅正四刻内七十二分 卯正一刻内八十六分		0.4分钟 7.4分钟	1.新法误差乃是据徐光启奏折中所说折算。2.当日生光已在白天，无法观测食甚。3.使用望远镜观测月食。
6	崇祯五年三月十六日（1632年5月4日）月食	食分 初亏 食甚 复圆		五分八十秒 酉正四刻内五十一分五十秒 戌正一刻内二十三分一十四秒 亥初二刻内一十分八十三秒	云阴不见 云气朦胧，似与原推相合 云气未尽，似与原推相合			测高仪器，因云阴难用，无法测定时刻。只用新式壶漏预先点定时刻。

续表

序号	日期	食相	大统推算	新法推算	观测值	大统误差	新法误差	备注
7	崇祯五年九月十四日（1632年10月28日）月食	食分 初亏 食甚 复圆		四分四十二秒 卯初三刻内六十一分七十四秒 辰初一刻内三十七分四十五秒 辰三三刻内三十七分四十五秒	云气遮掩月亮，至天明未开，无法观测			
8	崇祯七年二月十五日（1634年3月15日）月食	食分 初亏 食甚 复圆		九分二十一秒 丑正三刻内五十七分五十二秒 寅正二刻内二十二分四十六秒 卯正二刻内九十二分三十八秒				没有观测记录。
9	崇祯七年三月初一日（1634年3月29日）日食	食分 初亏 食甚 复圆		六分零二秒 辰正四刻内二十五分一十一秒 巳初四刻内六十一分三十四秒 午初一刻内三十九分二十三秒	初亏、复圆时刻与《大统历》合，食甚时刻及食分与魏文魁所推合			徐光启去世，李天经尚未到任，无人主持历局。

续表

序号	日期	食相	大统推算	新法推算	观测值	大统误差	新法误差	备注
10	崇祯七年八月十六日(1634年9月7日)月食	食分		九分三十五秒	天阴微雨,无从考验			
		初亏		申正三刻内八十二分三十九秒				
		食甚		酉正二刻内五十三分五十九秒				
		复圆		戌正二刻内一十分五十三秒				
11	崇祯八年正月十五日(1635年3月4日)月食	食分		一十五分六十六秒				1.李天经要求如徐光启的建议用星晷测时,但礼部官员不同意,以观象台简仪测验。表中观测数值采用观象台数据。2.当日西局中用新法仪器测验,最大误差为1.6分钟①。
		初亏		丑正一刻内八十二分七十六秒	丑正二刻内二十分		4分钟	
		食既		寅初二刻内四十分四十三秒	寅初二刻二十分		11.5分钟	
		食甚		寅正一刻内九十五分三十一秒	寅正一刻		0.7分钟	
		生光		卯初一刻内五十分二十一秒	卯初一刻四十八分		1.4分钟	
		复圆		卯正二刻内七分八十六秒	卯初一刻二分		0.9分钟	

① 当日礼部右侍郎等官员,带领历局邬明著在北门城楼测验,所得数据与西法基本一一吻合。

续表

序号	日期	食相	大统推算	新法推算	观测值	大统误差	新法误差	备注
12	崇祯九年正月十五日（1636年2月21日）月食	食分 初亏 食甚 复圆		三分八秒 卯初一刻内五十六分 卯正二刻内一十三分 辰初二刻内六十六分	三分或四分 卯初一刻零四十三分 卯正一刻		1.9 分钟 1.9 分钟	1.至卯正二刻雾气滃霭，月轮隐见。2.李天经目测食分三分，礼部官员目测四分。
13	崇祯九年七月初一日（1636年8月1日）日食	食分 初亏 食甚 复圆		六分九十六秒 辰正一刻零五十三分 巳初三刻 午初初刻零三十三分				无观测数据。
14	崇祯九年七月十六日（1636年8月16日）月食	食分 初亏 食甚 复圆		一分二十九秒 亥正二刻零四十分 子初一刻零一十三分 子初三刻零八十六分	自十六日夜至十七日早阴雨淋漓，从无开霁，其见食分数时刻无凭测验			
15	崇祯十年正月初一日（1637年1月26日）日食	食分 初亏 食甚 复圆	一分六十三秒	一分一十秒 午正二刻零五十六分 未初一刻零八十三分 未正初刻零六十二分	一分有奇			1.李天经奏请用望远镜观测日食，崇祯批准。2.只有食分记载，没有观测记录。3.东局报此次不发生日食。

续表

序号	日期	食相	大统推算	新法推算	观测值	大统误差	新法误差	备注
16	崇祯十年十一月十六日（1637年12月31日）月食	食分 初亏 食甚		 西初四刻弱 戌初二刻	九分有奇 酉初四刻弱 戌初二刻①		 0 0	1.“候至酉正一刻，已食一分弱，忽遇云阴四起，直至戌初一刻外，天稍开霁，见食九分。”
17	崇祯十年十二月初一日（1638年1月15日）日食	食分 初亏 食甚 复圆		六分有余 午正初刻（推测） 申初一刻弱	四分有奇 午初四刻 未初二刻半 未末申初		2分钟	1.关于食分，李天经、灵台官员用望远镜测得六分有余，礼部官员目测将及五分，最终各方商讨都同意以四分有奇为准②。
18	崇祯十二年五月十五日（1639年6月15日）月食	食分 初亏 食甚 复圆		九分三十秒 戌初三刻弱 亥初二刻弱 夜子初一刻弱	九分有余 戌初三刻弱 亥初二刻弱 夜子初一刻		 0 0 1.2分钟	此次数据乃李天经等自行在历局内观测。

① 西法数据以及最终观测值依李天经奏折中所说。

② 此次日食发生时刻，各方所报数据稍有出入。最后所有观测值依据礼部和灵台官员奏报。

续表

序号	日期	食相	大统推算	新法推算	观测值	大统误差	新法误差	备注
19	崇祯十二年十一月十六日（1639 年 12 月 10 日）月食	食分 初亏 食甚 复圆		三分四十八秒 酉初二刻强 酉正三刻弱 戌初三刻	三分有余 酉初二刻强 酉正三刻弱 戌初三刻余		0 0 误差不详	该观测数据为李天经等在历局自行观测。
20	崇祯十四年三月十六日（1641 年 4 月 25 日）月食	食分 初亏 食甚 复圆		八分二十一秒 酉正一刻强 戌初三刻半 亥初二刻强	八分有奇 戌初三刻余 亥初二刻	时差四刻，食少二分	误差不详 1.2 分钟	观测时刻用观象台黄赤经纬、简仪等测得。
21	崇祯十四年九月十四日（1641 年 10 月 19 日）月食	食分 初亏 食甚 复圆		六分九十六秒 丑初二刻弱 寅初初刻强 寅正二刻强	七分弱 丑初二刻 寅初初刻强 寅正二刻余	大统先天二刻，而回回则后天不啻五六刻	1.2 分钟 0 误差不详	观测时候用观象台简仪测得。
22	崇祯十四年十月初一日（1641 年 11 月 3 日）日食	食分 初亏 食甚 复圆		八分五十三秒 未初初刻强 未正一刻半 申初三刻弱	约八分有余 未初二刻 未正一刻 申初二刻五十分		27.6 分钟 7.2 分钟 约 6 分钟	1.采用礼部官员的观测数据。当日“阴云蔽天，薄云时隐时现”，无法用日晷测量，用简仪等观测。食甚时刻乃官员回推。2 据汤若望等观测，初亏误差相同，食甚、复圆则吻合无差。

续表

序号	日期	食相	大统推算	新法推算	观测值	大统误差	新法误差	备注
23	崇祯十六年二月初一日(1643年3月20日)日食	食分 初亏 食甚 复圆		五分三十秒 辰初四刻弱 巳初初刻强 巳正初刻半弱	五分二十余秒 辰初四刻弱 巳初初刻强 巳正初刻半弱		0 0 0	观测数值乃是在观象台用简仪,以及历局新造赤道日晷和望远镜得出。
24	崇祯十六年八月十五日(1643年9月28日)月食	食分 初亏 食甚 复圆		五分一十秒 丑初一刻强 丑初二刻半强 寅初四刻弱	丑初一刻强 寅初四刻内		0 0	1.数据用观象台简仪测出。 2.初亏后,阴云渐布,月亮时隐时现。至食甚时,阴云密厚,无法观测。至寅初四刻,云开,已见月亮复圆。
25	顺治元年八月初一日(1644年9月1日)日食①	食分 初亏 食甚 复圆	五分七十一秒 巳正一刻 午初二刻 未初初刻	三分弱 午初初刻半弱 午正一刻强 未初二刻	三分 午初初刻半弱 午正一刻强 未初二刻	约45.6分 约45.6分 28.8分	0 0 0	汤若望等赴观象台利用新法仪器等观测。

① 因为顺治元年八月的日食测验是崇祯改历的延续,故将此列入表中。

通过对上述表格中所列数据进行分析，可以发现以下因素极大影响了交食测验：(1)天气因素。崇祯十年(1637)以前的数次月食测验，因天阴下雨、"云其遮掩"等导致测验无法进行。这使得在徐光启主持改历期间，西法很难通过交食测验确认其"密合天行"，况且徐光启还在奏折中多次奏明西法推算交食存在误差。即使测验可以进行，天气因素也能干扰测验。如崇祯十四年十月初一日(1641 年 11 月 3 日)的日食观测，当日"阴云蔽天，薄云时隐时见，日晷等器难以取影，惟台上简仪可以线对日体，针指时刻"①。最终观测显示西法推算的初亏时刻误差达到 27.6 分钟，这其中"阴云蔽天"导致观测失准，可能是西法预报误差偏大的一个因素。

(2)使用的观测工具和计时工具。当时困扰交食测验的主要问题，一是交食发生的确定，"日食之难，苦于阳精晃耀，每先食而后见；月食之难，苦于游气纷侵，每先见而后食"②；另外一个是交食时刻的确定，徐光启认为壶漏和自鸣钟测时"调品皆由人力，迁就可凭人意"，最好的办法是"求端于日星，昼则用日，夜则任用一星，皆以仪器测取经纬度数推算得之，是为本法"③。徐光启主张通过使用望远镜、日晷、星晷来克服这些问题，不过在后来的观测中这些仪器的使用并不顺利。将望远镜用于天文观测在李天经主持历局时就受到了挑战，如崇祯七年九月，针对李天经在观测木星运行时使用望远镜，有官员就提出异议，"测验例用仪器，李天经独用管窥，此管有无分度，作何窥测，着李天经奏明"④。崇祯十年十二月初一日(1638 年 1 月 15 日)的日食食分，李天经用望远镜观测是"六分有余"，但最终各方商定的结果是"四分有奇"，显然大家对望远镜得出的结果并不完全认同。

观测和计时工具对交食测验的影响还体现在不同的人使用不同的仪器观测同一次交食可能产生不同的结果。崇祯八年正月十五日(1635 年 3 月 4 日)月食的观测其实有三套数据：李天经要求依照徐光启曾经的建议用星晷测时，礼部官员以钦天监"未习"该仪器为由不同意，最终以观象台简仪测验，测验结果食既的误差达到 11.5 分钟；当日光禄寺王应麟等官员与汤若望等历局人等在西局中用新法仪器测验，测验结果最大误差为 1.6

① 徐光启编纂，潘鼐汇编：《崇祯历书(附西洋新法历书增刊十种)》，第 1739 页。

② 徐光启撰，王重民辑校：《徐光启集》(下册)，第 394 页。

③ 徐光启撰，王重民辑校：《徐光启集》(下册)，第 414 页。

④ 徐光启编纂，潘鼐汇编：《崇祯历书(附西洋新法历书增刊十种)》，第 1617 页。

分钟；而礼部右侍郎陈子壮等官员，带领历局邬明著在北门城楼测验，所得数据与西法基本一一吻合[①]。从表格中可以看出，如果使用新造的西法仪器进行测验，那么西法的误差基本上都为零，这在顺治元年（1644）八月的日食测验表现得最为明显。

汤若望在此次观测前上奏："日食每因阳光眩耀，则所见之分秒有非目力能真。或用水盆映照，亦属荡漾难定。惟有臣制窥远镜及地平日晷二器，于日食时用远镜可觇其亏复，日晷可以考其亏复时刻。"[②]如果不使用这两个仪器，汤若望宣称就不能确定食分多寡与各家时刻之不同，也就无从校验各家历法的疏密。因以前为明朝制造的仪器被毁坏，汤若望制造了新的日晷和望远镜，并在测验中使用，其结果自然是西法预推与测验的结果之间吻合无差。当时所有的伽利略式望远镜，其实"只适于观象，而不适合观测"[③]。不过这并不重要，只要政治权力认可，望远镜就能在交食测验中使用。采用何种仪器进行交食测验，很大程度由政治因素决定，而这又直接影响到测验的结果。

（3）预报和观测交食精确到何种程度。从表格中可以发现，崇祯改历期间西法预报交食的精确度、观测值的精确度都在不断降低。徐光启管理历局时，交食时刻的预报精确到"秒"，观测精度精确到"分"。李天经主持改历后，预报精度先是不再精确到"秒"，只是精确到"分"（即将一刻划分为一百等分）；然后交食预报的最小精度值逐渐改用"弱""强""半""半强""半弱"来表述，即预报精度下降为一刻的六分之几。观测数值也不再精确到"分"，有时还出现"寅正二刻余""未末申初""寅初四刻内"等表述。伴随着预报和观测精度的降低，西法预报与观测之间的误差也逐渐变小。从崇祯十年（1637）采取"强弱"式奏报开始，除个别情况外，西法预报与实际观测的误差基本上为零。

预报交食精度降低背后体现的是管理者对交食误差的不同理念。在徐光启看来，尽管宋元以来交食数据预报精度的传统是"差以刻计"，但徐

① 徐光启等撰：《崇祯历书·奏疏》，载周岩编校《明末清初天主教史文献新编》，第1062—1065页。

② 徐光启编纂，潘鼐汇编：《崇祯历书（附西洋新法历书增刊十种）》，第2047页。

③ 王广超、吴蕴豪、孙小淳：《明清之际望远镜的传入对中国天文学的影响》，《自然科学史研究》2008年第3期。

光启追求的是“差以分计”[①]。因此徐光启在预报和观测交食时对精度的要求很高，不过这样的理念并未被李天经所继承。李天经主持历局后，在奏报崇祯八年正月十五日（1635 年 3 月 4 日）月食观测时表述了他对精度的看法：“是以从来历家所谓考算交食，同刻者为密合，相较一刻为亲，二刻为次亲，三刻为疏，四刻为疏远。今所差止在分秒，是为同刻，似亦可云密合矣。”[②]显然李天经认为交食误差在一刻之内都是可以接受的，因此禀明崇祯此次月食预报西法密合天行。不过由于在奏折中李天经已经奏报了预报和观测间的误差，崇祯并不认为新法所测完全密合天行。或许因为崇祯的态度，李天经在崇祯九年正月十五日（1636 年 2 月 21 日）的交食预报中，就不再将预推精度精确到秒。

此后西法预报交食精度进一步降低，其中原因可能是当时东、西历局间的冲突。崇祯十年（1637），东局蒋所乐向朝廷状告李天经“十大罪”，李天经于该年十一月上奏折进行辩解[③]。此种背景下，西法所报交食数据开始采用“强弱式”。李天经的理由是：“各家并无分秒，似又不便异同。况测器分秒又难缕析，故今所报时刻之下止别强弱，以便考验。”[④]这样，西法预报交食数据精度下降，随之而来的就是观测精度的不断降低。如果再加上采用西法观测仪器，在此种误差概念下，西法推算的交食数据肯定密合天行。

三、有关崇祯改历交食测验的误读辨析

（1）崇祯改历并不缘起于西法推算崇祯二年日食优于《大统历》

关于崇祯改历的缘起学界存在一种观点认为，改历缘起于西法在推算崇祯二年五月初一日（1629 年 6 月 21 日）日食数据与实测完全吻合，或优于《大统历》的推算结果，因而促使崇祯下令以西法改历[⑤]。事实上这完全

---

① 徐光启撰，王重民辑校：《徐光启集》（下册），第 395 页。

② 徐光启等撰：《崇祯历书·奏疏》，载周岩编校《明末清初天主教史文献新编》，第 1063 页。

③ 徐光启等撰：《崇祯历书·奏疏》，载周岩编校《明末清初天主教史文献新编》，第 1144—1149 页。

④ 石云里、褚龙飞校注：《〈崇祯历书〉合校》，第 54 页。

⑤ 相关观点见张国刚《文明的对话——中西关系史论》，北京师范大学出版社，2013 年，第 176 页；郭书春主编：《中国科学技术史·数学卷》，科学出版社，2010 年，第 619 页；王广超：《明清之际圭表测影考》，《中国科技史杂志》2010 年第 4 期；王广超：《明清之际望远镜的传入对中国天文学的影响》，《自然科学史研究》2008 年第 4 期；江晓原：《〈崇祯历书〉的前前后后（上）》，《中国典籍与文化》1996 年第 4 期等。

是后人的误读，改历缘起于钦天监推测数据误差过大，与西法无关。而且关于这次日食的最终观测结果，实际上存在钦天监和徐光启两套不同的数据。

崇祯二年五月初一日（1629 年 6 月 21 日）日食，钦天监先期预测的食分和初亏、食甚、复圆时刻[①]，和在观象台参与测验的礼部主事黄鸣俊上报的观测结果相比，食分基本相同，复圆时刻亦准确，只是初亏、食甚误差两刻。不过需要特别注意的是黄鸣俊上报结果，乃是根据钦天监五官灵台郎孔文进底本进呈。礼部主事黄鸣俊因测验结果与钦天监预测不符，要求“例应罚治”，崇祯下发敕谕：“钦天监推算日食前后刻数俱不对。天文重事，这等错误，卿等传与他，姑恕一次，以后还要细心推算。如再错误，重治不饶。”[②]因为崇祯以后推算不准要重重责罚的敕谕，钦天监夏官正戈丰年等官员回奏了事情的原委。《大统历》其实即郭守敬等人所造的《授时历》，《授时历》号称自古以来最为精密，虽然如此，依照《授时历》推算总有一二刻的误差，这是算法使然。即使郭守敬本人也曾发生“已推当食而不食”“食而失推”的情形，郭守敬对此也无可奈何。钦天监表明了当时的困境，“今欲循守旧法，向后不能无差；欲行修改，更非浅陋所及”[③]。

此次日食吏部官员与礼部尚书何如宠、侍郎徐光启因“候期救护”之需，亦在礼部观测日食，“据光启推算：本日食止二分有余，不及五刻，已验之果合，亦以监推为有误”[④]。根据《礼部为日食刻数不对请敕部修改疏》的记载，可知徐光启与钦天监观测数据在食分和复圆、食限时刻上不同，两者均偏向于各自预先推测的时刻[⑤]。由徐光启撰写以礼部名义上奏要求改历的奏疏上，最终上报观测的日食复原时刻，又以徐光启所测为准，这样钦天监预推的初亏、食甚、复圆时刻误差均在两刻[⑥]。礼部进而强调欲求日食时刻符合天行，必须将《大统历》大加修改；况且古代也没有施行百余

① 相关数据已在上文表格中展现。

② 徐光启撰，王重民辑校：《徐光启集》（下册），第 319 页。

③ 徐光启撰，王重民辑校：《徐光启集》（下册），第 320 页。

④ 徐光启等撰：《崇祯历书·奏疏》，载周岩编校《明末清初天主教史文献新编》，第 894 页。

⑤ 徐光启依照新法推算的日食数据，如果与他自己的观测值进行比较，可以发现两者误差很小，基本吻合。但如果与钦天监的观测值比较，则徐光启推测的初亏、食甚、复圆时刻均存在误差（误差值见表 1－1）。

⑥ 钦天监观测的复圆时刻为“午正三刻”，与其先前推算吻合无差。徐光启奏报的复圆时刻为“午正一刻”，这样钦天监推算的数据就有了两刻的误差。

年而不改之历法，明朝官员也多次提及改历。崇祯二年五月十三日（1629年7月3日），崇祯同意改历。

《治历缘起》中保存的史料显示《大统历》推算日食误差过大是进行历法改革的主要原因，崇祯、徐光启等人从未有过西法预测崇祯二年日食数据优于《大统历》的表述。明清鼎革以后，汤若望上奏的改历缘由也是“崇祯二年间，因旧历舛讹，奉前朝敕旨修改历法”[①]。至于改历缘起于西法推算优于《大统历》的讹传，可能起源于《明史》中的记载：“崇祯二年五月乙酉朔日食，礼部侍郎徐光启依西法预推，顺天府见食二分有奇……大统、回回所推，顺天食分时刻，与光启互异。已而光启法验，余皆疏。”[②]《明史·历志》乃清朝康熙、乾隆年间编纂而成，其中难免掺杂后人的论见[③]。因此，崇祯改历缘起于西法推测交食优于《大统历》的传说不足为信。

（2）与“天行”吻合无差并非西法预报交食数据追求的目标

《再论》以及《明末历争中交食测验精度之研究》等文章计算了西法预报数据与理论值之间的误差值，这种推算背后的逻辑是当时参与改历之人应该追求和当代科学一样的目标——与天体运行吻合无差。此举是在用现代科学的思维去强求古人，殊不知古人对“密合”的标准与当代科学不同。徐光启认为欲求推算交食分秒无差，在当时是根本不可能达到的目标，“必求分数无差，宜待后之作者，而臣等不敢挪移牵合，自蹈欺罔之罪也”[④]。从上文论述中已经看出，李天经对“密合”的标准是在同刻之内都称之为“密合”；东局的标准则更为宽泛，即预推数据误差一刻都可以称之为“近”。如果采用宋元以来“差以刻计”的标准，那么西法预推的交食数据，肯定与天“密合”。

此外，由于大统、回回、东局预测的误差远大于西法，改历中各家所推交食精度的较量，与其说是测验哪家历法与天行更为密合，不如说是在测

---

① 徐光启编纂，潘鼐汇编：《崇祯历书（附西洋新法历书增刊十种）》，第2045页。

② 张廷玉等：《明史·志第七·历一》，中华书局，1974年，第529页。褚龙飞发现崇祯年间既有类似论述，《学历小辩》中记载称：“独二年五月朔日食，监推三分二十四秒，初亏巳正三刻，回回科推五分五十二秒，初亏午初三刻。临期实候得食止二分，初亏巳正四刻，与本部所据新法密合，此改修之议所从起也。”参见褚龙飞《崇祯改历期间西法交食预报所用时制及相关问题再探——兼与马伟华博士商榷》，《中国科技史杂志》2016年第4期。

③ 韩琦：《从〈明史〉历志的纂修看西学在中国的传播》，载刘钝、韩琦主编《科史薪传——庆祝杜石然先生从事科学史研究40周年学术论文集》，辽宁教育出版社，1997年，第61—70页。

④ 徐光启撰，王重民辑校：《徐光启集》（下册），第395页。

验哪家历法误差更大。以这样的角度来审视交食观测，西法在测量中肯定占据优势。即使采用东局所说“二刻即为次亲”的标准，东局、钦天监、回回科所推数据也很难达到。如崇祯十年十月十五日（1637 年 11 月 30 日）月食观测结果，“止《回回历》在二刻以内……《大统》与郭正中、蒋所乐俱差五六刻不等，此又在疏远之者也”[①]。这种情况在顺治元年八月初一日（1644 年 9 月 1 日）的日食观测中，表现得最为明显：

> 遂将台上璿玑玉衡，及远臣新法仪器对正妥当，复调理刻漏如法。依该监旧法候至巳正一刻，全无形迹，过正二、正三、正四，巳时已完，直至午初初刻半弱，日果如时宪历新法，从西南食起……候至午正一刻强，以筒影观之，果食甚三分……未初二刻转东南复圆，一如新法所算，毫无差谬……若依回回历法推算，则午正一刻食甚之时，方应初亏，讹舛殊甚……总之，时宪历法尽善尽美，即局监诸臣，无不众口一词，服其精确。[②]

《大统历》《回回历》所推的初亏误差在三刻以上，即使采用“差以刻计”的标准，也算疏远。此种情况下，西法推算不必尽善尽美，即可轻松击败改历中的对手，钦天监、东局、回回科根本没有底气去质疑西法所推的误差。即使观测中真的发现西法存在误差，他们也会缄口不言。清廷认为此次测验，“西洋新法测验日食时刻，分秒方位一一精确密合天行，尽善尽美”[③]，因而决定依西法造时宪历颁行天下。

既然西法在交食测验中占尽优势，为什么《治历缘起》中还会删除相当多的交食记录？可以肯定的是，删除这些交食记录，并非是“为了说服清廷相信新法的优异并尽快采用新法”[④]。因为清廷在顺治元年八月初一日（1644 年 9 月 1 日）的日食观测之后，即决定采用新法。汤若望在顺治二年十一月才进呈《西洋新法历书》，删除交食记录不会影响到清廷采用西洋新法的决策。此举也并不是为了隐瞒“新法在交食推算中有时不及传统历法

① 徐光启等撰：《崇祯历书·奏疏》，载周岩编校《明末清初天主教史文献新编》，第 1151 页。

② 徐光启编纂，潘鼐汇编：《崇祯历书（附西洋新法历书增刊十种）》，第 2058—2059 页。

③ 徐光启编纂，潘鼐汇编：《崇祯历书（附西洋新法历书增刊十种）》，第 2059 页。

④ 李亮、吕凌峰、石云里：《被遗漏的交食——传教士对崇祯改历时期交食记录的选择性删除》，《中国科技史杂志》2014 年第 3 期。

这一事实”[1]，因为西法在绝大多数的情形下，在交食测验中相比传统历法占据绝对优势。西法预推崇祯七年三月初一日(1634年3月29日)的日食数据误差过大只是个例，而这其中无人主持历局可能是一个很大的原因。因为从以上论述中可以发现，非科学的因素会极大地干扰具体观测的数值。

笔者认为《西洋新法历书》中删除交食记录的动因，更可能是为了维护西法“尽善尽美”的形象。汤若望在进呈该书时夸下海口：“是书在今日为已验之法，在异日为不易之法。……伏望宣付史馆，用著本朝历法度越前代，为亿万年历数无疆，永以为训”[2]。一部要超越古代、永为后世垂范的《西洋新法历书》，怎么能够容忍书内记载有西法与天行有差一事呢？因为按照当时人的标准衡量，西洋新法“与天密合”，没有丝毫隐瞒、夸大的成分，《西洋新法历书》中删除交食记录的原因是汤若望企图维护西法“完美无缺”的形象。

通过以上论述，可以发现崇祯改历与现代科学活动存在许多不同。西法所报交食数据，并不以现代科学追求的精确无差为目标。崇祯改历并不缘起于西法所报崇祯二年日食优于《大统历》，崇祯追究钦天监推算失误的旨意成为各方推动改历的动因。改历过程中的交食测验受到政治因素的干扰，使用何种计时和观测仪器，以什么样的标准来衡量“与天密合”，成为影响交食测验的重要因素。因此，我们不能简单地将西法所报交食数据转换为现代时制，然后再将其与现代软件推算出的理论值进行比较，以此来检验西法的误差。这种方法的不足之处是在时制转换阶段极容易发生错误，且忽略了天气、政治因素对交食测验的影响。对崇祯改历西法交食精度的研究，应该从文献、从当时的历史场景着眼。

---

① 李亮、吕凌峰、石云里：《被遗漏的交食——传教士对崇祯改历时期交食记录的选择性删除》，《中国科技史杂志》2014年第3期。

② 徐光启编纂，潘鼐汇编：《崇祯历书(附西洋新法历书增刊十种)》，第2044页。

第二章　调适会通——明清之际耶稣会士在改历中的活动

崇祯改历中，耶稣会士龙华民、邓玉函、罗雅谷、汤若望同徐光启等人一道翻译撰写书籍、制造天文仪器，将西方天文历法知识引入中国。通过改历，耶稣会士成功地进入、适应、融入了明朝的政治体制。然而明清鼎革所带来的巨大变革，使得汤若望等人不得不调整立场，以适应新的政权。本章首先考证了明朝末年汤若望等耶稣会士在改历中的境遇，继而探讨入清以后，汤若望采取何种措施确立西法在钦天监中的主体地位。藉此考察耶稣会士在明清嬗代一事上的立场与态度，审视耶稣会士做出抉择的出发点。

第一节　崇祯改历中耶稣会士所受朝廷廪给与恩赐探析

崇祯改历是明末由政府组织的一场历法变革，以往的研究主要关注于改历中耶稣会士的科学工作，对改历过程中汤若望等耶稣会士所受朝廷的廪给与恩赐问题研究较少。黄一农在《耶稣会士汤若望在华恩荣考》一文中曾对这一问题进行过探讨，不过其文章的主体是考证汤若望在清朝所受到的一系列恩荣。本节考证了崇祯改历中汤若望等耶稣会士所受朝廷廪给与恩赐，进而阐述耶稣会士参与改历的目的及意义。

一、崇祯改历之初耶稣会士的工作及所受之廪给

在探讨崇祯改历中明朝廷对耶稣会士的廪给与恩赐之前，我们先考察一下耶稣会士在改历之初的工作。崇祯改历过程中，先后有龙华民、邓玉函、罗雅谷、汤若望四位耶稣会传教士参与修历。汤若望在顺治元年(1644)总结历局工作时称："在署翻译书表、制器测验、推算七政，迄今十余年来，著成创法阐理诸书一百四十余卷，制就星球、星屏、地平日月星晷与夫窥筒机巧等器。"[①]耶稣

---

① 徐光启等纂修，汤若望重订：《西洋新法历书·汤若望奏疏》，载薄树人主编《中国科学技术典籍通汇·天文卷》第八分册，河南教育出版社，1993年，第860页。

会士在改历中的贡献集中在翻译西方天文学著作、参与日食月食的观测、制作仪器等事，这些工作主要在改历之初即崇祯二年到崇祯十一年(1638)间完成。

徐光启称在翻译西方天文学书籍过程中“臣等藉诸臣之理与数，诸臣又藉臣等之言与笔，功力相倚，不可相无”[①]。其中诸臣指的是参与改历的耶稣会士，徐光启依赖耶稣会士的“理与数”进行翻译工作。根据崇祯二年至崇祯七年先后五次的进呈书目可知，耶稣会士参与了全部 47 种书表的译撰。其中 19 种书表为耶稣会士独立译撰，9 种书表为徐光启等与耶稣会士译撰，12 种为耶稣会士指授监局官生译撰推算。崇祯二年至崇祯七年间耶稣会士还制造了许多天文仪器，其中七政象限大仪二座、测星纪限大仪一座为邓玉函同知历人等制造，恒星屏障一架为汤若望制，窥筒远镜一具为罗雅谷、汤若望从欧洲带来，依新法制造的日晷、星晷也在这期间完成。

崇祯二年至崇祯十一年间发生七次需要推算日食、月食以及行星运动的工作，耶稣会士也都参与其中。《历学小辩》中记述有钦天监在局学习官生周胤等人的一段话：“至迩来奉命习学，日与西先生探讨，不直谱之以书，且试以器，不直承之以耳，且习以手，语语皆真诠，事事有实证。”[②]耶稣会士在改历中还细心指导历局官生学习西法。既然耶稣会士在改历中做出了许多贡献，那么在改历过程中朝廷发给他们多少廪给呢？

崇祯二年徐光启曾上奏折称：“西洋天学远臣二名，万历间原有光禄寺下程廪给，似应该寺酌量，照旧给与。”[③]请求发给龙华民、邓玉函二人一定的补贴。据礼部奏折称：“远臣罗雅谷自崇祯三年七月初六日见朝供事，远臣汤若望自崇祯三年十二月初二日见朝供事，迄今已及八载，每日止领光禄寺下程银三分米四合，似未足供日用，清苦堪念。”[④]明朝政府确实曾发给参与改历的耶稣会士一定的廪给，不过数目偏少。

耶稣会士每日从光禄寺领取银三分、米四合，一个月仅领取九钱银子、

① 徐光启撰，王重民辑校：《徐光启集》(下册)，第 344 页。

② 徐光启编纂，潘鼐汇编：《崇祯历书(附西洋新法历书增刊十种)》，上海古籍出版社，2009 年，第 1792 页。

③ 徐光启撰，王重民辑校：《徐光启集》(下册)，第 340 页。

④ 徐光启编纂，潘鼐汇编：《崇祯历书(附西洋新法历书增刊十种)》，第 1698 页。

米十二升。当时历局中儒士陈于阶每月领取银二两，儒士张寀臣每月领取银三两，儒士董思定每月领取银二两四钱，看局夫杨桂每月工食银六钱，厨夫张达每月工食银六钱[①]。历局中供事的钦天监天文生原食粮月支七斗[②]，在局学习后外加米五斗、盐菜银九钱[③]，每月领取银米共计也在二两左右。耶稣会士每月从朝廷所领取的廪给，似乎仅仅比看门人、厨师多了一点，当时因改历访求的知历儒生、在局学习的天文生领取的银两是耶稣会士所领廪给的两到三倍。

崇祯年间，布衣魏文魁亦奉命组织东局参订历法。耶稣会士崇祯十一年(1638)七月以后的酒食银是比照魏文魁成例查补的，也就是说魏文魁每月从朝廷领取“汤饭半卓每月该折银五两五钱，又饭食每月该折银二两六钱一分五厘”[④]，魏文魁所领取的酒食银两是修历之初耶稣会士所领廪给的八倍左右。顺治年间汤若望管理钦天监事务之初，每月支卓儿银十六两四钱、米四石四斗、茶十五两、盐十五两，后又奉旨卓儿银、米等项加倍给与[⑤]。两相比较，修历之初耶稣会士所受朝廷廪给确实偏少。

魏特在《汤若望传》中写道：“而以前罗雅谷和汤若望为他们教授天算与伟大译著之工作，亦仅获有极微少之报酬，简直说不上是报酬的。历局中之学员为他们的协助工作，俱皆支领俸禄，并且经政府授以官职或名位，然而对于这两位传教士反而毫无所赏赐，毫无所授与，仿佛人们已经把他们遗忘了似的。……至于说，政府所发给他们的维持生活之例银数目之微少，几乎连二人中之一人都不敷用。”[⑥]魏特所说未免稍显夸张，朝廷当时给予耶稣会士的廪给，能够维持其基本的生活，不过改历之初耶稣会士从政府领取的廪给确实比较微薄。

明朝廷之所以给耶稣会士如此少的廪给，是因为此廪给是比照万历年间的标准发放的。查阅《大明会典》，光禄寺发放补贴的依据比较符合此条规定：“凡诸蕃国朝贡等使客，并四夷来降土官人等，管待茶饭物料，支送下

---

① 徐光启编纂，潘鼐汇编：《崇祯历书(附西洋新法历书增刊十种)》，第1626—1628页。
② 李东阳等撰：《大明会典》卷二百二十三，江苏广陵古籍刻印社，1989，第2960页。
③ 徐光启撰，王重民辑校：《徐光启集》(下册)，第340页。
④ 徐光启编纂，潘鼐汇编：《崇祯历书(附西洋新法历书增刊十种)》，第1703页。
⑤ 黄一农：《耶稣会士汤若望在华恩荣考》，《中国文化》1992年第2期。
⑥ 魏特著，杨丙辰译：《汤若望传》，商务印书馆，1949年，第170页。

程,俱从礼部行本寺备送。"[①]耶稣会士参与改历之初被当作来归化的"蛮夷"对待,完全没有考虑他们在改历过程中所付出的辛勤劳动。

令人费解的是耶稣会士尽管领取如此微薄的廪给,在修历过程中有时他们还倒贴银两用于修历。第四次进呈历书事中,曾进呈恒星屏障一架,李天经称这是在徐光启所报恒星总图的基础上,督率在局远臣易之以绢,制为屏障。崇祯七年(1634)李天经奏称修历中:"进程星屏一架共用银四十三两五钱,系远臣汤若望自备。"[②]此星屏由汤若望垫资制成,即汤若望大约将从朝廷领取的四年廪给进呈给崇祯帝。

二、明朝官员增加耶稣会士廪给的奏请

耶稣会传教士在改历过程中的辛勤劳动获得了徐光启等人中肯的评价。徐光启曾说:"如远臣罗雅谷、汤若望等,撰译书表,制造仪器,算测交食躔度,教监局官生,数年呕心沥血,几于颖秃唇焦,功应首叙。"[③]李天经也称:"如远臣罗雅谷、汤若望等,译书撰表,殚其夙学,制仪缮器,摅以心法融通,度分时刻于数万里外,讲解躔度交食于四五载中,可谓劳苦功高矣。"[④]礼部尚书姜逢元亦道:"远臣罗雅谷、汤若望等,自应召修历以来,著述独探理窟,制造咸晰天行,功次犁然……有如圣明所谓修历演器,著有勤劳者也。"[⑤]这些人都肯定了耶稣会士在改历中所做的工作。

针对耶稣会传教士在改历中贡献颇多,而朝廷廪给偏少的问题,徐光启曾上书建议赐给耶稣会士田地房产,"但远臣辈守素学道,不顾官职,劳无可酬,惟有量给无碍田房,以为安身养赡之地,不惟后学攸资,而异域归忠,亦可假此为劝"[⑥]。崇祯帝没有明确批复。从崇祯七年(1634)至崇祯十一年(1638),李天经更是多次上书崇祯帝请求犒赏罗雅谷、汤若望二人,称二人"不堪清苦""清苦奚堪"。

崇祯七年十二月历书完成后,李天经上书崇祯帝建议对历局中有功人员进行犒赏。在评价完罗雅谷、汤若望二人的功绩后,李天经请求依照徐

---

① 李东阳等撰:《大明会典》卷二百十七,第2892页。
② 徐光启编纂,潘鼐汇编:《崇祯历书(附西洋新法历书增刊十种)》,第1629页。
③ 徐光启编纂,潘鼐汇编:《崇祯历书(附西洋新法历书增刊十种)》,第1630页。
④ 徐光启编纂,潘鼐汇编:《崇祯历书(附西洋新法历书增刊十种)》,第1630页。
⑤ 徐光启编纂,潘鼐汇编:《崇祯历书(附西洋新法历书增刊十种)》,第1679页。
⑥ 徐光启撰,王重民辑校:《徐光启集》(下册),第428页。

光启的奏请赐予二人田宅："说者动以异域视之，不知皇上君临万邦，覆载之下莫非王臣。法取合天，何分中外，臣谓当如原题，查给田宅以为远人劝者也。"[①]崇祯八年(1635)八月李天经再上《恭恳圣恩破格柔远以励勤劳以光大典事》："查得替僧法宝已故，遗有御赐绝产万寿寺下院香火地二十顷，隆长下院并相连住房共一段，久属游僧隐占，无人承顶，堪以量给。"[②]在奏疏中李天经进一步指出具体可以赐予的田宅，并强调耶稣会士殚其所学，拮据六载，为历务勤劳，又尽力于旁通之事，应给与赏赐。

崇祯九年二月，礼部对改历中的有功人员进行了奖赏，但罗雅谷、汤若望二人仍没有得到赏赐。崇祯九年十二月十八日(1637年1月23日)礼部尚书姜逢元上奏称虽然两远臣："日止共领下程银三分米四合，似亦不堪清苦，故诸臣以赡养之资再三控请。"[③]然而姜逢元又称这不是礼部所敢擅自拟定，需经兵部具题前来商议。崇祯十年二月，经礼部奏请崇祯帝同意赐予两位传教士田宅，"将罗雅谷、汤若望等，各给房一所田数顷，俾其饔飧无匮，用以酬前劳而勉后效端"[④]。

然而罗雅谷、汤若望二人却上书辞去了赏赐的田宅，"两臣又苦于书役之溪，欲难餍豪强之霸占，可虞为是，具疏控辞"[⑤]。罗雅谷、汤若望后来所上奏疏中道出了其中的缘由："臣等循分自揣本秀为本寺住持，尚不能守其故土而至于缴还朝廷。臣等天涯孤旅，又何敢相望豪强占踞之余，设不预为控辞，日后倘至生端图害，不几有负圣明柔远之洪恩乎?"[⑥]崇祯十一年，由于两位传教士所领廪给过于微薄，且迟迟得不到赏赐，历局中博士等官"不忍坐视向隅，乃于今春二月间具呈礼部堂司已批，即题随经祠祭司郎中何三省循例具稿，每人每月各给汤饭卓半张、廪米一石并纂修酒食等项，以见朝供事之日为始，照例补给，向后仍令关支等因呈堂批行"[⑦]。

崇祯十一年三月十三日(1638年4月26日)，罗雅谷在北京去世。十

① 徐光启编纂，潘鼐汇编：《崇祯历书(附西洋新法历书增刊十种)》，第1630页。

② 徐光启编纂，潘鼐汇编：《崇祯历书(附西洋新法历书增刊十种)》，第1646—1647页。

③ 徐光启编纂，潘鼐汇编：《崇祯历书(附西洋新法历书增刊十种)》，第1677页。

④ 徐光启编纂，潘鼐汇编：《崇祯历书(附西洋新法历书增刊十种)》，第1680页。

⑤ 徐光启编纂，潘鼐汇编：《崇祯历书(附西洋新法历书增刊十种)》，第1696页。

⑥ 周岩编校：《明末清初天主教史文献新编》，第1141页。根据前文可知朝廷赐予罗雅谷、汤若望的寺庙，乃住持本秀掌管的寺庙，因不堪豪强的骚扰，要求将其上缴朝廷。

⑦ 徐光启编纂，潘鼐汇编：《崇祯历书(附西洋新法历书增刊十种)》，第1696页。

八日李天经再次奏请崇祯帝依历局博士的奏请，给耶稣会士补给汤饭每月各补一张，“至若远臣罗雅谷，殁于王事，万里孤魂不堪归榇，现有利玛窦之例可援，其会典亦有成例可考”[①]。四月礼部奏称：“今罗雅谷正与典例相符，且系奉召来京又兼修历演器，屡着勤劳，两奉有优赉之旨。未及明恩而身先物故，例应破格优恤。”[②]礼部同意对修历有功的罗雅谷在葬礼上“破格优恤”，然而汤若望又一次辞去了这一恩典，仅希望能补足银两，自行处理罗雅谷的丧事。

三、崇祯改历中耶稣会士对待廪给、恩赐之态度

在修历过程中，耶稣会士劳苦功高、任劳任怨。朝廷所给廪给如此微薄，可汤若望仍自己出资进呈星屏；李天经等一再奏请的恩典，罗雅谷、汤若望二人又辞去不受；改历中邓玉函、罗雅谷二人先后去世，礼部同意对罗雅谷“破格优恤”，汤若望亦恳请辞去。传教士为修历付出良多，那么他们想得到什么样的赏赐呢？礼部一张奏折这样记载：

> 据远臣汤若望呈称，望等俱系守素学道之人，生既不敢萌服官之荣想，死亦不敢邀逾分之荣施。惟乞题补汤饭酒食银两，俾生者得以资其朝夕，殁者得以充其葬埋，令彼自行営构。仍冀比照吴守义见(现)行事例敕赐匾坊，听其自行置办。[③]

汤若望奏称彼等传教士不敢接受超越自己身份的赏赐，仅仅希望补足酒食银两，能够满足其日常生活的需要，使逝者得以自行安葬。此外，汤若望希望仿照吴守义的事例，御赐匾坊，允许其“自行置办”。据李天经奏折中记载，改历中有“捐助如吴守义者亦荷敕赐建坊奖励”，即吴守义仅对改历进行过一些资助，就获得皇帝“敕赐建坊”的优待，汤若望亦希望自己得到皇帝这样的奖赏。

崇祯十一年(1638)七月，光禄寺比照魏文魁的成例，补齐了汤若望、罗雅谷二人自参与修历以来的汤饭酒食银两。汤若望、罗雅谷各得补发的银七百余两、米一百五十余石，汤若望以后仍按“汤饭半卓每月该折银五两五

---

① 徐光启编纂，潘鼐汇编：《崇祯历书(附西洋新法历书增刊十种)》，第1697页。
② 徐光启编纂，潘鼐汇编：《崇祯历书(附西洋新法历书增刊十种)》，第1699页。
③ 徐光启编纂，潘鼐汇编：《崇祯历书(附西洋新法历书增刊十种)》，第1699页。

钱，又饭食每月该折银二两六钱一分五厘”支给[①]。至此，朝廷才依据耶稣会士在改历中的贡献发给廪给。光禄寺卿在补给汤若望、罗雅谷二人银米的奏折中说：“但念臣等迩年以来各部借欠频仍，库存无几月之经费。”[②]此次补发银米是奉崇祯帝按数补给不许再延的旨意补发的。明末由于对清军的作战，以及镇压农民起义等项支出，朝廷开支巨大，在此情况下补足汤若望等人廪给，可见崇祯帝对耶稣会士的体恤。

朝廷对汤若望奏请的“敕赐匾坊”一事没有回复，在得到补发的银米后，汤若望再请钦赐匾额，“更蒙圣明不忍泯其前劳，敕部另议，部覆照例请补纂修酒饭银米以资赡养，仍请钦给匾额旌奖”[③]。崇祯十一年（1638）十一月为犒赏传教士在修历及城防中的贡献，御赐耶稣会士“钦褒天学”匾额。此后，耶稣会士又谋求更广泛地宣传御赐匾额，《正教奉褒》记载崇祯十四年“礼部遵旨，将‘钦褒天学’御题匾额，分赐各省西士祗领，悬挂于天主堂中”[④]。

崇祯十六年十月李天经再次奏请优待耶稣会士：

> 如修历远臣汤若望等撰书制器，创法超伦，惟是殚精推测，心血为枯。不意邓玉函、罗雅谷二远臣遂尔溘先朝露，前功难泯，理合请予祭葬。汤若望首先创法，劳勚年深，则酬庸之典似宜破格优赉。所有远臣焚修处所恳请敕建重修匾额字样，以便朝夕焚修，祝延圣寿，仍恳补加光禄寺酒饭卓面半张以资朝夕。[⑤]

奏折中请求对汤若望准加给酒饭卓半张；对邓玉函、罗雅谷二人进行祭葬；奏请中又一次提到了恳请重新御赐匾额的要求，而且是在所有的天主教堂内悬挂御赐匾额。崇祯帝同意了前两项请求，并在崇祯十七年正月赐“旌

---

① 徐光启编纂，潘鼐汇编：《崇祯历书（附西洋新法历书增刊十种）》，第1703页。

② 徐光启编纂，潘鼐汇编：《崇祯历书（附西洋新法历书增刊十种）》，第1704页。

③ 徐光启编纂，潘鼐汇编：《崇祯历书（附西洋新法历书增刊十种）》，第1704页。

④ 黄伯鹿：《正教奉褒》，载韩琦、吴旻校注《熙朝崇正集　熙朝定案（外三种）》，中华书局，2006年，第277页。黄一农在《耶稣会士汤若望在华恩荣考》一文中，根据清初由文秉所撰的《烈皇小识》的记载称汤若望于崇祯十四年加尚宝司卿头衔，并受命专理历法。进而认为“由于文秉与若望为同时代人且此一加衔之名相当具体，故若望当时很有可能曾获赐爵秩。”通过上文的分析，我们得知汤若望一切工作的目的就是有利于传教，从汤若望辞去田宅、辞去对罗雅谷“破格优恤”的葬礼以及汤若望对“钦褒天学”匾额的重视，可知汤若望不会接受爵秩，只会将匾额分赐各处，以扩大其传教事业。

⑤ 徐光启编纂，潘鼐汇编：《崇祯历书（附西洋新法历书增刊十种）》，第1750页。

忠”匾额。据称此块匾额被送至澳门，在盛大的仪式后，被悬挂在那里的耶稣会堂内[①]。

四、耶稣会士参与崇祯改历的目的及意义

从崇祯二年(1629)到崇祯十一年(1638)，耶稣会士甘愿领取微薄的廪给、垫资进呈星屏、请求崇祯帝御赐匾额、谋求更广泛的宣传御赐匾额等行为都表明了耶稣会士参与改历的真实目的是传播天主教，改历后期耶稣会士更是希望借助皇权传教。

“学术传教”是自利玛窦以来耶稣会士开展传教活动的有效方式[②]。利玛窦曾建议：“如果能派一位天文学者来北京，可以把我们的历法由我译为中文，这件事为我并不难，这样我们会更获得中国人的尊敬。”[③]邓玉函在1622年写往欧洲的信中说道：

> 我极希望从伽利略先生处，就像我多次写过的那样，得到来自他新观察中的关于日、月交食的推算……因为它对我们革新旧历有着急迫的必要性。如果要寻找一个合法的、可以作为我们在中国存在的理由，借此让他们不把我们驱赶出这个国度，那这就是唯一的理由。[④]

汤若望等耶稣会士在改历中的一切活动都是为了赢得中国最高统治者及知识阶层的赞许，进而传播天主教。汤若望的一句话清楚地表明了耶稣会士的目的：“臣自大西洋八万里航海来京，不婚不宦，专以昭事上帝，阐扬天主圣教为本。”[⑤]正是因为传教这个崇高的使命支撑着耶稣会士在华的活动，使他们不计较个人之得失，不计较明朝廷给他们微薄的廪给，一切活动都以是否有利于他们在华的传教事业来衡量。

万历末年的南京教案使得耶稣会士在华传教事业受到限制，崇祯改历

---

① 魏特著，杨丙辰译：《汤若望传》，第173—174页。

② 江晓原：《天学外史》，上海人民出版社，1999年，第191页。

③ 利玛窦著，罗渔译：《利玛窦书信集》(下)，光启出版社、辅仁大学出版社，1986年，第302页。

④ 邓玉函1622年4月22日自苏州嘉定发往欧洲的信，转引自Erich Zettl著，孙静远译《来自德国康士坦茨的传教士科学家邓玉函》一文附录邓玉函信件摘要，载阎纯德主编《汉学研究》第十一集，学苑出版社，第336页。

⑤ 徐光启等纂修，汤若望重订：《西洋新法历书·汤若望奏疏》，载薄树人主编《中国科学技术典籍通汇·天文卷》第八分册，第859页。

则使耶稣会士进入了由官方组织的改历活动，耶稣会士可以利用其在改历中获得的威望开展传教事业。要想更好地传教，获得最高统治者的认可是一个捷径。在获知改历中仅有捐助之功的人，就可以获得皇帝敕赐匾坊的奖励后，汤若望两次奏请崇祯帝赐予匾额，并且谋求将御赐匾额分赐各省天主堂中。这是因为御赐匾额是中国传统社会中臣民们所能得到的最高级别的荣誉，这个荣誉有利于汤若望开展他的传教事业。祝平一在评价顺治帝赐给天主教堂的《御制天主堂碑记》时说："皇帝的地位与石碑的材质，象征着中国最高统治者对这批外国异乡人的眷护。在帝制中国，任何皇帝的赏赐，对受赏者而言都是无上的荣耀。"[①]崇祯改历中，皇帝赐给汤若望的匾额也具有相同的含义。

御赐"钦褒天学""旌忠"的匾额，表明耶稣会传教士获得中国统治阶层的认可。第一次所题"钦褒天学"四个字的意义值得玩味，"匾上所题之四字为'钦保（褒）天学'意思是皇帝褒奖与保护天学。可是这天学二字自然是首先应作天文学解，但是这二字亦可解释为天主之学的，换句话来说，就是可以作为基督教之学解释的。这是当时许多中国人和教徒们一般的见解的"[②]。这对耶稣会士传播天主教大有益处。

1638 年（崇祯十一年），传教会副会长傅汎济在向耶稣会总会长所写的呈报中说道："汤若望神甫于他寻常传教工作之外，和罗雅谷神甫这样勤奋地共同从事于中国历法改良之工作，是堪当钧座以函件特别加以推许与鼓励的。传教会今日顺利的情势，在一切教会所作藉以自固的工作中，决系尤其应行归功于他这一工作的。"[③]魏特在《汤若望传》中总结明末的传教工作也说："传教会的顺利发展大半都应归功于罗雅谷与汤若望两位天算家的威望，和在朝中富有相当影响力的位置，罗雅谷去世后，就应完全归功于汤若望一人了。"[④]耶稣会士在改历中的工作，以及获得崇祯帝御赐的匾额，确实对明末天主教在中国的传播起到了积极作用。

至于耶稣会士在领取朝廷较少廪给的情况下何以能顺利参与改历，那

---

① 祝平一：《金石盟——〈御制天主堂碑记〉与清初天主教》，《"中央"研究院历史语言研究所集刊》第七十五本（2004）第二分。

② 魏特著，杨丙辰译：《汤若望传》，第 172 页。

③ 魏特著，杨丙辰译：《汤若望传》，第 198 页。

④ 魏特著，杨丙辰译：《汤若望传》，第 198 页。

是因为他们能够从欧洲获得开支的补给，“诸士在本国俱以贤智食禄于朝，兹奉主命涉远涉险，国主愈重其德，愈为之计食用。岁岁人人给以常禄，多方曲致于贾舶，择其最稳者于商客，择其最有德行者托以寄带”①。偶尔因风暴无法获得接济时，传教士会向澳门、中土友人求助，自己也会节衣缩食等待来年的补给。

此外，参与崇祯改历的四位耶稣会士都具有较高的修养，因此他们在改历中尽管生活上可能遇到困境，但他们仍可以通过信仰，通过自己传教的使命来获得慰藉。《正教奉褒》中记载耶稣会士辞去明朝廷赐给的爵秩时说道：“以不婚不宦，九万里远来，惟为传教劝人，事奉天地万物真主，管顾自己灵魂，望身后之永福，请收回成命。”②参与崇祯改历的耶稣会传教士更关注自己的灵魂，希望得到身后之福，对世俗社会之田宅、钱粮等物不太在意。在修历领取极微少的补贴时，汤若望以亚当的名义影射自己的境遇：“亚当不得不在他面孔上的热汗中，赚取他的饮食，用时时新奇的工作。然而这却是他在肉体与灵魂方面俱皆受到刚强锻炼的功夫。”③汤若望在改历过程中确实可能在生活上遭受过一段困境，不过他通过宗教来给自己安慰。

此外，在徐光启主持历局期间，曾自己出资每月资助每名参与修历的耶稣会士五两银子，“一远臣罗雅谷、汤若望，每月供给银十两，自二年八月起至六年六月止，共四十七个月，共银四百七十两，俱系辅臣自备”④。崇祯二年（1629）八月至崇祯六年（1633）六月，罗雅谷、汤若望即使没有得到别的资助，在徐光启的帮助下，也能维持其生活。据汤开建的研究，明末各教会宗主国及教廷，还有澳门各界和国内教友都曾资助支持天主教在华的传教事业⑤，崇祯改历过程中耶稣会士仍有可能继续接受这一捐助。

五、耶稣会士在改历中的政治立场

耶稣会士之所以能够获得明朝朝廷的认可，获得增加俸禄、敕赐匾额

---

① 杨廷筠：《代疑篇》，载吴相湘编《天主教东传文献》，学生书局，1965年，第557页。

② 黄伯鹿：《正教奉褒》，载韩琦、吴旻校注《熙朝崇正集　熙朝定案（外三种）》，中华书局，2006年，第277页。

③ 魏特著，杨丙辰译：《汤若望传》，第170页。

④ 徐光启编纂，潘鼐汇编：《崇祯历书·治历缘起》，第1629页。

⑤ 汤开建：《明清之际中国天主教会传教经费之来源》，《世界宗教研究》2001年第4期。

的优待，最根本的原因在于他们效忠于明朝的立场。传教士不辞辛苦地参与改历的行为，已经证明这一点。在对待清军入侵一事上，他们的表现更为明显。1636 年，皇太极率领清兵侵扰北京城附近，罗雅谷、汤若望受命传授明朝士兵使用火炮抗击，两人后来回顾道："去岁丑虏内犯，戎政暨都察院等衙门，以善知火器需人，交荐及臣。……臣等闻命登陴，即会同京营内外、城守文武诸臣，演试御颁神威大炮，并灭虏鸟枪等器，依法改造铳车，出秘指授装放，惟期灭虏，以报朝廷。仰籍皇上震世之威，奴即出境远遁，臣等得以竣役。"[①]抗击清兵的行为以及"丑虏"一词，表露出耶稣会士此时的敌我立场。耶稣会士的行为获得了明朝官员的肯定，上书要求奖赏他们。礼部称耶稣会士"自修历以来，著书独探理窟，制造咸晰天行，功次犁然。况登陴指授，远折狂氛，其一段忠义之气，尤属可风"[②]，这代表了官方对耶稣会士的评价。

眼看彼时明朝内忧外患的境地，汤若望希望通过翻译采矿书籍扩充明朝的财政收入，借此以表忠心，"顷见丑虏，复尔狂逞，臣等义切同仇，恨不灭此而后朝食，无奈臣祇孑然一身……臣等目击时艰，仰见君父宵旰于上，臣等宁敢寝食自安。……日同在局诸臣，译有臣乡《坤舆格致》一书，专言开采煅炼之法。倘能依法采取，可以大裕国储，正在绘图缮写，俟完日另疏恭进还御览，少慰圣怀"[③]。同时还要求捐献 200 两白银以表忠心。汤若望把崇祯称为"君父"，言辞中对满人义愤填膺式的愤慨，呈现出与明朝共命运的姿态此种姿态与立场肯定会受到朝廷的认可。

此外，汤若望也比较注意适应明朝政治体制里的规则与文化。徐光启主持历局时，因为其天主教徒的身份、倾心西学的态度，他与耶稣会士的关系比较和睦。这从他自己出资，每月资助每名参与修历的传教士五两银子就可以看出。李天经接管历局后，由于东局的出现，历争有激化的趋势。汤若望认为造成这种局面很大一部分原因在于李天经，私下里对李天经的评价并不高，"这位继任者李天经虽说为人正直，但是过于喜欢和平处世，哪怕是出现些许的争论也会主动的退让。他的学问也不如徐光启，对不是由他开始只不过是被选来作继任的工作(改历)，也没有热情。他并不是和我们一道来推进

① 徐光启等纂：《崇祯历书·奏疏》，载周岩编校《明末清初天主教史文献新编》，第 1140 页。
② 徐光启等纂：《崇祯历书·奏疏》，载周岩编校《明末清初天主教史文献新编》，第 1141 页。
③ 徐光启等纂：《崇祯历书·奏疏》，载周岩编校《明末清初天主教史文献新编》，第 1178 页。

共同的事业，一有机会，似乎他就会转向中国的传统方向而去”①。

汤若望的这些评论只能在写回欧洲的信件中发泄，从《治历缘起》保存的史料看汤若望一直积极配合李天经改历。李天经应该没有觉察到汤若望对自己的不满，一直称赞耶稣会士：“公同远臣汤若望等，撰成《历法书表》一百四十余卷，缮制新式仪器十数种，见在御前。且于数年以来，指教台官，呕心沥血。其日躔月离，虽已传授习熟，几于颖秃唇焦。”②李天经也认可汤若望对明朝的忠心，对翻译《坤舆格致》一书说：“目今四郊多垒，民不聊生之际，远臣抒忠为国，尽译开采一书者，以搜括不若生聚为可长久耳。”③汤若望对李天经私下评价和实际处事中的差别，实际上是汤若望对中国官僚体制内下级服从上级规则的适应。

尽管汤若望在朝廷内做事十分谨慎，但偶尔也会触犯体制内的规则。汤若望在奏折中先向崇祯禀明翻译《坤舆格致》一书，似乎就触犯了李天经的权威。李天经在崇祯十二年(1639)进献此书时称：“去冬臣与远臣汤若望……等正在商议翻译恭进，比值□□□□，臣遂奉旨坐守朝阳门，弗获躬任其事。而远臣汤若望等感恩图报，芹曝急公之义，正不在臣后，故曾于敬献微尘疏内业已题明。”④汤若望提前奏报崇祯译书一事，且没有提及李天经的作用，因此李天经在奏折中特意强调“谷臣督同远臣汤若望及局官杨之华、黄宏宪等昼夜纂辑续进”⑤。该书最终完成之时也由李天经进呈，而且强调自己“报国有心，点金无术，因于旁通十事内，采择西庠《坤舆格致》一端……今月始获卒业，为书四卷，装潢成帙，敬呈御览”⑥。翻译的主导者已经由汤若望变成李天经，汤若望没有对此表示异议，这更是对朝廷政治文化的适应。

耶稣会士通过改历，成功地融入了明朝的政治体制，并利用皇权的影响扩大了天主教在华传播的规模。改历翻译的书籍以及汤若望与历局官生形成的良好关系，都为入清以后争取西洋历法的正统地位奠定了基础。不过在此后的中西历法之争中，耶稣会士依然要面对崇祯改历中出现的问

① 薮内清著，杜石然译：《中国的天文历法》，北京大学出版社，2017年，第115页。

② 徐光启等纂：《崇祯历书・奏疏》，载周岩编校《明末清初天主教史文献新编》，第1164页。

③ 韩凤冉：《南图藏严杰校本汤若望〈坤舆格致〉初考》，《中国典籍与文化》2015年第4期。

④ 徐光启等纂：《崇祯历书・奏疏》，载周岩编校《明末清初天主教史文献新编》，第1184页。

⑤ 徐光启等纂：《崇祯历书・奏疏》，载周岩编校《明末清初天主教史文献新编》，第1184页。

⑥ 徐光启等纂：《崇祯历书・奏疏》，载周岩编校《明末清初天主教史文献新编》，第1211—1122页。

题——皇帝对历法的态度、钦天监的领导权。

第二节　顺治年间汤若望管理钦天监事务探赜

明朝末年，内忧外患，国力日衰。犹如在改历中的表现与作为，崇祯虽有力挽狂澜之心，但回天乏术，明朝最终灭亡。明亡后的动荡局面，不可避免地波及身处中土的传教士。汤若望如何能够在明清鼎革的紧要关头立足？他又是如何逐渐将钦天监变为以奉教天文家为主体的官方机构[①]？汤若望毕竟是欧洲人，在中土孤立无援，却要面对改朝换代的巨大变革。况且对于一个外国人来说，管理钦天监事务也并非易事。汤若望掌管前的钦天监承袭明代旧制，奉行中国传统历法，顺治元年（1644）汤若望与钦天监还存在矛盾。作为一名西方传教士，汤若望如何能够在此种情形下将西洋新法在钦天监内推行下去，而不至引起钦天监众人的不满与反抗？前人对此问题论述较少，本节试就这些问题进行探讨。

一、入清以后汤若望的政治立场

1644年，李自成率军进入北京城，崇祯自杀，明朝灭亡。由于吴三桂和满清军队的联合，李自成很快败北，撤离北京，清朝入主中原。清兵进驻北京城后，要求城内中、东、西三城的居民搬移到南、北二城居住。地处宣武门附近的天主堂也在搬迁之列，汤若望因此上奏清廷恳请在原地居住。在奏章中汤若望旗帜鲜明地表现了自己的政治立场："幸逢大清圣国俯念燕民造贼荼毒，躬行天讨，伐罪吊民，万姓焚项，没世难忘。此乃天主上帝宠之四方，隆以君师之任，救天下苍生于水火者也。"[②]对满清入主京城充满溢美之词。汤若望称担心从西方带来的三千余部书籍[③]，以及明末所修历书因为搬迁而散失，因此请求居留原地。汤若望身着中国平民的衣服向清廷上奏，或许是由于西洋人身份的缘故，他的要求得到了满足[④]。后来

① 黄一农：《汤若望与清初西历之正统化》，载吴嘉丽、叶鸿洒主编《新编中国科技史》（下册），银禾文化事业公司，1990年，第465—490页。

② 徐光启编纂、潘鼐汇编：《崇祯历书（附西洋新法历书增刊十种）》，第2045页。

③ 汤若望特别强调除一些天主教书籍外，"外及历算、屯农、水利一切生财达道莫不备载"。

④ 魏特著，杨丙辰译：《汤若望传》，第221—222页。

摄政王多尔衮颁给汤若望令旨，粘贴堂前，免于搬迁。

汤若望敏捷地捕捉到“兹幸遇大清一代之兴，必更一代万年之历”[①]的历史机遇，积极向清廷靠拢。在奏报顺治元年八月初一日（1644 年 9 月 1 日）日食数据时，汤若望声称日食非常难于观测，如果不使用望远镜和地平日晷，则各家疏密根本无法判定。因为明末进献的仪器在战乱中毁坏，汤若望自己出资制造浑天星球、地平日晷、望远镜等进献清廷。在汤若望的积极努力之下，清廷将依照西洋新法制定的历书颁行天下[②]，取名《时宪历》，以彰显清廷“宪天乂民”之意。汤若望对此欢呼雀跃，奏称“从此声教远敷万方，鼓畅始知数百年未能改易之历，一旦焕然聿新，即自古圣君贤相握玑衡以齐七政之盛，治弘庥无逾斯时者矣”[③]。

为了向清朝表忠，汤若望甚至从事可能被教友指责为迷信的活动。顺治元年（1644 年）九月，顺治帝到京准备举行登极大典，礼部要求汤若望率领监局人等选择吉日。汤若望对此项任务十分重视，亲力亲为，“望于本月二十日卯刻亲赴内院恭接万岁景命年庚，随即回局率监局官生推看吉星，恪恭详择……望已面回内院，听候裁定”[④]。汤若望还极力建议将登极大典和颁历仪式一起举行：

> 如西洋新法，且预修几二十年以备圣朝垂宪万世者也。况当主上登极之初，即是正朔首颁之日，天时人事妙相会合，岂非天命兴隆，享祚无疆之显兆耶。……若今日一人建极，与万方更朔二典并行，则尤为旷代之奇逢。本朝之专美，礼宜圣躬敬答帝天，孝享祖庙，继以群僚表贺，特诏颁恩。直使怀忠者共效欢呼，戴德者均沾雨露，庶君师永承四方之宠，而尊亲普及万邦之应也。[⑤]

在汤若望的言语中，明朝修历就是为了给清朝颁历做准备。他还极力宣扬天意恩宠清廷，以及颁布恩诏对稳定清朝统治的意义。此后，汤若望奏请将崇祯年间编纂的历书以大字刊刻，并将地平经纬仪等三种仪器一起进

① 徐光启编纂、潘鼐汇编：《崇祯历书（附西洋新法历书增刊十种）》，第 2045 页。

② 具体内容参见黄一农《汤若望与清初西历之正统化》，载吴嘉丽、叶鸿洒主编《新编中国科技史》（下册），第 465—490 页。

③ 徐光启编纂，潘鼐汇编：《崇祯历书（附西洋新法历书增刊十种）》，第 2052—2053 页。

④ 徐光启编纂，潘鼐汇编：《崇祯历书（附西洋新法历书增刊十种）》，第 2066 页。

⑤ 徐光启编纂，潘鼐汇编：《崇祯历书（附西洋新法历书增刊十种）》，第 2070 页。

呈[①]。入清以后短短几个月时间里，汤若望明确传达了其维护满清利益，愿意与清廷合作的立场。清廷也认识到汤若望在历法方面确实卓有才干，他们也以开放的态度对待这位西洋人。顺治元年十一月，清廷任命汤若望管理钦天监，“钦天监印信着汤若望管，凡该监官员俱为汤若望所属，一切进历、占候、选择等项，悉听掌印官举行，不许紊越”[②]。汤若望请辞不准后，提出将钦天监印信上交，授予自己“督理钦天监”印信的建议。这换来的却是清廷对他进一步的支持，“汤若望着遵旨率属精修历法，整顿监规，所属有怠玩、侵紊的，即行参奏。敕印不必另给”[③]。在获得皇权的坚定支持后，汤若望开始管理中国官方的天学机构，他能胜任这个职位吗？

二、顺治初年汤若望与钦天监之间的矛盾

汤若望与钦天监的关系并不十分融洽。崇祯改历过程中汤若望所在的历局与钦天监之间就曾发生过纷争，产生纷争的一个主要原因就是钦天监“监官们还十分担心，取用新法后，自己的地位会受到动摇，甚或要失去饭碗”[④]。明清鼎革之初，汤若望通过展现西法的优越性、争取制定新历的授权等措施确立了西法的正统地位[⑤]。因为钦天监不懂西法，礼部奏请顺治二年(1645)历日需要钦天监与历局合作完成，“今用新法注历，必须监局各官公同注定，成样具呈本部启奏”[⑥]。

汤若望与钦天监之间的合作并不愉快，两者矛盾甚至有激化的趋势。汤若望在顺治元年八月十九日(1644年9月19日)的一份奏折中写道：

> 至于考试该监官生术业，出自圣裁，原与臣疏无涉。乃监官辄来本局缠绕，刺刺不休，殊怀怨恨之意。遂于本月十八日辰刻，突从礼部传臣至署，随有通官向臣云目今考试监官是没紧要事，刊历迟误咎归

① 汤若望在进献《西洋新法历书》的奏章中称，该书由他自己捐资刊刻，据他以前的估算以大字刻板约需五百五十两。

② 徐光启编纂，潘鼐汇编：《崇祯历书(附西洋新法历书增刊十种)》，第2080页。

③ 徐光启编纂，潘鼐汇编：《崇祯历书(附西洋新法历书增刊十种)》，第2082页。

④ 石云里：《崇祯改历过程中的中西之争》，《传统文化与现代化》1996年第3期。

⑤ 黄一农：《汤若望与清初西历之正统化》，载吴嘉丽、叶鸿洒主编：《新编中国科技史》(下册)，第465—490页。

⑥ 《礼部启为请定历名事》，顺治一年七月五日(1644年8月6日)，“中央”研究院历史语言研究所，内阁大库档案，登录号：185043－010。

于臣，语多背谬。臣不忍闻，比时不容置辩，被叱而回。窃思刊刻历日一事原系该监职掌，每年止须司历二员并管年堂官一员督匠印造，今一旦妄欲诿卸，则该监官生百十余员所司何事？①

针对刊刻历日一事，汤若望称此事原系钦天监职掌，但如今民历式样发下已久，“该监自当星夜攒竣，何得及今考校冒滥，尚将卸责于人，复逞从前妒忌挠阻故智，情理难堪”②。汤若望在礼部受到责难后，称钦天监还将像从前一样妒忌阻挠新法施行，因此请求“令该监自行修政历法，免致纷嚣，俾臣得延残喘以终学道素志”③。从汤若望的言语中可以看出，他对自己被责问一事耿耿于怀，彼时汤若望与钦天监之间存在着很深的芥蒂。

顺治元年八月二十二日(1644 年 9 月 22 日)，礼部对钦天监官生学习新法的情况进行考核，此一问题，黄一农已有论述④。此处强调的是在钦天监参加考试的历科、天文科、漏刻科以及回回科的八十一名官生中，只有贾良琦、刘有庆、朱光显三名精通西法，除此之外欲“外求其熟悉精通者盖甚难其人也”，而精通西法三人还是钦天监在历局中供事之人⑤，汤若望接管前的钦天监完全为奉行传统历法者所统领。礼部虽有三月后另行考核，以及将钦天监中不谙象数、考试不至者裁掉，不过在这三个月中很难奢望钦天监发生脱胎换骨之转变。汤若望在奏折中说道：

历局新法已经前朝屡鉴合天，无奈该监妒忌阻挠多方谋害。幸今圣明御宇当事主持用新法而汰监员，公道彰矣。昨蒙宽限学习，听起改过自新。岂期怙恶不悛，弊端百出。况三个月之限期已去大半，犹然优游自得，怠玩可知。且知若辈于旧法茫然不知，安肯专事新法？⑥

由此可见汤若望与钦天监之间积怨之深，以及钦天监众人学习西洋新法之

---

① 中国第一历史档案馆编：《清中前期西洋天主教在华活动档案史料》(第一册)，中华书局，2003 年，第 3—4 页。

② 中国第一历史档案馆编：《清中前期西洋天主教在华活动档案史料》(第一册)，第 5 页。

③ 中国第一历史档案馆编：《清中前期西洋天主教在华活动档案史料》(第一册)，第 6—7 页。

④ 黄一农：《汤若望与清初西历之正统化》，载吴嘉丽、叶鸿洒主编《新编中国科技史》(下册)，第 465—490 页。

⑤ 据汤若望顺治十一年初四日奏折中所记，历局供事钦天监博士加俸二级朱光显、钦天监在局供事加监副刘有庆、中官正贾良琦。

⑥ 李光涛：《明清档案存真选辑》，“中央”研究院历史语言研究所，1959 年，第 213 页。

难。对于两者之间的矛盾，清廷皇权执掌者的态度显然更偏袒汤若望。因为顺治元年十一月，清廷任命汤若望管理钦天监，他要管束自己曾经的对手。

获悉这一任命后，汤若望的奏章中仍然流露出对钦天监的轻视与不满，"历象授时，在周官为太史之职，厥任匪轻。虽近因畴人子弟流风陋恶，为人所鄙。凡闻钦天监名，辄生厌恶之心"[①]。并表示因为西洋新法颁行，钦天监确实需要整顿。钦天监众人也不满这一任命，对汤若望的任职并不配合，"我们可以预先猜想而知的，当然是中国本国钦天监人员，现在以他们的全力对于汤若望这位欧洲人和他的科学又开始的攻击了……他们说他不把正当的学识教授他的学生们，以便可以责斥他们，他们又说，人们没有法子可以使他满意，因为他自前者以来，对于他们都怀有意见"[②]。《汤若望传》中还记载礼部一位长官偏袒反对汤若望之人，诬告他傲慢无礼，且有受纳贿赂之事，而且汤若望并未奉有充当钦天监监正的命令，这件事情直到内阁会议上才得到澄清[③]。

汤若望对钦天监抱有很大的成见，钦天监众人奉行中国传统历法且因宿怨攻击汤若望，从上面的奏折以及《汤若望传》的记载中看出礼部有人袒护钦天监。此种情形下，汤若望能否顺利管理钦天监就是一个问题，何谈在钦天监中推行西法？

三、汤若望管理下之历局

仅凭汤若望一人之力来管理钦天监似乎不太可能，不过汤若望身后有一个支持他的历局。汤若望自崇祯三年（1630）参与改历，到顺治元年（1644）督率历局官生编制历书，在改历中贡献颇大，他曾教授历局官生学习西法，对在局学习的官生有师生之谊。《历学小辩》中记述有钦天监在局学习官生的一段话："至迩来奉命习学，日与西先生探讨……即使尽起古之作者，共聚一堂，度无以难也。然后相悦以解，相劝以努力。"[④]崇祯年间因汤若望、罗雅谷二人所受朝廷廪给较少，历局中博士等官还曾向礼部上疏，

---

① 徐光启编纂，潘鼐汇编：《崇祯历书（附西洋新法历书增刊十种）》，第 2080 页。

② 魏特著，杨丙辰译：《汤若望传》，第 241 页。

③ 魏特著，杨丙辰译：《汤若望传》，第 241—242 页。

④ 徐光启编纂，潘鼐汇编：《崇祯历书（附西洋新法历书增刊十种）》，第 1792 页。钦天监在局学习官生在其中曾引用崇祯四年十月两食之数，可知此文做于崇祯四年十月以后，此时邓玉函已经病故。汤若望此时已经在历局中供事，所指西先生当包括汤若望在内。此后汤若望教授学习新法为度数旁通之事中的一项。

请求增加对汤若望、罗雅谷二人的廪给。由此可知，汤若望与钦天监在历局学习人员关系较为融洽。

顺治元年，汤若望在积极争取西历正统化地位的同时，竭力为在历局中供事的普通儒士谋求利益。依照编制历书的旧例，在民历末尾要列名推算之官，尽管历局中诸位官生为此推算勤劳，可仅有朱光大、宋发二员列名；钦天监虽只有二人用两天时间完成铺注神煞的工作，可列名者却有十一员。“如顺天生员宋可成，副榜监生李祖白，儒士掌乘、焦应旭，此四人者，文理优通，有志历学，访举在局效力多年，只以未蒙授职不便附列其名”[①]。汤若望因而奏请顺治帝命吏部查照办历事例，对这些人量加职衔，以便添名历末。后礼部同意儒生宋可成等四人带钦天监博士衔，同朱光大等人附名历尾，而在局效劳的儒士掌有篆等十人亦准照天文生例办事。

汤若望积极为历局人员谋取赏赐，使历局中官生获得了实在利益。如宋可成、李祖白等在历局办事的儒生被加钦天监博士衔，实现了身份上的转变；历局中普通供事诸生的待遇也得到提高。汤若望在编订新历的过程中，还关心历局官生的生活，“本局官生先推民历，每觉其散早聚迟，总由各官生城外居住又皆穷苦，每日饔飧或就食于市肆或待炊于本家，往返奔驰费时失事，最为未便，因而臣即设处垫用供给并垫纸劄绫绢装潢等”[②]。顺治元年（1644）十一月，多尔衮命开列监局中编订《时宪历》中有功之人，在汤若望开列的名单中，历局中朱光大、黄宏宪、宋发、朱廷枢、李祖白等人的贡献被凸显、强调[③]。

在汤若望的积极努力之下，崇祯年间未被认可的新法，在清朝确立了正统地位；历局官生依照新法编制民历，且列名历末；历局中相应有功人员加钦天监博士衔，在局效劳的儒士照天文生例办事；此外顺治帝还命历局选派两人入内灵台典守仪器[④]。汤若望管理下的历局俨然成为第二个“钦天监”，无论是历局的整体地位，还是历局官生的地位和待遇都得到了明显的提高。汤若望的这些措施应能获得历局中相当多的人心，从而为汤若望管理钦天监事务奠定良好的基础。

---

① 徐光启等纂修，汤若望重订：《西洋新法历书·汤若望奏疏》，载薄树人主编《中国科学技术典籍通汇·天文卷》第八分册，第876页。

② 徐光启等纂修，汤若望重订：《西洋新法历书·汤若望奏疏》，载薄树人主编《中国科学技术典籍通汇·天文卷》第八分册，第875页。

③ “中央”研究院历史语言研究所编：《明清史料》丙编第三册，商务印书馆，1936，第247页。

④ 中国第一历史档案馆编：《清中前期西洋天主教在华活动档案史料》（第一册），第3—4页。

四、汤若望对钦天监的人事管理

从以上论述中,我们看到顺治元年钦天监反对汤若望,历局支持汤若望。汤若望若想实现对钦天监的有效管理,最简便的措施就是将历局人员吸纳入钦天监,汤若望本人也是这么做的。汤若望正式接管钦天监后,内院传来的牌文为汤若望对钦天监进行人事改革提供了机会。顺治元年十二月初九日(1645 年 1 月 6 日),内院行钦天监牌文要求汤若望将钦天监内所管官生人数以及书办、皂隶、刊字、印刷等匠名事造册报呈,并特别强调"限两日内造册明白,差官送内院立等汇册上疏,毋迟时刻"①。

汤若望至顺治二年二月才上报内院名册,其中裁监副一员;历科加五官副五员,裁去教习博士七员;天文科议加教习博士三员;漏刻科裁二员;回回科应革其官生,尽数裁去;裁去天文生三名②。汤若望奏折中对所加所裁人员并无记述,不过从其要求推行西洋新法、建议将回回科尽数裁去、将奉行新法的监副刘有庆留任以及下文中将历局中熟悉新法者提拔任用等措施,可以推测汤若望应是依据对新法的熟悉程度,将不习新法者或反对自己的人裁去,留任熟悉新法之人,且将历局人员纳入钦天监③。汤若望此举可能还会对钦天监中众人产生一定的威慑,表明他现在已经成了钦天监的管理者,手握裁员的权力。

汤若望在对钦天监进行初步改革后,又将原来历局中所倚重之人提拔任用,以实现对钦天监的有效管理。有关这一点,我们可以从顺治年间钦天监的职官年表中看出来④。将顺治十八年钦天监职官与顺治元年历局中人员相比较,其中原历局供事加通政使司经历加俸一级朱光大被任命管理历法,原钦天监在局供事加监副刘有庆保有原职⑤,原中官正贾良琦保有原职⑥,原

---

① 徐光启等纂修,汤若望重订:《西洋新法历书·汤若望奏疏》,载薄树人主编《中国科学技术典籍通汇·天文卷》第八分册,第 897 页。

② 徐光启等徐光启等纂修,汤若望重订:《西洋新法历书·汤若望奏疏》,载薄树人主编《中国科学技术典籍通汇·天文卷》第八分册,第 903 页。

③ 《汤若望传》中记载在钦天监攻击汤若望之事被平息后,将钦天监中一切捣乱分子革除,而以基督徒补充。参见魏特著,杨丙辰译《汤若望传》,第 242 页。

④ 屈春海:《清代钦天监暨时宪科职官年表》,《中国科技史料》1997 年第 3 期。

⑤ 汤若望将另一不熟悉新法之监副裁去,从下文可知到顺治十五年(1658)时刘有庆仍担任钦天监监副之职。

⑥ 表中贾良奇疑为贾良琦,顺治元年汤若望所奏中有中官正贾良琦,且为习新法者。

历局供事加钦天监博士宋可成被任命为春官正，原历局供事加钦天监博士李祖白被任命为夏官正，原历局供事加钦天监博士加俸一级宋发被任命为秋官正，原历局供事钦天监博士加俸二级朱光显被任命为冬官正。此外如以前历局中加钦天监博士掌乘，加钦天监博士加俸一级朱廷枢等也进入钦天监内部。

据记载钦天监内官生的升补之事应由监正负责，"钦天监应行引见人员，皆由本监堂官定拟正陪，先期行吏部查覆"①。顺治年间汤若望为管理钦天监的负责人，以上钦天监官员的任命当是经汤若望题请任命的。顺治元年(1644)十一月汤若望曾将历局中效劳官生按贡献分别等次开列，其中朱光大、黄宏宪、宋发、朱廷枢、李祖白五员功应首叙；朱光显、刘有庆、贾良琦、宋可成、掌乘等九员功劳次叙②。汤若望应该是按照对西法的熟悉程度，以及对改历的贡献程度来提拔任用钦天监官员，这些人也是汤若望所信任之人。在汤若望的提携之下，生员宋可成、副榜监生李祖白两人进步很快；而以前在历局中只有奔走之劳、并不熟悉新法的春官正潘国祥则不再担任春官正一职。

历科是钦天监各科中最重要之一科，汤若望称历科："职掌推算七政经纬宿度、日月交食、五星伏见、月五星凌犯、四季天象铺注、御览总历、民历、选择祀册及各大典礼仪，内外营建一听吉期。并缮写进呈等历，每日与译历满官对读以较差讹，督令人匠用心印造。"③顺治年间，汤若望通过人事调整牢牢地控制住了钦天监的历科。对比顺治初年与顺治末年五官正、五官挈壶正、五官司历等职，相应人员也有调整。顺治末年任职的刘有泰、杨弘量，在主要针对新法反扑的康熙历狱中，刘有泰被处斩，杨弘量被流徙④，似可推测此二人亦为汤若望所倚重之人。

五、汤若望积极为钦天监官生谋取利益

汤若望在钦天监进行人事变更的同时，还通过及时升任属员、积极为

① 昆冈等编：《大清会典》卷七十九，新文丰出版公司，1976年，第810页。

② 徐光启等纂修，汤若望重订：《西洋新法历书·汤若望奏疏》，载薄树人主编《中国科学技术典籍通汇·天文卷》第八分册，第886页。

③ 徐光启等纂修，汤若望重订：《西洋新法历书·汤若望奏疏》，载薄树人主编《中国科学技术典籍通汇·天文卷》第八分册，第939页。

④ 康熙历狱中处斩李祖白、宋可成、宋发、朱光显、刘有泰五人，前四人皆为汤若望从历局中提携倚重之人，故做此推测。

钦天监中下层属员争取利益等措施来笼络人心。从上表中可知顺治年间李之贵一直任天文科五官灵台郎一职，职位未曾发生变化，李之贵并非历局中原有人员。针对这种情况汤若望则通过积极为李之贵争取升任，笼络人心。汤若望于顺治十二年三月初五日（1655年4月11日）上疏，请求加升五官灵台郎李之贵职衔。顺治十二年十月，汤若望再次上疏顺治帝，称“天文科职司观候，其灵台郎李之贵历任我朝十有二年，劳苦为最。……衙门中中译历满洲官毕琏器、黄兔二员，埋头冷署，供事小心，朝至暮归，风雨无间，可谓劳且久矣”[①]。并请求天文科天文生每月另给银一两。经过汤若望此次奏请，礼部、吏部同意将毕琏器、黄兔、李之贵三员升任，并分别相应赐给狐皮大袄等物品。其中“灵台郎系从七品，李之贵于六年恩诏加一级在案，今应再加一级”，另赏给李之贵貉皮大袄一领。顺治十四年十月，汤若望为译历有功人员再次上疏，请求将李蔚春等人员升用[②]。

在提拔属员之外，汤若望关心钦天监中官生的公费、待遇等切身利益问题。明朝末年天文科原有天文生八十员，而顺治十二年时钦天监中只有四员在台昼夜轮值，疲顿难当，人少劳重，所给他们的额米不足以聊生。汤若望于顺治十二年奏请加天文生员为二十员，天文生“除额米外加给银一两，令少足自给”。后礼部仅同意加八员，且没有加给银两，因所给月米偏低，所补八人无一人前来[③]。经汤若望再次奏请后，礼部同意增补天文生员为四十员，天文生除额米外，加米一斗、银一两，旧天文生四人相应每名赏给青布面羊皮袍各一领[④]。经汤若望奏请，从顺治十六年正月开始历科天文生亦照天文科天文生例每月给米七斗[⑤]。《汤若望传》记载汤若望还革除了新任人员须把第一年薪俸交付给监正作为报酬的陋习[⑥]。

---

① “中央”研究院历史语言研究所编：《明清史料》丙编第四本，商务印书馆，1936年，第385页。

② 徐光启等纂修，汤若望重订：《西洋新法历书·汤若望奏疏》，载薄树人主编《中国科学技术典籍通汇·天文卷》第八分册，第929页。

③ 徐光启等纂修，汤若望重订：《西洋新法历书·汤若望奏疏》，载薄树人主编《中国科学技术典籍通汇·天文卷》第八分册，第913页。

④ 徐光启等纂修，汤若望重订：《西洋新法历书·汤若望奏疏》，载薄树人主编《中国科学技术典籍通汇·天文卷》第八分册，第915页。

⑤ 徐光启等纂修，汤若望重订：《西洋新法历书·汤若望奏疏》，载薄树人主编《中国科学技术典籍通汇·天文卷》第八分册，第948页。

⑥ 魏特著，杨丙辰译：《汤若望传》，第243页。

顺治年间各衙门每日供给的饮食费用为公费，顺治十五年(1658)钦天监月领公费一十五分，左、右监副刘有庆等二员每月给公费银三两，其余各给二两。在给钦天监内监副、掌科官等分配后，历科“内除掌科官一整分乃以六员而共公费二分，似未足济其饔飧，相应各给一整公费，博士二十六员有日轮对读之劳，亦应加给一分。又漏刻十员恪供乃职，昼夜候时，亦应加给公费二分”[①]。户部同意准添给公费七员为二十二员，以后应给钦天监各官公费依照各衙门例照品级给发。

汤若望曾奏称钦天监漏刻科“各官寒苦，当此隆冬天气昼夜直宿，不无可悯”，请求改善其工作条件。但移文礼部后，礼部称会典无例。汤若望再次上奏顺治帝认为天文科只因在台轮值，就给有冬衣木炭等物，顺治帝应敕礼部一视同仁，照天文科例给与漏刻科冬衣木炭[②]，最后礼部同意供给。汤若望所奏请之将属员升任，加给公费，提高历科、天文科天文生的月米，赐给漏刻科冬衣木炭等事，都攸关钦天监官生的切身利益。汤若望积极地为他们谋取升任、提高待遇、改善工作条件等措施，应能获得当时钦天监中下层官生支持。汤若望关心钦天监中下层属员，通过以下两个例子表现得更为明显。

匠役为钦天监内最底层之人员，汤若望认为钦天监中匠役与内院文书馆印刷匠相比，待遇偏低，汤若望希望能为其争取到印刷历日之后所剩之纸毛。为此汤若望先上疏顺治帝，后又与礼部力争，最终为匠役争取到了纸毛[③]。顺治十二年(1655)天文科灵台郎黄道隆随封琉球，顺治十五年在途中病殁后，汤若望代其妻上奏顺治帝，汤若望查得“会典一款，凡在京在外文武官员，不拘品级其以勤事者，恤典取自上裁”[④]，黄道隆病殁于闽地正合此例。礼部则称“黄道隆奉旨随封，在闽省病殁，尚未出界，难比勤事之例给恤”。顺治帝认为礼部所奏太偏后，礼部才同意照其原品级“与祭一

① 徐光启等纂修，汤若望重订：《西洋新法历书·汤若望奏疏》，载薄树人主编《中国科学技术典籍通汇·天文卷》第八分册，第945页。

② 徐光启等纂修，汤若望重订：《西洋新法历书·汤若望奏疏》，载薄树人主编《中国科学技术典籍通汇·天文卷》第八分册，第946页。

③ 徐光启等纂修，汤若望重订：《西洋新法历书·汤若望奏疏》，载薄树人主编《中国科学技术典籍通汇·天文卷》第八分册，第936—937页。

④ 徐光启等纂修，汤若望重订：《西洋新法历书·汤若望奏疏》，载薄树人主编《中国科学技术典籍通汇·天文卷》第八分册，第943页。

坛，造坟安葬”。汤若望此举不但可以获得黄道隆妻儿的感激，还因钦天监是世传之业，亦可赢得钦天监官生的赞许。

汤若望在积极为钦天监官生争取利益之外，在涉及钦天监整体利益时，亦经常争取维护。顺治十三年，吏部为考察京官移文钦天监，汤若望上奏顺治帝，请求顺治帝下旨吏部钦天监免于考察。汤若望称：“臣衙门所司者，天文历法学业家传，世供其职，朝廷禄之终身以及其子嗣之能者，他人所不愿为亦他人所不能为，不得不少加爱惜以重历典。如会典所载监官不准丁忧、不强致仕，其考察概行停免。”[①]顺治十年（1653）顺治帝亲自考核各衙门，钦天监亦获豁免。经汤若望奏准后，吏部同意以后不再考察钦天监。

六、督促学习西法及压制打击回回科

在控制钦天监的中层领导权以及笼络钦天监中下层人心的同时，汤若望亦加紧督促钦天监内官生学习西法。顺治十年，顺治帝传谕钦天监学习西洋历法，要求“各官务要遵守学习，毋得疏懒”。顺治十一年四月汤若望回奏道：“于去岁八月内考试，属员学精新法者已多，今岁三月内又考试，学习者亦皆谙晓，其天文漏刻之官亦习新法，观候天象选择供事监官共计五十四员，各尽其职。”[②]从汤若望在顺治十年、十一年间还两次考察钦天监中众人学习新的情况可以推测，汤若望从未放松过督促钦天监众人学习西法。汤若望或以经他重新编订过《西洋新法历书》为凭，教授钦天监众人学习新法。

顺治元年（1644）汤若望重新修订《崇祯历书》，于顺治二年十一月编成《西洋新法历书》一百卷。汤若望希望能将此书：“宣付史馆，用著本朝历法度越前代，为亿万年历数无疆，永以为训。”顺治帝批示：“这所进历书考据精详，理明数著，著该监局官生用心肄习，永远遵守。”[③]汤若望应是依靠纳入钦天监的原历局官员，以《西洋新法历书》为“教材”，督促钦天监人员学

---

① 徐光启等纂修，汤若望重订：《西洋新法历书·汤若望奏疏》，载薄树人主编《中国科学技术典籍通汇·天文卷》第八分册，第916页。

② 徐光启等纂修，汤若望重订：《西洋新法历书·汤若望奏疏》，载薄树人主编《中国科学技术典籍通汇·天文卷》第八分册，第913页。

③ 徐光启等纂修，汤若望重订：《西洋新法历书·汤若望奏疏》，载薄树人主编《中国科学技术典籍通汇·天文卷》第八分册，第858页。

习新法。对比顺治元年汤若望对钦天监的评价，此时汤若望对经过自己改革后的钦天监已比较满意，认为钦天监供事各官能够各尽其职。

顺治十四年，原钦天监回回科秋官正吴明炫攻击新法舛误[①]。崇祯改历中当大统、西洋、魏文魁三家因历算问题争斗之时，回回科"超然世外"，未参与争斗，何以至顺治十四年当新法已逐步在钦天监中确立时，却又重新攻击新法？这是因为崇祯改历中大统、西洋、魏文魁三家都认为回回科"疏远犹甚"，未将回回科历法放在眼中，三家也都没有威胁到回回科的利益。顺治年间汤若望在钦天监内大力推行西洋历法时，对回回历法采取了压制打击的政策。

顺治元年汤若望曾奏请将回回科官生尽数裁去，尽管这一奏议没有获得批准，但汤若望一直对其有贬低之意。顺治十五年，汤若望说："回回科秋官正一员、博士四员，明季历未修改，存此科以备参考。国朝历法大全，历典永定，回回科历虽不用，苟无罪忒，仍禄养其人以终其身。"[②]汤若望说回回科只是在钦天监中拿俸禄而已。顺治元年七月，吴明炫还曾向顺治帝上奏："回回历推算到顺治元年八月初一日朔日食，今将起复方位、分秒时刻、图像占验开坐谨具启闻。"[③]但在顺治元年十月，顺治帝就下旨"回回历科不许再报交食，以乱新法"，"又于三年五月内奉有回回凌犯历不必用之旨，于九年五月内又奉上传回回科不必再报夏季天象。自此姑容在监，虚縻廪禄，毫无职司"[④]。从"以乱新法"四字，以及汤若望管理钦天监之初就要求将回回科全部裁去来看，汤若望很可能是这一系列奏折的背后推动者。

顺治十六年(1659)十月在为灵台选进教习时，汤若望奏称："回回历差谬太甚，久置不用已一十六载于兹，进内台设立所须教习，止应教习历科、天文科、漏刻科术业，回回历既置不用，教习似属可免。"[⑤]上文论述中，汤

① 黄一农：《清初天主教与回教天文家间的争斗》，《九州学刊》1993(第5卷)第3期。

② 徐光启等纂修，汤若望重订：《西洋新法历书·汤若望奏疏》，载薄树人主编《中国科学技术典籍通汇·天文卷》第八分册，第939页。

③ 《钦天监启为日食事》，顺治元年七月二十七日(1644年8月28日)，"中央"研究院历史语言研究所，内阁大库档案，登录号185043－056。

④ 徐光启等纂修，汤若望重订：《西洋新法历书·汤若望奏疏》，载薄树人主编《中国科学技术典籍通汇·天文卷》第八分册，第919页。

⑤ 徐光启等纂修，汤若望重订：《西洋新法历书·汤若望奏疏》，载薄树人主编《中国科学技术典籍通汇·天文卷》第八分册，第959页。

若望曾奏请提高历科、天文科、漏刻科的待遇，唯独没有发现汤若望奏请提高回回科待遇的史料。也许这不仅仅是巧合，是汤若望压根就没有这样做。正是在汤若望压制打击回回历法的情况下，吴明炫才会在顺治十一年三月私自回籍，在顺治十四年攻击新法。这也可以从反面印证如果汤若望采取对待回回科的措施，来对待本来就有间隙的钦天监中奉行大统历之人会是怎样一种情形。

七、结语

综上所述，耶稣会士在崇祯改历中贡献颇大，获得了徐光启等人的赞许。但在改历初期，汤若望等耶稣会士所受朝廷廪给较低，后在徐光启、李天经等官员的一再奏请下，朝廷同意赐给耶稣会士田宅，但耶稣会士辞去了这一恩赐，也放弃了朝廷对罗雅谷葬礼破格优恤的恩典。汤若望仅希望能够增加维持其日常生活之银米，并获得皇帝御赐的匾额。耶稣会士甘愿领取微薄的廪给、垫资进呈星屏、辞去田宅以及恳请崇祯帝赐给匾额等都表明耶稣会士参与改历的目的在于传教，而参与改历确实对明末天主教在中国的传播起到了积极作用。参与改历的耶稣会士更为关注自己的传教使命和精神信仰，以及获得其他经济资助保证了他们顺利参与改历。

耶稣会士获得明朝认可最重要的基础是他们效忠明朝的政治立场。明清鼎革之后，汤若望迅速转变立场，效忠满清，再次获得清廷的认可。汤若望在获得钦天监的管理权后，并没有立即就确立了西法在钦天监内的正统地位，而是在顺治年间通过将历局中熟习新法人员提拔任命为钦天监内重要职位，在关心钦天监中下层属员的同时加紧督促钦天监众人学习西法，从而最终确立了西法在钦天监内的正统地位，在这一过程中汤若望对钦天监的评价也发生了根本性的变化。汤若望督促钦天监众人学习西法，尤其是对新进天文生的督促，完成了对钦天监的彻底改造，完全确立了西法在钦天监中的正统地位。正是有了这个基础，康熙初年杨光先攻击西洋新法时，钦天监中并没有人员出来迎合杨光先。杨光先被任命为钦天监监正后，却在钦天监内部遭到了很大的反对。

汤若望能将西法在钦天监中顺利地推行开来，成功地打击了熟习大统历法之人，使得南怀仁在康熙七年(1668)末、康熙八年(1669)测验日影以及五星运行时，完全没有遇到竞争对手，轻而易举地取胜，这点将在康熙历狱翻案时进行论述。此外，汤若望推行新法，与汤若望获得顺治帝的信赖亦有很大关系[①]，顺治帝是汤若望在钦天监内推行改革的坚强“后盾”。获得皇权的认可是耶稣会士在明清鼎革之际生存的关键，不过这一最重要的保障在顺治去世后渐渐消失。

① 杨珍：《清初权力之争中的特殊角色——汤若望与顺治帝关系研究之一》，《清史研究》1999 年第 3 期。

第三章　碰撞与冲突——康熙历狱的发生与审判

汤若望等耶稣会士凭借自身的智慧，在明清鼎革、多尔衮执政、顺治帝亲政等多次政治变革中生存下来。汤若望不断获得清廷的恩荣，天主教在华传教事业也获得极大拓展。对耶稣会士及整个在华传教事业来说，一切似乎都在欣欣向荣，然而潜在的危机也在发酵之中。汤若望因为一心传教，不经意间卷入了当时的政治冲突。天主教的迅速扩张，激起了反教人士杨光先的极大愤慨。诸多因素的叠加，再加上清廷中央政权的权力再次发生交替，使得汤若望以及整个天主教在华传教事业遭遇巨大危机。本章主要围绕康熙历狱发生的原因及审判过程展开论述。

第一节　五世达赖喇嘛进京朝觐与康熙历狱的发生

汤若望在顺治朝与皇帝、部分高阶官员保持了良好的关系，可谓左右逢源、顺风顺水。然而康熙三年(1664)发生的历狱，却将他从“云端”拉下，险些被清廷处以凌迟处死的极刑。这中间到底发生了什么，使得汤若望的命运发生如此剧烈的变化？对于康熙历狱发生的原因，先前学界多从反教、历法、择日之争等角度进行分析①。因为康熙历狱最终是以历法、选择荣亲王葬期等罪名判处汤若望等人的，学者们就用“史家逻辑”反推事件的进程。此种论证的逻辑，乃是“偏向于以结果推断过程，用来反推回去的支点都是后来产生重大历史结果的事件，然后照着与事件进程完全相反的时间顺序倒扣回去，成为一条因果的锁链”②。

① 相关研究见黄一农《择日之争与康熙历狱》，《清华学报》(新竹)新21卷(1991)第2期；安双成：《汤若望始末》，《历史档案》1992年第3期；肖清和：《身份认同与历法之争——以〈不得已〉与〈不得已辩〉为中心》，载赵建敏主编《天主教研究论辑(第5辑)》，宗教文化出版社，2008年，第166—220页；Chu Ping-yi, “Scientific Dispute in the Imperial Court: The 1664 Calendar Case”, *Chinese Science* 14 (1997): 7—34.

② 王汎森：《中国近代思想文化史研究的若干思考》，《新史学》(台北)第14卷(2003)第4期。

然而"'事件发展的逻辑'与'史家逻辑'是相反的"[①],真正导致康熙历狱发生的因素,却可能在学者们的研究中被忽视了。本节试图摆脱先前学者的论证路径,从政治、宗教、边疆冲突的角度,阐释五世达赖喇嘛进京朝觐与康熙历狱发生之间的关系[②]。

一、满汉大臣围绕五世达赖喇嘛进京朝觐所发生的论争[③]

五世达赖喇嘛进京朝觐是清初一个非常重要的政治事件,是清初中央政府与西藏关系史上的大事。满清入关以前,皇太极就因喀尔喀蒙古尚未归顺清廷,"以外藩蒙古惟喇嘛之言是听",因而邀请五世达赖喇嘛前来会面,只是最后无果而终[④]。入关以后,摄政王多尔衮更是多次敦促达赖喇嘛前来内地觐见。顺治六年(1649),达赖喇嘛接受邀请,答应赴京。由于西藏与内地自然环境等方面的差异,达赖喇嘛一开始就担心在内地染病,"为了不违背皇帝的圣旨,我答应赴京。中原地域辽阔,我担心会染上天花和热病,上书详细具奏不能久留的理由"[⑤]。

顺治九年年初,五世达赖喇嘛起程前往内地,随行人员达三千余人。当随从在行进途中都忧愁苦闷之时,第巴诺尔布却一反常态,面露欣喜之色,"这是因为在汉地热病等疾病传播很广,他好象(像)自信去那里的人们不能返回,故而喜形于色"[⑥]。在内地感染热病确实是达赖喇嘛使团的一大担忧,达赖喇嘛在行至青海时上奏请求于边外相见,"但因内地疾病甚多,改在呼和浩特或代噶地方见,妥否,伏惟上裁"[⑦]。顺治帝在顺治九年

---

① 王汎森:《中国近代思想文化史研究的若干思考》,《新史学》(台北)第14卷(2003)第4期。

② 黄一农曾在《择日之争与康熙历狱》一文中以五世达赖喇嘛入朝一事,探讨了汤若望在满汉官员对立中所采取的立场,不过他并未意识到五世达赖喇嘛进京一事与康熙历狱发生之间的联系。

③ 相关研究见王辅仁《达赖五世朝清考》,《西藏研究》1982年第3期;柳陞祺、邓锐龄:《清初第五辈达赖喇嘛进京及受封经过》,载柳陞祺《柳陞祺藏学文集》,中国藏学出版社,2000年,第109—150页;郭美兰:《五世达赖喇嘛入觐述论》,《中国边疆史地研究》1997年第2期;李保文:《顺治皇帝邀请第五世达赖喇嘛考》,《西藏研究》2006年第1期。

④ 相关研究见达力扎布《清太宗邀请五世达赖喇嘛史实考略》,《中国藏学》2008年第3期。

⑤ 五世达赖喇嘛阿旺洛桑嘉措著,陈庆英、马连龙、马林译:《五世达赖喇嘛传·云裳(第一函)》,中国藏学出版社,1997年,第249页。(下文均用此本)

⑥ 五世达赖喇嘛阿旺洛桑嘉措著,陈庆英等译:《五世达赖喇嘛传·云裳(第一函)》,第295页。

⑦ 中国第一历史档案馆、中国藏学研究中心合编:《清初五世达赖喇嘛档案史料选编》,中国藏学出版社,2000年,第24页。(下文均用此本)

八月十三日(1652年9月15日)给达赖喇嘛的敕谕中表示自己愿意于边外相迎，只因西南用兵，“羽书”来往频繁，此皆军国要务，因此暂时难以出边相见，“俟寇靖无事，便可亲行，特遣亲王、大臣前往，此时只于边内近地相迎迓可耳”①。

九月初三日，顺治帝让群臣就是否出边迎接达赖喇嘛一事各抒己见。当时顺治帝倾向于出边迎接，令达赖喇嘛住于边外，“今朕欲亲至边外迎之，令喇嘛即住边外。外藩蒙古贝子欲见喇嘛者，即令在外相见。若令喇嘛入内地，今年岁收甚歉，喇嘛从者又众，恐于我无益”②。满洲大臣的立场更为灵活，称可以根据达赖喇嘛的意愿决定其是否进入内地，“上亲至边外迎之，令喇嘛住于边外。喇嘛欲入内地，可令少带随从入内；如欲在外，听喇嘛自便”③。此前蒙古诺们罕也表示在代噶相见为宜，“诺们罕上表，奏请皇帝派遣使臣于藏边迎接达赖喇嘛，其后由诸王出迎，皇帝于代噶相见为宜”④。在此事上唯一持有异议的一方是汉族大臣，他们主张：“皇上为天下国家之主，不当往迎喇嘛。喇嘛从者三千余人，又遇岁歉，不可令入内地。若以特请之故，可于诸王大臣中遣一人代迎。其喇嘛令住边外，遗之金银等物，亦所以敬喇嘛也。”⑤

当时支持顺治帝出边迎接达赖喇嘛的满洲大臣中，当包括索尼、苏克萨哈、遏必隆、鳌拜四位议政大臣⑥。索尼等人之所以支持顺治帝出迎达赖，原因有以下几点：第一，清太宗曾邀请五世达赖喇嘛前来，目的是利用达赖喇嘛在蒙古各部中的影响力，促成喀尔喀蒙古归附清朝⑦。可是直到清太宗去世，达赖喇嘛也并未成行。多尔衮摄政时，继续邀请达赖喇嘛前来，顺治帝亲政以后多次给班禅、诺们罕、第巴等人下达敕谕，让他们劝说

---

① 中国第一历史档案馆等编：《清初五世达赖喇嘛档案史料选编》，第24页。

② 《清世祖实录》卷六十八，载《清实录》第三册，中华书局，1985年，第530页。

③ 《清世祖实录》卷六十八，载《清实录》第三册，第530页。

④ 中国第一历史档案馆等编：《清初五世达赖喇嘛档案史料选编》，第24页。

⑤ 《清世祖实录》卷六十八，载《清实录》第三册，第530页。

⑥ 根据《清史稿》列传三十六的记载，索尼于“八年世祖亲政，特召还复世职，累进一等伯世袭，擢内大臣兼议政大臣，总管内务府”；苏克萨哈于“顺治七年世祖……以苏克萨哈并袭为三等阿思哈尼哈番，寻授议政大臣进一等加拖沙喇哈番”；遏必隆“世祖亲政……令遏必隆并袭为一等公，寻授议政大臣擢领侍卫内大臣，累加少傅兼太子太傅”；鳌拜“世祖亲政授议政大臣，累进二等公予世袭，擢领侍卫内大臣，累加少傅兼太子太傅”。载赵尔巽等撰《清史稿》卷二百四十九《列传三十六》，中华书局，1977年，第9671—9683页。

⑦ 达力扎布：《清太宗邀请五世达赖喇嘛史实考略》，《中国藏学》2008年第3期。

达赖喇嘛前来朝见。邀请并礼遇达赖喇嘛是清廷从清太宗以来的一贯策略。第二，满洲大臣认为“上若亲往迎之，喀尔喀亦从之来归，大有裨益也”。清朝入关以后，西部地区的喀尔喀等蒙古部落尚未完全臣服清朝，而“明末清初，五世达赖喇嘛取得藏传佛教教主地位，壮大了格鲁派，成为蒙藏精神领袖，获得了很高的威望，对喀尔喀、卫拉特诸部，产生了强大的政治影响力”[①]。如果能够利用达赖喇嘛的影响力促成喀尔喀蒙古归顺，对于清朝边疆地区的稳定有重要意义。第三，满洲大臣认为请而不迎，于理未当。顺治帝也意识到不出迎的可能后果，“傥不往迎喇嘛，以我既召之来又不往迎，必至中途而返，恐喀尔喀亦因之不来归顺”[②]。满洲大臣应该也看到了不出迎达赖可能带来的负面后果。

汉族大臣则认为顺治乃“天下国家之主”，无需亲自出边迎接达赖喇嘛。且因该年收成欠佳，达赖喇嘛随从众多，亦不应让其进入内地，只派大臣于边外与达赖相会即可。汉族大臣与满洲大臣的主张可谓大相径庭，客观分析，汉族大臣的主张有违清太宗以来邀请、礼遇达赖喇嘛的本意。从当时的形势来看，达赖喇嘛不愿进入内地，顺治帝、满洲大臣、诺们罕都同意于边外相见，出边相见能使清廷的利益最大化。因此，顺治谕令达赖喇嘛曰：“尔奏边内多疾疫，边外相见为便。今朕至边外代噶地方，俟尔可也。”[③]达赖喇嘛在得到这一消息后，欣喜异常，两次上奏：“钦赏敕谕，俱已祗领。自当兼程前往，俟至代噶地方，尚有密奏之事。”[④]“闻上欲于代噶地方相见，不胜欢忭，自当兼程前往。更有密语，去使面奏。”[⑤]

就在顺治帝出边迎接达赖喇嘛一事已成定局之时，洪承畴、陈之遴的奏折扭转了顺治帝出迎的决定，两人上奏道：

> 臣等阅钦天监奏云：昨太白星与日争光，流星入紫微宫。窃思日者，人君之象，太白敢于争明。紫微宫者，人君之位，流星敢于突入。上天垂象，诚宜警惕。且今年南方苦旱，北方苦涝，岁饥寇警，处处入

① 张双志：《五世达赖喇嘛对清初蒙古地区稳定的贡献》，《中国藏学》2008年第2期。

② 《清世祖实录》卷六十八，载《清实录》第三册，第530页。

③ 《清世祖实录》卷六十八，载《清实录》第三册，第531页。代噶即今内蒙古凉城县，距离北京直线距离约300公里。

④ 中国第一历史档案馆等编：《清初五世达赖喇嘛档案史料选编》，第25页。

⑤ 中国第一历史档案馆等编：《清初五世达赖喇嘛档案史料选编》，第26页。

> 告。宗社重大，非圣躬远幸之时。……达赖喇嘛自远方来，遣一大臣迎接，已足见优待之意，亦可服蒙古之心，又何劳圣驾亲往为也。天道深远，固非臣等所能测度，但乘舆将驾，而星变适彰，此诚上苍仁爱陛下之意，不可不深思而省戒也。①

洪承畴等用天象示警和岁饥寇警劝谏顺治帝不要出迎达赖，顺治帝自称"所服膺者尧舜周孔之道，所讲求者精一执中之理"②。天象示警对顺治会产生作用，而在满洲大臣看来这或许正是他渐习汉俗的表现。顺治接到洪承畴等的奏折后，不但决定不出迎达赖，而且对汉族大臣大加赞赏，"是日遣内大臣伯索尼，传谕洪承畴等曰：'卿等谏朕勿往迎喇嘛，此言甚是，朕即停止。以卿等贤能，故擢赞密勿。嗣后国家一切机务，及百姓疾苦之处，如何始合民心，如何不合民心，卿等有所见闻，即详明敷陈，勿得隐讳。朕生长深宫，无由洞悉民隐，凡有所奏，可行即行，纵不可行，朕亦不尔责也'"③。表现出对汉族大臣极大的信任。

相信洪承畴"太白星与日争光，流星入紫微宫"的言论，前提是要信服儒家的天人感应学说。乾隆曾说："满洲习俗纯朴，忠义禀乎天性。原不识所谓书籍，自我朝一统以来，始学汉文。"④顺治初年尚有战事，顺治朝满洲大臣对儒家典籍的了解程度不会很高。由"世祖太后主持，以辅政大臣同意发布"⑤的顺治遗诏中称："纪纲法度，用人行政，不能仰法太祖太宗谟烈……渐习汉俗，于淳朴旧制，日有更张。朕兹于一切政务，思欲率循祖制，咸复旧章，以副先帝遗命。"⑥更表明索尼等满洲大臣对渐习汉俗持抵制态度。一方面对汉文化了解不多，一方面又抵制汉化，且索尼、苏克萨哈、遏必隆、鳌拜等年届中年，出身旗人，强调满语骑射。入关不到十年的

---

① 《清世祖实录》卷六十八，载《清实录》第三册，第540页。

② 黄伯禄：《正教奉褒》，载韩琦、吴旻校注《熙朝崇正集　熙朝定案(外三种)》，第287。

③ 《清世祖实录》卷六十八，载《清实录》第三册，第540页。

④ 《清高宗实录》卷四百四十三，载《清实录》第一四册，中华书局，1986年，第773页。

⑤ 孟森：《明清史讲义》，中华书局，1981年，第409页。

⑥ 《清圣祖实录》卷三，载《清实录》第四册，中华书局，1985，第73页。《清太宗实录》中记载了皇太极以金朝灭亡的例子强调保持满语骑射重要性之语，"朕思金太祖太宗法度详明，可垂久远。……后世之君，渐至懈废，忘其骑射。至于哀宗，社稷倾危，国乃灭亡。……朕发此言，实为子孙万世之计也，在朕身岂有变更之理？恐日后子孙忘旧制，废骑射，以效汉俗，故常切此虑耳"。《清太宗实录》卷三十二，载《清实录》第二册，中华书局，1985年，第404页。

时间里，苏克萨哈、遏必隆、鳌拜三人都领兵出战[①]，仍然以军功立身。因此，天人感应说、星占学说对索尼等满洲大臣来说很可能类似于无稽之谈。满洲大臣也许连太白星和紫微宫的含义都不懂，更不要奢谈他们相信洪承畴等人的言论了。

顺治帝在已经明确告知达赖喇嘛出边迎接的情况下，决定不再出边，与当初满汉大臣商议时相比，达赖喇嘛中途折返的可能性增大。如果这样的情况发生，那就完全违背了邀请达赖喇嘛前来的初衷，甚至会产生严重的负面效果。站在满洲大臣的立场，年幼的顺治帝置稳定喀尔喀蒙古以及清太宗以来邀请达赖喇嘛的策略于不顾，听信汉族大臣天象垂警的言论，冒着达赖喇嘛中途折返的可能性，决定不出边迎接达赖。顺治帝甚至还对汉族大臣赞赏有加，索尼等人会对汉族大臣心生芥蒂。如果按照汉族大臣的主张，顺治帝不仅不能出边，达赖喇嘛亦不能进入内地。在顺治帝决定不出边的情况下，满汉大臣之间应对达赖喇嘛是否应该进入内地重新博弈。最后平衡的结果是达赖喇嘛带三百人进京，"皇帝降旨说，我往京城时，若大队随从相随，则会推迟，而且从人恐会染病，所以要我将大部分随从留在岱噶，只带 300 人立即轻装进京"[②]。

达赖喇嘛进京后停留一月有余，上奏称因为水土不服，自己和随从生病，请求告归。顺治十年(1653)正月，在是否征询达赖喇嘛意见的问题上，朝中大臣再次分为两派：

> 寻议：喇嘛原系特召，当询其情事。其言宜于我则从，不宜于我则已。傥不一加询问，使喇嘛含愠而去，则外国喀尔喀、厄鲁特必叛。一议：不宜询问喇嘛。若询之而不用其言，喇嘛当益含愠而去。我朝荷天之佑，征服各处，以成大业，当年并无喇嘛也。喇嘛既系特召，当赐以金银缎币，酌封名号，给之册印，不加询问为便。[③]

一派以喀尔喀、厄鲁特蒙古利益为重，要求征询达赖喇嘛的意见；一派称清

---

① 根据《清史稿》列传三十六的记载，顺治十年苏克萨哈出兵湖南镇压孙可望；顺治二年遏必隆战李自成兄子锦于武昌；鳌拜顺治二年随大军征湖广、进四川，顺治五年率军驻防大同，镇压叛乱。参见赵尔巽等撰《清史稿》卷二百四十九《列传三十六》，中华书局，1977 年，第 9671—9683 页。

② 五世达赖喇嘛阿旺洛桑嘉措著，陈庆英等译：《五世达赖喇嘛传 · 云裳(第一函)》，第 318—319 页。文中岱噶即代噶。

③ 《清世祖实录》卷七十一，载《清实录》第三册，第 565—566 页。

朝荷天之佑，无须过于推崇达赖喇嘛。从上文顺治帝是否出迎达赖一事的分析，以及顺治十年（1653）四月顺治帝训诫满汉大臣的言语，“凡事会议，理应画一，何以满汉异议。虽事亦或有当异议者，何以满洲官议内，无一汉官，汉官议内，无一满洲官”[①]，可以推断两派意见仍是满汉异议，满洲大臣主张询问达赖，汉族大臣认为不必询问。

满洲大臣希望与达赖喇嘛深入交流，从而稳定喀尔喀蒙古的局势。他们的主张很灵活，对清朝有益的建议则听从，无益则罢。汉族大臣的意见中却有自大的成分，当时清廷无力解决喀尔喀蒙古问题，邀请达赖喇嘛的本意就是为了稳定边疆。事情的结果是顺治再次采纳汉族大臣的意见，不必询问。如此一来，在满洲大臣眼中，达赖喇嘛必定是“含愠而去”了，而喀尔喀、厄鲁特蒙古是否会发生叛乱，则要留待时间去检验。从达赖一方来说，他是否“含愠而去”，史籍中并没有记载。不过对五世达赖喇嘛来说，这次觐见之旅并非十全十美。

二、汤若望与汉族大臣一道阻止顺治出京迎接达赖

汤若望在明清鼎革之后，推动西方历法获得了正统地位[②]。顺治年间汤若望还被任命管理钦天监事务，受到顺治的一系列恩宠[③]。汤若望曾自称：“臣自大西洋八万里航海来京，不婚不宦，专以昭事上帝，阐扬天主圣教为本。”[④]传播天主教是汤若望在华最关心、最重要的事务，在崇祯朝汤若望就试图在宫中传播天主教。

入清以后，汤若望有更多机会接触顺治皇帝，汤若望更是竭力试图使顺治归依天主教，“如果皇帝真能摆脱了那些喇嘛，并且真能克制了他的情欲，那么人们对于他或许能有更伟大的举动可希望，就是能使他受劝化，归依天主教。汤若望尽心力要把人间这至高至可宝贵的道理，使他所爱护的这位青年皇帝得以领略禀受，而为天主福音在中国打开一条广阔的道路”[⑤]。《汤若

① 《清世祖实录》卷七十四，载《清实录》第三册，第583页。

② 相关研究参见黄一农《汤若望与清初西历之正统化》，载吴嘉丽、叶鸿洒主编《新编中国科技史》（下册），第465—490页。

③ 相关研究参见黄一农《耶稣会士汤若望在华恩荣考》，《中国文化》1992年第2期。

④ 徐光启纂修，汤若望重订：《西洋新法历书·汤若望奏疏》，载薄树人主编《中国科学技术典籍通汇·天文卷》第八分册，第859页。

⑤ 魏特著，杨丙辰译：《汤若望传》，第295页。

望传》中记录了几次汤若望向顺治帝阐释天主教教义的过程[①]，其中一次汤若望曾藉星象传道，“他们的言谈登时便落到了星宿和行星非常交会之吉凶上头来了。汤若望由衣带中掏出了一封关于此事的报告，他在他的报告中，向来是惯把非常的自然现象，解释为上天的警戒与警告的”[②]。

与汤若望的期望背道而驰，顺治帝恰巧好佛，他曾延请高僧进入宫中传道，“时有木陈、玉林二禅师，皆世祖所敬事。而玉林尤为本师，为取法名曰行痴”[③]。汤若望要想向顺治帝传播天主教，必定要竭力抵消佛教可能对顺治帝产生的影响。顺治帝刚刚亲政不久，汤若望就向顺治进谏，贬低佛教，“汤若望在他的奏疏中曾言，为一位皇帝怎样不合，来向民族里这一种下贱的，未曾受过教育的成分表示亲信。皇帝既不应当给他们修庙，亦不应给他们建塔，更不应相信他们用他们那微小的魔旗，能驱逐鬼怪与祛除灾病”[④]。

汤若望的上述行为符合传教士“对中国宗教的观察和认识过程中，尽可能地贬低佛教、道教”的立场[⑤]。汤若望做法的特殊之处在于他利用天象向顺治传教。即使在顺治帝已经笃信佛教之时，汤若望仍藉天象进行劝谏，“即当在顺治皇帝完全信任西藏喇嘛僧徒时，在日体中忽然现出非常多之斑点。……可是汤若望竟向皇帝进言，日体中这宗斑点就是那些喇嘛僧徒，因为他们遮掩皇帝的光辉”[⑥]。现存中文史料也可印证这一说法。日珥是中国传统星占学中的一种特殊天象，《开元占经》中记载道：“石氏曰：日两傍有气，短小、中赤、外青名为珥。……如淳曰：‘气在日傍，直对为珥。’”[⑦]检索清前期历史中有关这种特殊天象的记载，日珥现象在《清世祖实录》中出现二十三次，《清圣祖实录》《清世宗实录》《清高宗实录》将近一百三十年的时间中对此种天象均无记载。《清世祖实录》中记载的日珥天象，十八次记载于顺治九年（1652）至顺治十七年（1660）的九年时间里。

---

① 魏特著，杨丙辰译：《汤若望传》，第 296—308 页。

② 魏特著，杨丙辰译：《汤若望传》，第 296 页。

③ 孟森：《世祖出家事考实》，载孟森《明清史论著集刊正续编》，河北教育出版社，2000 年，第 227—263 页。

④ 魏特著，杨丙辰译：《汤若望传》，第 263 页。

⑤ 李雪涛：《传教士眼中的中国佛教（下）》，《普门学报》第二十二期。

⑥ 魏特著，杨丙辰译：《汤若望传》，第 455 页。

⑦ 瞿昙悉达：《开元占经》，九州出版社，2012 年，第 70 页。

“古代日‘珥’的记录，全部是大气光象”[①]，从《开元占经》的描述中推测星占学上的日珥也并非“幻日”现象，更可能是“残缺的晕环或其他光弧”[②]。这种并非罕见的天象为何会频繁出现在顺治亲政期间？清代内阁大库中保存的史料或许可以给出一丝线索，顺治十年十一月十三日（1654 年 1 月 1 日）汤若望上奏日珥这一异常天象时称：

> 顺治十年十一月十三日乙巳□时，观见日生右珥。占曰：“日有珥，人主有喜。”一曰：“日珥，有风日有珥，人君有重宫妇人阴事。日朝珥，国主有躭乐之事，其不可行女人，戒之，不则有忧。”[③]

奏折中透露的信息倾向于谏止顺治不要接近女色，这也符合天主教“十诫”以及《汤若望传》记载使顺治摆脱情欲的叙述。

汤若望反对佛教的立场决定了他肯定会反对达赖喇嘛进京，以免达赖喇嘛可能会对顺治帝的宗教信仰产生影响。汤若望通过上奏折以及面奏的方式，劝阻顺治帝不要出京迎接达赖喇嘛，“他谏皇帝不要自失尊严引招这一种耻辱，因为这是历史上的污点，人们永远不会忘掉的”[④]。汤若望的这一立场，与汉族大臣主张顺治帝不出迎、达赖喇嘛亦不能进京的主张完全一致。在顺治帝已经决定出京迎接的情况下，钦天监有关金星昼见、“流星入紫微宫”天象的奏报，使得顺治帝改变了决定。上文已经指出，汤若望曾采用天象示警的方式向顺治帝进谏。史籍对汤若望上奏金星昼见、“流星入紫微宫”一事记载较为简略，不过我们可以从汤若望谏止多尔衮修建新城一事看出些蛛丝马迹。

汤若望不仅借天象劝谏顺治修身，甚至还借天象干预政事。顺治六年（1649）五月，多尔衮以京城水苦、人多疾病为由，欲在神木厂附近建造新城。但该计划最终作罢，《清世祖实录》中记载的理由是“因估计浩繁，止之”[⑤]，然而现存汤若望的奏折表明，停止该项工程可能另有隐情。当时多尔衮已命户部、工部与钦天监丈量城基、确定方向，已经开始了建造新城的

---

① 王玉民：《历史典籍中“日珥”记载考证》，《自然科学史研究》2008 年第 4 期。

② 王玉民：《历史典籍中“日珥”记载考证》，《自然科学史研究》2008 年第 4 期。

③ 《汤若望为占卜事》，顺治十年十一月十三日（1654 年 1 月 1 日），“中央”研究院历史语言研究所内阁大库档案，登录号：037067－001。

④ 魏特著，杨丙辰译：《汤若望传》，第 284 页。

⑤ 《清世祖实录》卷四十四，载《清实录》第三册，第 349 页。

准备工作。此时汤若望上了一封奏折，从天象、地理等方面诉说建造新城的种种不妥之处：

> 窃照都城大势起自北干，左碣石而右太行，枕居庸而襟河济，形胜甲于天下。前人原有深意，无容再喙。今新建基址乃龙脉之余气，土脉水势未及都城，若不豫言恐后有议……建城系亿万年之邦本，起九重之宫阙，自宜上合星垣，下依形胜，今所建之地未为尽善。臣因此而思，臣前屡奏占验，有月生晕、有雾气、有风，皆主土工兴之兆，然此兆非建城所宜，乃天心垂爱示警也。兹若建城，恐蹈前占，未可轻举，事关重大。①

奏折上呈之后，内院传汤若望面谈，最终的结果是"上说：你说的是，主意定了，不作了，该你说的"②。由此可见，汤若望奏折是扭转乾坤的关键。这也与《汤若望传》所述多尔衮修建新城之目的是为了囚禁顺治帝，且修建新城劳民伤财，汤若望因而借天象等谏止的记述吻合③。如果事实果真如此，那么汤若望以天象、地势等上奏也是有意为之。

顺治亲政后，汤若望与顺治之间关系十分融洽。汉族大臣龚鼎孳称汤若望经常向顺治上秘本直言时政得失，"先生因是感激恩知，誓捐形迹，睹时政之得失，必手疏以秘陈，于凡修身事天，展亲笃旧，恤兵勤民，用贤纳谏，下宽大之令，慎刑狱之威，磐固人心，镞励士气，随时匡建，知无不言"④。从中看出汤若望对朝政中许多事情都建言献策，"修身事天"一语又与上文中汤若望借"口耳"谏诤顺治远离女色相呼应。汤若望不仅直陈时政，而且还经常谏阻顺治，"乃至猎阻相如，表抗韩愈。抵触忌讳，罔慑震霆，微闻拂耳，终谐纳牖，最后则直陈万世之大计，更为举朝所难言"⑤。因

---

① 徐光启等纂修，汤若望重订：《西洋新法历书・汤若望奏疏》，载薄树人主编《中国科学技术典籍通汇・天文卷》第八分册，第905页。

② 徐光启纂修，汤若望重订：《西洋新法历书・汤若望奏疏》，载薄树人主编《中国科学技术典籍通汇・天文卷》第八分册，第905页。

③ 《汤若望传》中的记载是："汤若望竟敢决断，向这一位权威崇高的人物进劝，使他改变意向。他当然不能公开地向摄政王陈说，人民对于他这计划怎样思想，因此他就不得不籍他的职权范围，以为进言的地步了。"汤若望藉风水和天象进谏不要建造新城，多尔衮接到奏折后，并不相信，"一开头摄政王甚觉愤怒，因为满朝中惟独他这一个人来反对他。但是有人却使他注意，汤若望这奏疏并未逾越他的权限，这是他完全尽职责的言辞"。魏特著，杨丙辰译：《汤若望传》，第247—248页。

④ 黄伯禄：《正教奉褒》，载韩琦、吴旻校注《熙朝崇正集　熙朝定案(外三种)》，第297页。

⑤ 黄伯禄：《正教奉褒》，载韩琦、吴旻校注《熙朝崇正集　熙朝定案(外三种)》，第297页。

此，陈垣才会有“汤若望之于清世祖，犹魏征之于唐太宗”[①]的评论。

汤若望反对顺治帝出京迎接达赖喇嘛，在顺治帝决意出京迎接之后，钦天监上奏称星象有变。《清文献通考》记录了当时的天象：“九年九月，大学士洪承畴等以星变陈言，是月乙未辰时，太白昼见翼宿三度。丙申酉时，有流星起中天，大如盏，赤色，尾迹有光，入紫微垣。”[②]黄一农在《观象玩占》中找出这两个天象所对应的占辞：

> 太白昼见，有兵兵止，无兵兵起。一曰：为兵丧，为不臣，更主强国弱，弱国强。一曰：太白昼见，各以宿占，其宿兵起。又曰：太白秦星也，昼见秦国强。太白昼见与日争明，女主持政，大臣执权，四海兵起。[③]
>
> 流星入紫微宫中……石氏曰：臣犯主，天下多死者……一曰：诸侯有使来，有忧以所起言其国，以色言其吉凶。荆州占曰：使星入紫微，匈奴起兵，亦水旱不调。周卓曰：有奇令天下乱。[④]

从中可以大致推断出汤若望所上奏折的内容，在钦天监奏报异常天象的第二天，洪承畴等即上奏劝谏顺治帝不要出京迎接达赖。

黄一农指出金星昼见并不是特殊天象，汤若望可能虚构出“流星入紫微宫”的天象，“汤若望很可能与洪、陈等汉臣共谋，利用时人对天人相应关系的笃信，假借天变以遂行其共同的主张”[⑤]。笔者在南怀仁的《妄占辩》中找到一条更能明确证实汤若望意图的史料，南怀仁说：

> 今夫日月交食、太阴及五星，在同度彼此相会，太白昼见等，皆天上常度，依天行自然不得不然者。若因此而奏，则是时时刻刻，必应奏闻，缘时时刻刻有此等常度之天象故也。审此，则明知此等象奏闻之故，非其吉凶无据，惟有他意寓其中矣。[⑥]

---

① 《中国现代学术经典·陈垣卷》，河北教育出版社，1996年，第865页。

② 《清朝文献通考》卷267象纬考，浙江古籍出版社，2000年，考7251。

③ 李淳风：《观象玩占》卷七《太白行色变异占》，载《续修四库全书》第1049册，上海古籍出版社，2002年，第233页。

④ 李淳风：《观象玩占》卷二十一《紫微垣——客星流星彗孛干犯占》，《续修四库全书》第1049册，第371页。

⑤ 黄一农：《择日之争与康熙历狱》，《清华学报》（新竹）新21卷（1991）第2期

⑥ 南怀仁：《妄占辩》，载钟鸣旦、杜鼎克、蒙曦编《法国国家图书馆明清天主教文献》第十六册，台北利氏学社，2009年，第370—371页。

南怀仁与汤若望同为耶稣会士，都熟知天文历法，汤若望不可能不知道金星昼见是寻常天象。如果再加上汤若望反对佛教的立场，藉天象示警向顺治帝进言以及经常谏诤顺治帝的决定，几乎可以断定汤若望为了阻止顺治帝出京迎接达赖喇嘛而特意选择异常天象奏报。

史料并没有记载汤若望是否参与要不要征询达赖喇嘛意见一事的争论。不过达赖喇嘛离京之后，当战场上有一些不利消息、社会上有流行性天然痘症和一些饥馑灾难之时，“汤若望在这一些灾厄之中，瞧出上天因人们过于敬重喇嘛的一种示罚，并且向皇帝进言，应发国帑广施赈恤，以便补赎已作成之过错”①。从中推测，达赖喇嘛在京时汤若望仍会反对礼遇达赖喇嘛。这样，从索尼等满洲大臣的立场来看，汤若望完全与汉族大臣站在同一条战线上，反对顺治帝出京迎接达赖喇嘛，反对礼遇达赖喇嘛。汤若望奏报的异常天象，不但改变了顺治帝出迎达赖的决定，而且还使得顺治帝对洪承畴等人宠信有加。

汤若望反对达赖喇嘛进京，有趣的是达赖喇嘛曾听到过汤若望的名字。《五世达赖喇嘛传・云裳》中记载：“我们抵达清河的那天，下了一场大雪。印度外道星术士汤若望预言说我们在当天必定到达，我们果然在当天到了，这使亲王大为惊奇，称赞不已”②。达赖喇嘛竟然把汤若望当成“印度外道星术士”，“星术士”或许是汤若望当时被人们所认可的另一种身份。

三、辅政大臣因边疆冲突迁怒于汤若望

喀尔喀蒙古、厄鲁特蒙古是清初西北边境的主要威胁，“国初，惟漠南蒙古早结和亲，而喀尔喀、厄鲁特两大部皆雄长西北，间通使，间为寇。顺治中，王师方定中原，未遑远略，于是厄鲁特吞噬西北，日渐强大”③。索尼等人主张礼遇五世达赖喇嘛是为了使喀尔喀、厄鲁特蒙古归顺清廷，然而汉族大臣和汤若望的反对却使索尼等人的愿望落空。此后喀尔喀、厄鲁特

① 魏特著，杨丙辰译：《汤若望传》，第 285 页。

② 五世达赖喇嘛阿旺洛桑嘉措著，陈庆英等译：《五世达赖喇嘛传・云裳（第一函）》，第 328 页。

③ 此段引文之前，魏源叙述了厄鲁特蒙古的渊源：“厄鲁特，亦蒙古也。元之亡，蒙古分为三大部：漠南蒙古、漠北喀尔喀蒙古，皆成吉思汗之裔；惟居西域者非元太祖后，出脱欢太师及也先瓦剌可汗之裔，是为厄鲁特四卫拉蒙古。”魏源：《圣武记（附夷艘寇海记）》，岳麓书社，2011 年，第 118 页。

蒙古与清廷关系一直处于动荡之中，时有冲突发生。

顺治十一年(1654)三月，顺治帝谕喀尔喀部丹津喇嘛曰："硕雷汗将归我之苏尼特部落诱去，土谢图汗、丹津喇嘛、硕雷汗又对我追苏尼特之兵，抗拒迎战。天遣于尔，致尔败北。又因两楚虎尔侵掠巴林之兵，故前旨令将巴林缺少人口尽数送来。"[①]顺治帝屡次下诏，土谢图汗、丹津喇嘛并不遵从顺治帝的要求归还巴林人口。顺治十三年(1656)，顺治曾就厄鲁特蒙古侵扰边境一事下旨：

> 谕厄鲁特部落巴图鲁台吉、土谢图巴图鲁戴青等曰：分疆别界，各有定制，是以上不凌下，下不侵上，古帝王统御之常经也。朕怀抚恤远人之意，正欲共跻斯世于隆平。乃数年来，尔等频犯内地，劫夺马牛，拒敌官兵，率领番彝威胁抢掠。该地方督抚巡按奏报二十余次，经部臣屡行遣官晓谕，尔终不悛。[②]

厄鲁特蒙古一部不断侵扰边境，劫夺牲畜，甚至与清朝官兵正面冲突。顺治帝也只能要求双方划定界限，以求相安无事。

顺治去世后，主张礼遇达赖喇嘛，与汤若望及汉族大臣意见针锋相对的索尼、苏克萨哈、遏必隆、鳌拜四人在康熙即位后成为辅政大臣，"保翊冲主，佐理政务"。厄鲁特蒙古依然时常滋扰边境，制造事端。清初青海为厄鲁特蒙古所占。[③] 康熙即位后，厄鲁特蒙古继续侵扰内地。康熙二年八月二十二日(1663年9月23日)，康熙遣使赏赐达赖喇嘛礼物并传达敕谕。敕谕中肯定了达赖喇嘛在西域的影响，"自朕即位以来内外无不归属统治地域。因西域地域绝险，距离遥远，全凭尔广布德行与教法，协和生民"[④]。在另一封敕谕中详细叙述了当时厄鲁特蒙古一部侵扰内地的情形：

> 朕常思心怀恩赐遐荒远域，天地之间永享太平，最近几年以来当

---

① 中国第一历史档案馆编：《清初内国史院满文档案译编》(下册)，光明日报出版社，1989年，第312页。

② 《清世祖实录》卷一〇三，载《清实录》第三册，第800页。

③ 据《嘉庆大清一统志》记载："国初有厄鲁特顾实汗者，自西北侵有其地(指青海)，遣使修贡。顺治十年，诏封遵文行义敏慧顾实汗。后自分其地为左右二境，部落散处其间，谓之西海诸台吉为四厄鲁特之一。"参见穆彰阿等《大清一统志》卷五四六《青海厄鲁特》，《续修四库全书》第624册，上海古籍出版社，2002，第642页。

④ 希都日古编译：《清内秘书院蒙古文档案汇编汉译》，社会科学文献出版社，2015年，第315页。

地总督、巡抚奏报居青海附近地方诸台吉三番五次至内地侵扰，抢掠牛马，故遣侍郎石图等与诸台吉等共同商量，所属所有番人均分拨，并制定交易之门。今又越过制定地点，以非其所属之毕桑、韩家、马家等唐古特(藏人)人归属先前并未规定为借口，随心所欲，胡作非为。所以派遣郎中索尼，今后晓谕敕谕至，不下跪接旨，又不从昔日所划定(边墙)口子(隘口)走，而走其他口子(隘口)，并侵犯非隶属尔之其他西番，依据国法治罪。①

此次青海厄鲁特蒙古再次作乱，规模似有扩大，清廷几次遣使训斥。但莫尔根济农并未理会清廷派去的使者，清廷认定其“预谋作乱，妄图不归无疑”。清廷一面向厄齐尔汗下达敕谕，告知事情的缘由，令其命令莫尔根济农检讨错误，派遣官员上奏②；一面让五世达赖喇嘛出面调停，“尔达赖喇嘛上则阴助国政，下则救济众生，为晓谕其中缘由”③。

一年两个月后的康熙三年十月十六日(1664 年 12 月 3 日)，也就是康熙历狱审讯开始两个多月后，清廷才收到达赖喇嘛的回奏：

青海地方诸台吉，桀骜不驯，先前我等(对此)了解不深。今询问时，他们却似懂非懂。皇上赍敕传谕及遣官员索尼时，莫尔根济农未领敕谕并未能回禀。济农虽年长，然非持教法王之子，而且先前未曾领过类似敕书，因汗与洪台吉不在，所以未能回禀。所有官吏并没有抗旨不臣悖慢之心。……此厄鲁特(卫拉特)无鲁思，不知悉严格法度与指令。有异于皇上所许可事宜，则我等谴责其全体官员以前妄行作乱，并教诲其今后务必慎行勿怠。④

---

① 希都日古编译:《清内秘书院蒙古文档案汇编汉译》，第 316 页。《边境纠纷与清朝借助达赖喇嘛处理青海蒙古事务的开端》一文中的译文是:“住居青海附近之台吉等，滥入内地，抢夺牛马等语。为此遣侍郎希图，曾与台吉等商议，将所辖番人等全部分给伊等，并议定贸易边门。然彼等今又犯定例，以无所归之币仓、韩家、马家等唐古特人前未议定为由，加以掠夺。”参见刘锦《边境纠纷与清朝借助达赖喇嘛处理青海蒙古事务的开端》，《清史研究》2013 年第 1 期。

② 希都日古编译:《清内秘书院蒙古文档案汇编汉译》，第 317 页。

③ 希都日古编译:《清内秘书院蒙古文档案汇编汉译》，第 316 页。

④ 希都日古编译:《清内秘书院蒙古文档案汇编汉译》，第 332 页。《清初五世达赖喇嘛档案史料选编》的记载为:“青海台吉内乱，卑等事前不知。今问此事，不能不说清楚。上遣索尼大臣赍敕来时，墨尔根济农未接授敕谕，亦未回奏。此乃因济农年岁虽大，但并非诺们罕之子，以前未见过敕谕。并且，罕和洪台吉皆不在，故未能回奏。”参见中国第一历史档案馆等编《清初五世达赖喇嘛档案史料选编》，第 61 页。

厄鲁特部达延汗也借口自己居住西藏，不知晓此事缘由，同样也只是对其谴责[①]。达赖喇嘛虽然称对诸台吉"谴责教育"，但他的态度显然没有令清廷满意。

康熙五年(1666)，理藩院奉旨为青海诸台吉作乱一事致五世达赖喇嘛书，文书中再次提及此次叛乱，并直接表明对五世达赖喇嘛当时不积极调停的不满：

> 居于青海湖附近之台吉违约，逾越定界，侵扰边界，深入内地，寻衅作乱。朕屡颁敕谕，终未见其悔改。彼等竟借口为教事同达赖喇嘛洽谈而来，为政事同瓦赤喇汗洽谈而来，诿过于尔。对敕谕拒而不纳，对使者拒而不见，侵越定界，岂非企图作乱乎？
>
> 朕对其错误行径，曾令尔遣使奏报。尔理应回奏，并派专使惩治作乱之人，但尔只言对其教训教训而已。[②]

康熙二年青海厄鲁特蒙古侵扰边境，从"深入内地"四字来看，这次侵扰的范围加大，除抢掠财物外，还可能与清朝官兵发生正面冲突。史料中"惩治作乱之人"一语表明清廷对五世达赖喇嘛处理此次寄予厚望，然而达赖的表现并没有让清廷满意。

顺治朝以来，清廷对于喀尔喀、厄鲁特蒙古的侵扰，以公文要求对方划定界限、停止侵扰为主，并未采取军事行动。部分原因在于当时兵饷匮乏，顺治遗诏中曾说："国用浩繁，兵饷不足。……及度支告匮，每令会议，诸王大臣，未能别有奇策，止议裁减俸禄，以赡军饷。"[③]对于康熙二年的叛乱，清廷也别无良策，只是不断下敕谕要求厄鲁特蒙古停止骚扰内地。此次叛乱或因对内地破坏较大，或因厄鲁特蒙古借与达赖喇嘛洽谈为由侵入内地，清廷先是询问五世达赖喇嘛是否知晓青海台吉作乱，后要求达赖喇嘛出面惩治作乱之人。

五世达赖喇嘛在喀尔喀、厄鲁特蒙古巨大影响力的一个重要表现，就是"在各部纠纷中，五世达赖喇嘛起到了最高仲裁者的作用"[④]。达赖喇嘛

---

① 希都日古编译：《清内秘书院蒙古文档案汇编汉译》，第332—333页。

② 中国第一历史档案馆等编：《清初五世达赖喇嘛档案史料选编》，第63—64页。此次叛乱于康熙五年秋季结束。

③ 《清世祖实录》卷一百四十四，载《清实录》第三册，第1105—1106页。

④ 张双志：《五世达赖喇嘛对清初蒙古地区稳定的贡献》，《中国藏学》2008年第2期。

对清廷的要求，并未积极响应，只是说教训教训，以致厄鲁特蒙古侵扰内地持续两年或者更长时间。双方在往来过程中可能产生芥蒂，达赖喇嘛在康熙四年(1665)并未进呈奏书，康熙五年清廷特意要求达赖喇嘛"宜遵定制，不断上奏"。

对于青海发生的战乱，清廷无力出兵征服，达赖喇嘛对于清廷希望其惩治作乱之人的期望也不积极响应，清廷更是迟迟没有收到达赖喇嘛的回复。清廷对厄鲁特蒙古多次下达敕谕，但对方拒而不纳，不予理会。根据上文顺治帝对厄鲁特蒙古的敕谕可知，边境的地方官员肯定会不断上报被劫掠的情形。康熙三年(1664)，正值辅政的索尼、苏克萨哈、遏必隆、鳌拜"相互协同，共掌国政"之时[①]。当时辅政的索尼等四人，对青海边境的战乱可谓一筹莫展，束手无策。

顺治去世后，清廷中央政权的统治策略发生变化，辅政大臣采取措施"矫正顺治朝汉化政策的举动……汉官在此一强调'首崇满洲'政策的辅政政体下，渐脱离权力中心"[②]。曾经在五世达赖喇嘛进京一事上可能与辅政大臣发生激烈论争的汉族大臣，全部都离开了权力中心(见下表)。

表3—1　参与五世达赖喇嘛进京一事争论的汉族大臣及其康熙初年的境遇[③]

序号	姓名	顺治九年九月至顺治十年正月所任职务	康熙初年的境遇
1	范文程	内翰林秘书院大学士	顺治十一年(1654)九月致仕，康熙五年卒。
2	洪承畴	内翰林秘书院大学士，顺治十年正月转任内翰林弘文院大学士	顺治十八年(1661)致仕，康熙四年(1665)卒。
3	陈之遴	内翰林弘文院大学士	顺治十五年(1658)革职流徙，死于戍所。
4	宁完我	内翰林国史院大学士	顺治十五年(1658)致仕，康熙四年(1665)卒。
5	陈名夏	顺治十年正月任内翰林秘书院大学士[④]	顺治十一年(1654)因被劾，绞死。
6	高尔俨	吏部尚书	顺治十二年(1655)卒。

① 徐凯：《清初摄政、辅政体制与皇权政治》，《史学集刊》2006年第4期。

② 黄一农：《择日之争与康熙历狱》，《清华学报》(新竹)新21卷第2期(1991)。

③ 本表根据《清世祖实录》和《清史稿》的相关记载，整理罗列顺治九年九月至顺治十年正月，可能参与五世达赖喇嘛进京及是否征询达赖喇嘛意见两事争论的汉族大臣。

④ 陈名夏顺治九年正月至顺治十年正月被革职，顺治十年正月丁丑改任内翰林秘书院大学士。

续表

序号	姓名	顺治九年九月至顺治十年正月所任职务	康熙初年的境遇
7	党崇雅	户部尚书[①]	顺治十二年(1655)致仕,康熙五年(1666)卒。
8	刘余佑	刑部尚书、户部尚书[②]	顺治十年(1653)二月被革职。
9	胡世安	礼部尚书	康熙即位后乞休,康熙二年(1663)卒。
10	金之俊	兵部尚书	康熙元年(1662)致仕,康熙九年(1670)卒。
11	李化熙	刑部尚书	顺治十年(1653)五月乞休。
12	张凤翔	工部尚书	顺治十年(1653)正月致仕。

这十二位汉族大臣中,九人在顺治十五年(1658)以前或者致仕,或者被革职流徙、处死;洪承畴、胡世安、金之俊在顺治去世,索尼等人辅政之后也要求致仕。洪承畴等三人要求致仕,或许与当时政治环境变化有关。这样一来,曾经反对五世达赖喇嘛进京的汉族大臣在康熙三年已经全部离开了权力中心。顺治九年(1652)到康熙三年(1664),汤若望反而受到了更多的恩荣。顺治九年汤若望的职衔为“通议大夫、加太常寺卿、管钦天监监正事”,康熙元年(1662)为“敕赐通微教师、光禄大夫、通政使司通政使、掌钦天监印务”[③]。汤若望成为反对五世达赖喇嘛进京、且康熙初年仍留在权力场中的唯一一人。

康熙三年的政治形势对汤若望十分不利。恰在此时,康熙三年七月二十六日(1664年9月15日),安徽歙县布衣杨光先向礼部上奏“告为职官谋叛本国,造传妖书惑众,邪教布党京省,邀结天下人心,逆形已成,厝火可虑,请乞早除以消伏戎事”的奏折,控告汤若望犯“谋叛”等罪[④]。

---

① 党崇雅顺治九年十月被免。

② 刘余佑顺治九年十月转户部尚书。

③ 黄一农:《耶稣会士汤若望在华恩荣考》,《中国文化》1992年第2期。

④ 杨光先:《不得已》,载薄树人主编《中国科学技术典籍通汇·天文卷》第六分册,河南教育出版社,1993年,第898—899页。

四、结语

五世达赖喇嘛进京朝觐是顺治真正掌握权力以后自主决策处理的一个重大政治事件。在满汉大臣两种针锋相对的意见当中，顺治两次都采纳了汉族大臣的建议，第一次“出尔反尔”，第二次则直接采纳。索尼等满族大臣从稳定喀尔喀蒙古局势出发提出的意见，顺治不但没有采纳，反而因天象示警的言论对汉族大臣宠信有加，视他们为国之栋梁。在达赖喇嘛离开后不久，顺治帝训斥满汉大臣对事情的看法总是泾渭分明，称“此皆尔等心志未协之故也”。由“世祖太后主持，以辅政大臣同意发布”[①]的顺治遗诏中，顺治罪己之一乃：“满洲诸臣，或历世竭忠，或累年效力，宜加倚托，尽厥猷为，朕不能信任，有才莫展。且明季失国，多由偏用文臣，朕不以为戒，而委任汉官。”[②]可见满汉大臣之间芥蒂之深，持续时间之久。

根据史料记载，顺治九年（1652）处于权力核心的十二位汉族大臣中，汤若望与其中的范文程、陈名夏、胡世安、金之俊四人都有交往。范文程在清军刚入北京城要求教堂搬出北城之时，曾帮助汤若望使之免于搬迁[③]。金之俊、胡世安曾写文祝贺汤若望七十寿辰、获恩荫，对汤若望大加褒扬，多有吹捧。如金之俊称汤若望“先生综沿过偃书，悬裁超甘石”[④]。汤若望与汉族大臣的交往，两者在五世达赖喇嘛进京朝觐一事上的一致立场，汤若望在论争的关键时刻有意上奏异常天象，从而与汉族大臣一道扭转顺治出京迎接达赖的决定等事，显然会使索尼等满洲大臣得出汤若望与汉族大臣乃是“一丘之貉”的结论。

由于汤若望受到顺治的恩宠，他与汉族大臣在五世达赖喇嘛进京一事上的同一立场，在顺治年间也许并无大碍。当政治环境发生重大变化，汤若望的处境也就随时可能急转直下。康熙三年（1664），当索尼等辅政大臣秉持朝政之时，厄鲁特蒙古不断侵扰内地，清廷要求五世达赖喇嘛干预无

---

① 孟森：《明清史讲义》，第409页。

② 《清世祖实录》卷一百四十四，载《清实录》第三册，第1105—1106页。

③ 魏特著，杨丙辰译：《汤若望传》，第221页。

④ 黄伯禄：《正教奉褒》，第290页。在汤若望七十寿辰之前，南怀仁就说在京的官员和学者将庆祝汤若望寿辰，可见此事早有准备。见 Noël Golvers, *Letters of a Peking Jesuit: the correspondence of Ferdinand Verbiest, SJ* (1623－1688)(Leuven: Ferdinand Verbiest Institute, 2017), p.146.

果。辅政大臣无计可施，而曾经在五世达赖喇嘛进京一事上反对辅政大臣的汉族大臣又都退出权力核心，当时的政治形势对汤若望十分不利。恰在此时，杨光先状告汤若望“谋叛”等罪，最终引发了康熙历狱。

第二节　杨光先告发康熙历狱的经过考辨

杨光先告发康熙历狱的过程对理解、诠释康熙历狱至关重要，目前学界关于这一问题的研究，只有安双成在《汤若望案始末》一文中的简要叙述[①]。许多重要情节如清朝官员两次三番推诿杨光先的状告、杨光先告发对象的改变以及康熙历狱审讯过程中许谦状告杨光先等都没有得到充分的梳理、分析。以至于许多疑问都悬而未决：一介平民是如何撬开清廷中央权力机关的大门进而掀起康熙历狱的？杨光先锲而不舍地状告天主教及汤若望的原因何在？本节以《清初西洋传教士满文档案译本》等史料为基础，考察杨光先曲折而艰难的上告过程，希望藉此对康熙历狱的缘起有更全面的认识。

一、谬历正而左道祛：杨光先屡次上奏西洋历法之谬

杨光先万历二十五年(1597)出生于安徽歙县[②]，黄一农对其生平已有过详细的考证，并判断杨光先“最可能为一对佛教无大反感的儒教信徒”。杨光先在明朝做出的最值得一书之事，就是崇祯十年(1637)抬着棺材上奏弹劾陈启新、内阁首辅温体仁等人，最终被廷杖八十，发配戍边[③]。杨光先自我评价道：“先生之真奇，不在于劾权要，而在于尊圣学，缅维止至善之道。”[④]表明自己以尊崇儒学为己任，这也成为日后杨光先反对天主教的起因。

明清鼎革之后，杨光先于顺治十三年(1656)来到北京，顺治十五年见

---

① 安双成：《汤若望案始末》，《历史档案》1992年第3期。

② 据记载徽州府的民俗：“府俗好讼，辄以杀人为词，行贿争胜。”载穆彰阿、潘锡恩等纂修《大清一统志》卷一一三，上海古籍出版社，2008年，第64页。

③ 黄一农：《杨光先家世与生平考》，《“国立”编译馆馆刊》(台北)第十九卷(1990)第2期。

④ 杨光先等撰，陈占山校注：《不得已(附二种)》，黄山书社，2000年，第48页。根据《满文秘本档》中的记载可知《始信录序》乃由杨光先自己撰写。

到钉死耶稣之画像，才知道天主教和耶稣教是一回事，自此萌发弹劾之念[①]。顺治十六年（1659）五月，杨光先写奏疏向顺治皇帝状告西洋新法之谬，奏书中称自顺治入主中原以来，国计民生、治官理政等事都十分周全，“惟敬天之政，尚欠完全”。因此杨光先决定“不避嫌憎”，撰写《摘谬论》一卷，指出西洋历法的十处错误之处；又附《选择议》一卷，指责钦天监选择荣亲王葬期不当。并将其编辑成册，“冒死俱呈，伏乞玄夜备览，以悟得新法之谬误，并请迅速查访知法通理之贤儒，以修我朝一代之历法”[②]。杨光先乃一介布衣，没有直接向皇帝进献奏疏的渠道。因而携带奏章、《摘谬论》《选择议》等到礼部，希望礼部将其奏章上奏给顺治皇帝。

杨光先在礼部后堂见到了满尚书渥赫、汉尚书王崇简[③]，并将奏章上呈：

> 汉尚书见小的所呈者为本章，即曰非该部之事。小的亦曰，钦天监隶属礼部，何以谓为非礼部之事？汉尚书曰，并非言此事非礼部之事，而本章归通政司衙门受理，礼部岂可封奏？小的曰，此事至关天文，何以不能封奏？汉尚书曰，六部从无代人具疏之例，尔可前去查询六部可有代人具疏之例，如若有之，可以照例代尔具疏。小的曰，如此言之，小的心服矣。[④]

据杨光先回忆，正当他准备离开之时，礼部官员毕车器呵斥他曰“六部岂有代人具疏之理。”杨光先则针锋相对地与之争吵道：“毕车器尔与汤若望选择太子葬期何等之好？”

杨光先在礼部碰壁之后，心怀不甘，撰写《辟邪论》阐述天主教的危害，称自己“怀书君门，抑不得达，故著斯论，以表天主教之隐祸有如此”[⑤]。杨光先认为天主教最大的隐患是其有谋反之迹，他的理由如下：（1）汤若望《进呈书像说》中耶稣被钉死在十字架上，虽然天主教徒讳言谋反，但谋反的事实已十分明显，“岂有彼国正法之罪犯而来中夏为造天之圣人……耶

---

① 安双成编译：《清初西洋传教士满文档案译本》，大象出版社，2015年，第22页。

② 安双成编译：《清初西洋传教士满文档案译本》，第96页。

③ 王崇简曾在顺治十八年因汤若望获恩荫一事，写文相贺，见韩琦、吴旻校注《熙朝崇正集 熙朝定案（外三种）》，301—302页。

④ 安双成编译：《清初西洋传教士满文档案译本》，第89页。

⑤ 杨光先等撰，陈占山校注：《不得已（附二种）》，第28页。

稣得为圣人，则汉之黄巾、明之白莲皆可称为圣人矣！耶稣既钉死十字架上，则其教必为彼国所禁；以彼国所禁之教而欲行之中夏，是行其所犯之恶矣”[①]。(2)汤若望等在南京、钱塘、福建、广东等地布设天主教堂，“有徒呼朋引类，往来海上”，且皈依天主教之人，皆在门上挂十字架，“安知其非左道之暗号乎？”[②](3)汤若望声称不婚不宦，却在清朝任职通政司，位居“正二品、服俸加二级”，且执掌钦天监的官印，“行教而叛教，业已不守彼国之法，安能必其守大清之法哉？”[③]杨光先认为清朝当时海上的威胁尚未完全消除，提醒清廷留心天主教可能的反叛之举，“庙堂之上，宜周毖饬之画，毋更揖盗，自诒后日之忧也”[④]。

在杨光先看来，清朝时宪历书上“依西洋新法”五字正是汤若望等人谋求不轨的征兆，“《诗》云：‘相彼雨雪，先集维霰。’‘依西洋新法’五字，不可谓非先之集霰也”[⑤]。正因为如此，杨光先作《正国体呈稿》，再次上书顺治皇帝。《正国体呈稿》主要攻击两点：(1)历书的颁布事关国体，乃万国瞻仰、后世效法之事，而“今书上传‘依西洋新法’五字，是暗窃正朔之权以予西洋，而明谓大清奉西洋之正朔也，其罪岂止无将已乎！”此举是借历书抬高西洋而贬低大清[⑥]。(2)西洋历法中存在的种种错误之处，如一年中竟有两种不同的置闰之法；顺治十八年实应闰十月，而新法却谬闰七月；一月有三节气；立春时刻计算错误，提前“一日六时三刻”，按律当斩。(3)汤若望借修历之名，隐藏于朝廷之中，传播天主教；且耶稣被钉在十字架以及从商人那里听闻的利玛窦谋划袭击日本之事，让杨光先认为天主教徒可能谋反，“天主教人之狼子野心，谋夺人国，是其天性。今呼朋引类，外集广澳，内官帝掖，不可无蜂虿之防”[⑦]。

---

① 杨光先等撰，陈占山校注：《不得已（附二种）》，第 27 页。

② 杨光先等撰，陈占山校注：《不得已（附二种）》，第 28 页。

③ 杨光先等撰，陈占山校注：《不得已（附二种）》，第 28 页。

④ 杨光先等撰，陈占山校注：《不得已（附二种）》，第 29 页。

⑤ 杨光先等撰，陈占山校注：《不得已（附二种）》，第 78 页。

⑥ 杨光先等撰，陈占山校注：《不得已（附二种）》，第 36 页。汤若望只是在其中担有相当大的罪过，如当时杨光先并不认为历面书写“依西洋新法”五字一定是汤若望所为。关于历面上书写“依西洋新法”五字出自何人之意，杨光先认为汤若望必定辩称此举出自上裁，杨光先指出皇帝所言乃采用西洋新法，并非命“其特书五字于历面也”；即使皇帝真的要书写此五字于历面之上，汤若望理应尽为臣之道进谏要求改正。

⑦ 杨光先等撰，陈占山校注：《不得已（附二种）》，第 38 页。

顺治十七年五月二十三日(1660年6月30日),杨光先携《正国体呈稿》并《辟邪论》一文到通政使司衙门呈递。当日通政使司正卿觉罗雅布兰、通政使白允谦两人坐堂,旁边官员甚多,“其中一人曰,今日祈雨,停视事三日,可于二十六日前来,云云”①。杨光先于二十六日再次前去,“某通政使退还原呈,曰大人已阅。尔所言者,皆为天文历法之事,此事归于礼部承办,可至礼部投呈”②。将奏章退给杨光先,或许因为以前曾被礼部拒绝代奏,杨光先没有再前往礼部。而是于顺治十七年十二月初三日(1661年1月3日)前往礼科等候,伺机请求其代为题奏,“时有科员等自五凤楼门内走出,有一员身高而气色好,又有一员略矮而气色亦好,尚有一员则身细,伊等均步入科衙门内饮酒,小的前去投递,有一身高科员承接呈文后,尚未阅毕,即曰,本科衙门从无受理呈文之例,云云。时有一在旁侍立之随从呵斥小的,故而出来”③。

杨光先顺治年间四次到清朝衙门上告西洋历法之误,却被各衙门推来推去:礼部说其从无代人题奏之例,要求前往通政司处办理;通政使司先称因公务无暇办理,后称此事归礼部管辖;礼科也称自己没有受理呈文的先例。杨光先在顺治朝上告无门,那么,杨光先为何要如此坚决地反对西洋历法呢?这是因为在杨光先看来,汤若望等借西洋历法优越之名,藏身朝廷,传播邪教,图谋不轨,朝廷却对此毫无警惕,“世尽以其为远人也而忽之,又以其器具之精巧而昵之”④。如果能证明西洋历法错谬,汤若望等人就失去了赖以在朝廷安身之所,天主教也就不敢从事谋反等事,这正是他所谓的“谬历正而左道祛,左道祛而祸本亡”。

二、逆形已成:杨光先状告汤若望等谋叛

杨光先屡次上奏清廷指责西洋历法之误,且刊行《辟邪论》等反对天主教,其原因除了肖清和指出的“无论是天主教与儒家伦理相悖,还是西洋历法不同于羲和历法,无不说明天主教及西洋历法是‘异’于儒家正统的。杨光先以维护儒家正统为己任,丝毫不容许天主教对儒家正统、权威所带来

① 安双成编译:《清初西洋传教士满文档案译本》,第23页。
② 安双成编译:《清初西洋传教士满文档案译本》,第23页。
③ 安双成编译:《清初西洋传教士满文档案译本》,第25页。
④ 杨光先等撰,陈占山校注:《不得已(附二种)》,第38页。

的挑战与破坏”[①]之外，另外一个非常重要的原因就是杨光先认为天主教徒会谋反。如果说顺治年间这只是一种潜在可能性的话，在杨光先看来康熙初年则形成了汤若望等注定谋叛的局面。

自顺治八年(1651)顺治亲政至康熙三年(1664)间，清朝境内的信教人数急速增加。南怀仁估计每年新加入天主教的人数在万人左右，毕嘉估计在1650年(顺治八年)至1664年(康熙三年)的十四年时间里，中国领洗入教者至少有104980人；而卫匡国估算在这十四年以前，即从1581年至1650年约七十年的时间里，领洗入教的人数约有15万人[②]。据汤开建统计，至1664年前，全国天主教教堂数为356座，教友255180人[③]。此种形势也被杨光先觉察到，顺治十六年杨光先写作《辟邪论》时只描述了少许天主教堂，“若望之流，开堂于江宁、钱塘、闽、粤”。到康熙三年，杨光先发觉天主教堂在全国竟有三十余处：

> 以谋反之遗孽，行谋反之邪教，开堂于京师宣武门之内、东华门之东、阜成门之西，山东之济南，江南之淮安、扬州、镇江、江宁、苏州、常熟、上海，浙之杭州、金华、兰溪，闽之福建、建宁、汀州，江右之南昌、建昌、赣州，东粤之广州，西粤之桂林，蜀之重庆、保宁，楚之武昌，秦之西安，晋之太原、泽州，豫之开封，凡三十窟穴。而广东之香山澳，盈万人盘踞，其间成一大都会，以暗地送往迎来。[④]

天主教的迅猛发展，再加上杨光先见到耶稣被钉死的图像后，已先验地认为“耶稣乃谋反正法之贼首，非安分守法之良民也”[⑤]。以及听闻苏州人王启成所说利玛窦密谋侵袭日本之事，坚定了对杨光先天主教意图谋反的看法，“若望籍历法以藏身金门，而棋布邪教之党羽于大清京师十二省要害之地，其意欲何为？”[⑥]

康熙三年《天学传概》的出版更是让杨光先怒不可遏。《天学传概》中

---

① 肖清和：《身份认同与历法之争——以〈不得已〉与〈不得已辩〉为中心》，载赵建敏主编《天主教研究论辑(第5辑)》，第193页。

② 魏特著，杨丙辰译：《汤若望传》，第348页。

③ 汤开建：《顺治朝全国各地天主教教堂教友考略》，《清史研究》2002年第3期。

④ 杨光先等撰，陈占山校注：《不得已(附二种)》，第13页。香山澳即澳门。

⑤ 杨光先等撰，陈占山校注：《不得已(附二种)》，第30页。

⑥ 杨光先等撰，陈占山校注：《不得已(附二种)》，第13页。

说："天主为万有之初有，其有无元而为万有元。……中土尊称之曰上帝……方开辟时，初人子孙聚处如德亚，此外东西南北并无人居。……惟此中国之初人，实如德亚之苗裔，自西徂东，天学固其所怀来也。"[①]并引用儒家经典论证天主教教义。这些表述对拥护儒家传统的人来说冲击巨大，"称赞天主教也就罢了，竟然说中国初人为如德亚苗裔，中国古书之言、圣贤之训揭示的是外国的天主教教义，中国之教来自如德亚并且无有比天学高明之处！这番话将中国人的安身立命之本及引以为豪的历史与传统连根拔起，栽种于一块外邦蛮夷之地，这将让一向自诩文明中心的中国士人如何自处？"[②]伏羲是天主教苗裔、《六经》乃阐述天主教教义之说，让以尊崇儒学为己任的杨光先无法接受。《天学传概》的刊刻流行，更是加重了杨光先的危机感，"惑众之妖书已明刊印传播，策应之邪党已分布各省咽喉，结交士夫以为羽翼，煽诱小人以为爪牙，收拾我天下之人心，从之者如水之就下"[③]。

此种形势下，康熙三年七月二十六日（1664年9月15日），杨光先再次赴礼部上奏，这次他将所有指控的矛头都对准汤若望一人。杨光先控告汤若望的罪名有：(1)汤若望令钦天监李祖白造《天学传概》一书，书中称"东西万国皆是邪教之子孙，来中夏者为伏羲氏，《六经》、《四书》皆是邪教之法语微言"，这是明显背叛中国之举。(2)汤若望在全国三十处要害之地布其"邪党"，以澳门为巢穴，"接渡海上往来"。汤若望借历法"藏身金门"，窥探朝廷机密。其意图在于内外勾结、图谋不轨。(3)汤若望"暗窃正朔之权"，于《时宪历》面"敢书'依西洋新法'五字"，以大清奉西洋之正朔，毁灭中国圣教，"惟有天主教独尊"。杨光先在奏书最后说道：

> 种种逆谋，非一朝夕。若不速行翦除，实为养虎贻患。……苟至变作，然后剿平，生灵已遭涂炭。莫若除于未见，更免劳师费财。伏读《大清律》"谋叛"、"妖书"二条，正与若望、祖白等所犯相合。[④]

---

① 李祖白：《天学传概》，载吴相湘编《天主教东传文献续编》第3册，学生书局，1966年，第1055—1058页。

② 吴莉苇：《明清士人对圣经年代体系的接受与理解——以李祖白〈天学传概〉为个案》，《中华文史论丛》2009年第1期。

③ 杨光先等撰，陈占山校注：《不得已（附二种）》，第14页。

④ 杨光先等撰，陈占山校注：《不得已（附二种）》，第6页。

杨光先还将汤若望等人谋叛的证据一一上呈,分别是:“《天学传概》妖书一本、邪教《图说》三张[①]、金牌一面、绣袋一枚、会期一张、顺治十八年汉字黄历一本”,以及杨光先以前撰写的《正国体呈稿》《与许青屿侍御书》。

杨光先此次控告的不同之处在于一改以往控告西洋历法错谬的做法,直接认定汤若望等人谋叛清朝;指明汤若望是所有活动的主谋,汤若望代替西洋历法成为杨光先控诉的主要对象;将“谋叛”证据一并上呈。与以往状告无门不同,此次礼部官员亲自带杨光先至紫禁城午门前的左阙门上奏,杨光先随即被满人兵丁看管在祠祭司。八月初五,密旨下达礼部,要求与吏部会审该案,初六日即开始会审汤若望等人,十六日杨光先才被释放回家。

礼部此次为何肯受理杨光先的状告呢?因为“谋叛”是天大的罪名,《大清律》载:“君臣之义,无所逃于天地之间。而乃谋背本国,潜从他国,弃义忘君,厥罪重矣。”[②]更为严重的是杨光先认为汤若望不仅有谋叛之举,而且还有谋反之嫌,这更触及了统治阶层的高压线,“臣下将图谋不轨,反及于国,逆及于君……其恶已极,其罪至大”[③]。对清朝政权来说,维持其统治是最重要的职责,何况满清入主中原还不到二十年,各地虽然陆续平定,但统治的根基尚未稳固。且顺治年间曾经下旨严禁“僧道香会”,杨光先更是将天主教谋叛的证据上呈,言之凿凿。这种情况下,清朝统治阶层中的官员不敢有丝毫的懈怠。

三、节外生枝:杨光先被控勾通编修明史之人

杨光先的奏章之所以能够引发康熙历狱,与当时特定的政治局势以及辅政大臣执政的体制有关。然而随着审讯的进行,杨光先自己也被天主教人士指控勾通纂修明史之人,险些被治罪。

在礼部、吏部主持的审讯中,杨光先与汤若望等人就天主教义、西洋历法等问题多次争论,他仍坚持奏折中所说天主教为邪教,“彼天主耶稣者,乃叛国无君之贼,全以将钉死于木架上之画像为凭证,实如中国之白莲、闻香邪教矣。……(李祖白)声言东西万邦为邪教之子孙,“六经”“四书”为邪

① 此处应该指的是《邪教三图说评》。

② 沈之奇:《大清律辑注》,法律出版社,2000年,第548页。

③ 沈之奇:《大清律辑注》,第544页。

教之余论……无法无天者，莫过于此也”[①]。杨光先的言论遭到了天主教信徒的反击，审讯开始后半个月，太监徐谦就反诉杨光先。

徐谦是镶黄旗哈勒哈齐佐领下子爵博第家太监，住宣武门外，以卖烟为生[②]。从徐谦的口供以及在历狱审判中的举动来看，徐谦应该是一位比较虔诚的天主教徒。入教以后，他曾散发《天学传概》一书，并从事向入教之人散发铜像、绣袋、《天主教要》一书、会期等物，以及收取钱财等事，每月四次按时参加礼拜[③]。康熙三年八月二十一日(1664 年 10 月 10 日)，徐谦状告杨光先罪名如下：《始信录》中有讥刺清朝之处；按律私编明史者俱应被正法，杨光先结交勾通编纂明史之人，且事迹被收录其中；《始信录》作序者自称“逸民”，则显然非清朝之民。在清朝入关不久的背景下，徐谦意在指控杨光先结交反清人士，对明朝念念不忘，罪名不可谓不大。

清廷官员首先审问杨光先是否勾通私修明史之人一事。杨光先辩称朝廷的律法诛杀的是有叛逆言论的明史，并非针对所有的明史。他的确曾在顺治十五年(1658)冬遇到同乡风水先生江傲，江傲撰写的《古今史略》中只记载杨光先弹劾温体仁之事，却不记载他尊崇圣学之事，杨光先认为江傲没有史识。况且《古今史略》一书中并无悖逆言论。至于《始信录》一事，杨光先承认《始信录序》是他自撰，他希望曾任明朝礼部主事的表侄王泰征署名，王泰征不肯。至于“逸民”中“逸”字乃是因为王泰征曾任职明朝，在清朝并未起用，因而称他为逸民，并无不做清朝子民之意。杨光先反驳这些罪名是因为他状告汤若望谋叛、造传妖书之后，天主教徒诬告陷害他。

审问徐谦时，徐谦称他是根据《始信录序》臆测，并未亲眼目睹杨光先勾通编修明史之人之事。清廷官员询问徐谦为何《始信录》中找不到讥讽清朝之语时，徐谦另外指控《辟邪论》中“大邦国苟闻此道，则诸大邦国皆禽兽矣，而况刁守之哉，云云”等句，禽兽是骂众人之语，意指杨光先咒骂整个清朝臣民俱是禽兽。杨光先则称天主教乃无天地君亲师之教，“所言诸大邦国苟闻此道，则诸大邦国皆禽兽矣者，即彼教为原非正教而加以斥责之辞”[④]。清朝君主祭祀天地太庙，供奉孔子，尊崇天地君亲师并未信奉“邪

① 安双成编译:《清初西洋传教士满文档案译本》，第 18 页。

② 安双成编译:《清初西洋传教士满文档案译本》，第 40 页。

③ 安双成编译:《清初西洋传教士满文档案译本》，第 32 页。

④ 安双成编译:《清初西洋传教士满文档案译本》，第 27 页。

教”，因此咒骂众人为禽兽一事无从谈起，徐谦之语是诬告。

礼部、吏部审讯后，建议派人解送江傚、王泰征前来当面对证。后奉旨免于解送，此举似乎有袒护杨光先之意。最后审理的结果是《古今史略》并无悖逆之语；徐谦则因加入天主教、诬告杨光先被交刑部治罪。然而杨光先同样要被责罚，礼部、吏部认为杨光先以下几处做得不妥：(1)《与许青屿侍御书》中杨光先写道“盖祖白之心，大不满世祖之法尧舜、尊周孔，故著《天学传概》以辟我世祖而欲专显天主之教者，岂非以臣抗君乎？”其中“以臣抗君”等言辞，太过牵强。(2)杨光先所作《始信录序》中称誉崇祯封其为大将军一事，又强调自己因弹劾温体仁而得以扬名，意图以此垂留史册。(3)杨光先因西洋新法等事具呈通政使司被驳回后，通政使司命其赴礼部投诉，若礼部不受理，可将不予受理缘由一并注明呈诉。但杨光先不赴礼部投诉，而擅作《始信录》，印行五千余册。因此，建议将杨光先交刑部议处[①]。

暂且不论杨光先的前两条罪名，如果杨光先因为没有第三次到通政使司奏报而要被追究刑责，那实在是太过冤枉。顺治年间，杨光先四次以西洋历法差谬一事分别到礼部、通政使司、礼科奏报，每一次不同衙门的官员都能找到不同的理由推诿，正可谓状告无门。最后却反要治他没有第五次奏报的罪？礼部、吏部对原通政司通政使、现左都御史觉罗雅布兰顺治年间没有明辨是非，将杨光先所奏驳回，令他到礼部投诉一事的处理意见是免责。原因是此事发生在顺治十八年正月初九日（1661 年 2 月 7 日）大赦之前，“拟毋庸再议”。难道杨光先没有第五次上奏不是发生在大赦之前吗？

礼部、吏部的处理意见上呈后，辅政大臣等下旨称既然杨光先诉讼邪教等案属实，则免交刑部议罪，杨光先才逃过一劫。杨光先在历狱审讯过程中的命运可谓险象环生，他要承受来自天主教徒、清廷衙门“强加”的罪名。清廷虽然开始追究顺治年间那些不受理杨光先奏折的官员之责任，但正如对通政使司的追究一样，这些追责体现的依然是“官官相护”。

历狱审讯开始后，清廷曾追究原礼部尚书渥赫、王崇简的责任，第一次两人以时间过去很久、不记得实情为由搪塞过去。当选择荣亲王葬期一事

① 安双成编译：《清初西洋传教士满文档案译本》，第 36—37 页。

最终被上升到"谋逆"大罪之后，此事再被拿出来讨论。这次争论的焦点在于两位尚书是否知道奏疏中选择葬期一事：杨光先起初称王崇简将他的奏章看完；且他与毕车器争论时，两位尚书都听到此事。两位尚书则称没有听到，否则岂有不受理之理。再次审问杨光先，杨光先改称当时两位大人在受理别人呈文，他以为两位尚书必然会听到自己与毕车器的争论，至于是否听到自己不知；王崇简没有看完自己的奏折，上次说看完乃是自己误供。最终的处理结果是，如若两位尚书看过奏折和《选择议》而不受理则应治罪；因为两位尚书当时没有看完奏章，没有看《选择议》，则此事毋庸再议；且状告历法一事发生在顺治十八年正月初九(1661 年 2 月 7 日)大赦以前，则此事也无需再议[①]。清廷官员又操弄了一场为同僚脱责的审讯。

四、结语

杨光先尊崇儒学、忧心社稷且自视甚高，自称"先生一生，精神事业专致力于宫墙。近著《辟邪论》、《中星说》与《六百三十四言》相为表里，合而观之，功不在孟子下矣"[②]。将自己批判天主教的行为与崇祯年间弹劾陈启新、尊崇儒学的行为并列。正是因为认定天主教是邪教，与儒家文化相冲突。杨光先才在明清嬗代之后，迅速转换立场，效忠清朝，把清王朝视为儒家文化的保护者，"我大清今日之天下，即三皇五帝之天下；接三皇五帝之正统，大清之太祖、太宗、世祖、今上也；接周公孔子之道统，大清之辅相是师儒也"[③]。不断坚定的天主教谋反的信念，使杨光先一次次地到清朝衙门状告。

杨光先在历次上告过程中，状告对象经历了从西洋历法到汤若望的转变。汤若望的罪名也一次次加码，最终被控以"谋叛"之罪。杨光先状告西洋历法、天主教时，没有掺入私人目的和利益。顺治年间杨光先的"忧国忧民"情怀在官僚阶层那里得不到丝毫的回应，被礼部、通政使司等部官员以各种理由推诿(这些理由在康熙历狱中被认为完全不成立)[④]。只有当状告涉及清朝统治安危时，官僚机构才行动起来，将杨光先的奏折上呈。然而历狱审讯开始后，面对天主教徒的反诉，如果没有最高权力的干预，杨光

---

① 安双成编译：《清初西洋传教士满文档案译本》，第 96 页。

② 陈占山认为《六百三十四言》乃《尊圣学疏》，笔者核对后《尊圣学疏》确为六百三十四字。

③ 杨光先等撰，陈占山校注：《不得已(附二种)》，第 9 页。

④ 这或许与顺治年间汤若望受到恩宠的形势有关。

先的结局会十分凶险。最为讽刺的是，杨光先还会因顺治年间没有第五次向清廷衙门上告而被治罪。杨光先告发汤若望案的经过，展现了普通民众与官僚打交道时的境遇，也从侧面反映出杨光先企图告发汤若望在清代的政治体制中实在是难如登天的事情。同时也表明杨光先告发康熙历狱是其个人行为，应该没有受到其他政治集团的操控[①]。

顺治年间汤若望位居高位，与顺治皇帝保持了十分友好的关系，且与王崇简等官宦多有交往。杨光先当时即使状告汤若望谋叛，也不会掀起轩然大波。然而巧合的是，杨光先状告对象的变化无意中与顺治、康熙年间政治局势的变化相契合。康熙历狱的最终发生，与杨光先状告对象的转变以及康熙三年(1664)特殊的政治体制、政治形势有关——杨光先状告汤若望谋叛，恰好发生在边境发生骚乱、辅政大臣要求五世达赖喇嘛调节未果的背景下。杨光先的状告只是引发康熙历狱的导火线，背后真正起主导作用的是辅政大臣，这在康熙历狱的审判过程中表现得非常明显。无论怎么讲，杨光先状告汤若望都是一件艰难而危险的事情。

第三节 一场政治斗争：康熙历狱的审判过程再辨析

辅政大臣与汤若望的政治宿怨、边疆冲突的发生以及杨光先认定天主教必然谋反等因素的累加，导致了康熙历狱的发生。对于历狱的审判过程，安双成曾利用《满文秘本档》梳理了康熙历狱的始末，其文章的重点是介绍了历狱中有关历法问题的争辩[②]。黄一农认为历狱中双方争讼的焦点在于选择荣亲王葬期一事，并详细探讨了此事的前因后果[③]。学者们没有注意到康熙历狱审判中明显的政治斗争色彩。

2015年詹嘉玲(Catherine Jami)分析总结六十年来国际上关于康熙历狱的研究成果后，提出了一个非常值得深思的问题：对康熙历狱中满人和辅政大臣的立场应给以合理的解释。她敏锐地发现黄一农对历狱的解释存在一个悖论：辅政大臣敌视汉文化，却将汤若望以触犯汉文化为由判决，

---

① 如果杨光先告发康熙历狱的行为受到政治集团的操纵，则政治集团必然会为杨光先开脱罪名。

② 安双成：《汤若望案始末》，《历史档案》1992年第2期。

③ 黄一农：《择日之争与康熙历狱》，《清华学报》(新竹)，第2期(1991)新21卷。

辅政大臣的动机到底是什么?[①] 本节利用新公开的满文史料等文献,从政治斗争的角度重新探究康熙历狱审判的全过程,尝试回答詹嘉玲教授的疑问。

一、欲加之罪:汤若望被控“谋叛”“妖书”之罪名

康熙历狱缘起于杨光先控告汤若望“谋叛”等罪名。康熙三年(1664)七月,杨光先赴礼部上奏,奏书标题中“职官谋叛本国,造传妖书惑众”两句,清楚地表明杨光先此次控诉的重点是汤若望,汤若望的主要罪名是谋叛清朝、命李祖白撰写天主教书籍迷惑民众。杨光先在奏书最后说道:

> 种种逆谋,非一朝夕。若不速行翦除,实为养虎贻患。……苟至变作,然后剿平,生灵已遭涂炭。莫若除于未见,更免劳师费财。伏读《大清律》“谋叛”、“妖书”二条,正与若望、祖白等所犯相合。[②]

八月初五,密旨下达礼部,要求与吏部会审该案,初六日即开始会审汤若望等人。下达旨意的是当时秉持朝政的索尼等辅政大臣,历狱中所有奏折的批红都出自辅政大臣——他们“同时掌握了票拟和批红这种至高无上的实权”[③]。

康熙三年(1664)八月,礼部、吏部开始审讯杨光先控告汤若望的“谋叛”“妖书”等罪名。据魏特《汤若望传》中记载,审讯的官员们拿上百个关于教会、教堂和传教士的问题来询问汤若望等西方传教士,“他们的目的是要藉此究出,汤若望是否为传教士之首领,并且他是否招集了他们来的”[④]。满文档案中记载的审讯结果印证了这一说法,杨光先在奏书中控告汤若望的罪名被礼部、吏部的审讯一一确认。审讯中清廷官员先验地认为汤若望等人有罪,审讯的过程更像是为这些罪名找到确证。如针对《天学传概》引用儒家经书中“昭受上帝,申命用休”一事:

> 讯李祖白、汤若望、南怀仁、利类思、安文思:据尔等所著《天学传

---

① Catherine Jami, “Revisiting the Calendar Case (1664—1669): Science, Religion, and Politics in Early Qing Beijing”, *The Korean Journal for the history of Science*, vol, 37, no. 2 (August 2015):459-477.

② 杨光先等撰,陈占山校注:《不得已(附二种)》,第6页。

③ 孟昭信:《试评康熙初年的四大臣辅政体制》,《史学集刊》1985年第3期。

④ 魏特著,杨丙辰译:《汤若望传》,第482页。

概》载称,昭受上帝,申命用休。又称,上帝无常。又称,览天耿命,悯恤天下之民,为君为师,辅佐上帝。又称,命鉴天下。又称,上帝临汝,无二汝心。又称,乐天者报天下,畏天者保其国,顺天者存,逆天者亡,云云。此类辞句虽载于经卷,皆谓帝王奉天之命,以治天下之至意也。将此引载于该书中,意为何也?据此观之,尔等岂非暗中朋比协谋,惑众入教,以起异心乎?据实招供![①]

李祖白本来意图利用儒家经典扩大天主教影响,这些词语在儒家典籍中乃是帝王"奉天之命"之意,这成了审讯大臣认为李祖白等意图谋叛的证据。

再如对于"谋叛罪"的指控,审讯官员质问汤若望等为何不将传播天主教一事向皇帝禀明,而直接向省城、乡间派出西洋人传教,希望天下人尽入其教:

讯李祖白、汤若望、南怀仁、利类思、安文思:……尔等诚以西洋之教,严束下人之心,辅佐皇上之文,使汤虞三世重见于今之世,何不题闻施行,反而擅自颁行?且尔等在省城要地,乡邑僻壤,皆派去西洋人,冀期天下人皆入尔之异教。由此观之,此举岂非起异心者乎?朋比协谋者乎?[②]

汤若望否认存在"惑众朋比谋叛之事",并称自己曾向顺治皇帝口头奏明传教以及在外省各堂传教的情形。在礼部、吏部审讯确认汤若望谋叛罪名成立后,汤若望等人仍极力为自己辩护,并坚称天主教徒团体绝无任何谋叛行为,并列举理由:如若谋叛必有兵马钱粮,但传教士并无这些;传教士"远离家乡故土九万里,且又无妻子兄弟,西洋人在中国已有八十年矣,生于西洋,死于中国。今诬陷谋叛,有何凭证?"[③]审讯时传教士甚至感叹道:"一位有理性的人怎么可以相信,寥寥几位处于中国的传教士,手无寸铁,而竟敢要夺取巨大的中国了么!"[④]

关于"妖书"一事的审讯,清朝官员从《天学传概》中选取耶稣被钉在十字架上、天主教十诫、伏羲为古犹太国之"苗裔"等内容,询问李祖白这些内容出自何处,载于中国何史、何以如此编造等问题。李祖白根据自己对天

① 安双成编译:《清初西洋传教士满文档案译本》,第11页。
② 安双成编译:《清初西洋传教士满文档案译本》,第14页。
③ 安双成编译:《清初西洋传教士满文档案译本》,第37页。
④ 魏特著,杨丙辰译:《汤若望传》,第483页。

主教的理解先加以阐释，然后回答自己的这些知识都来源于西洋传教士，“倘若欲明其事，可问西洋传教士便知”[①]。清朝官员再询问汤若望、南怀仁、利类思、安文思四人，汤若望等则从天主教教义的角度详细地进行解释。汤若望等人的辩白显得很无力，很难令审讯的官员们信服。因为清廷官员要从中国的古籍中确认李祖白、汤若望等所说天主教诸事，可结果总是无从考证。如审讯中关于耶稣出生一事的审讯：

> 讯汤若望、南怀仁、利类思、安文思：尔等令著之该书内称，天主耶稣于西汉元寿年间降生在如德亚国伯利恒，云云。又见尔等所绘画像中，谓尔天主耶稣及另外二贼，俱被钉死。据李祖白供，时因恶徒诬陷谋叛，被钉死于木架上，云云。尔等何以称降世于西汉时期，又因谋叛而钉死于木架上之耶稣为上帝、天主？……
>
> 讯李祖白：据尔所著《天学传概》载称，创世纪三千七百又一年，天主于希讷山上立有二碑，以志十戒。后于一四九七年，天主教于世上盛兴。又，天主降生于如德亚国伯利恒，名曰耶稣，在世三十三年，奇迹颇多，可使死者复活，瞽者复明，狂风恶浪止则止，妖魔鬼怪退而退，云云。此等之事，载于中国何史？尔何以如此编造？
>
> 供称：此等之事，皆载于教之文内，非载于中国史籍。等语。
>
> 讯李祖白：此等之事，若皆载于教之文内，何不注明引自何教，反而编如耳闻目睹？其用意何在？[②]

由于汤若望等传教士与清廷审讯官员在文化背景方面的巨大差异，使得一些在天主教徒看来不言而喻的道理，在审讯官员眼中变成了毫无根据可言的无稽之谈。李祖白在《天学传概》中引用《尚书》儒家经典中有关天、上帝的记载阐释天主教的行为，则被明确看成“朋比协谋，惑众入教反起异心”的证据。在审讯官员看来一切不记载于中国典籍的史实都不可靠，而经过审讯，更是确认了李祖白所写《天学传概》中的内容来源于西方传教士。清廷还审问了《时宪历》封面书写“依西洋新法”，确认天主教曾散发给教徒铜像、绣袋、《天主教要》等物，认定洗礼、不准教徒为祖先烧纸等行为不当。

经过礼部、吏部长达三个月的审讯，汤若望共有十四项罪名被确认：宣

① 安双成编译：《清初西洋传教士满文档案译本》，第 10 页。

② 安双成编译：《清初西洋传教士满文档案译本》，第 9—10 页。

扬中国人乃犹太人之后裔,此纯粹是编造的不实之言,印证了杨光先所告“叛我朝而降彼国”的指控;香山澳有西洋人居住,证实杨光先所控将香山澳“踞为巢穴,接纳海上往来之人”;在外省修建教堂;授意外省天主堂传教;涉嫌在《大清时宪历》书面题“依西洋新法”五字,表明清朝“奉西洋之正朔”;所作《天学传概》妄引“昭受上帝,申命用休”等表明帝王天命之辞;不应信奉因谋叛而被钉死的耶稣等等[①]。

汤若望的罪名是以捕风捉影的形式强加给他的,稍加分析就发现支撑这些罪名的证据很不充分。如仅凭香山澳有西洋人居住,并不能表明汤若望与其联系谋叛,况且审讯中并没有他们之间往来联系的证据。再如审讯官员认为《天学传概》中描述的天主教传播情形,汤若望如果真的将此以口头形式奏明顺治皇帝,为何在此前多次审讯中不说明?可见汤若望所说不实,这竟然也被列为汤若望的第八个罪名。官员们的逻辑是在审讯中不事先说明,就表明此说为假[②]。可是这个逻辑根本不能成立,另外一种可能是汤若望确实奏明,但是不想在审讯中提及顺治。仔细辨析汤若望的十四项罪名,可知这些罪名是审讯官员在有罪推定的前提下得出的。

康熙三年十一月十一日(1664 年 12 月 27 日),礼部、吏部提出了处理意见:汤若望拟以革职,交刑部议[③]。康熙三年十二月,刑部根据礼、吏二部的审讯,再次审问后确认汤若望、李祖白等“共谋立邪教,又编造新书,蛊惑众人属实”。依照律法中“凡为师巫诈降逆神,书符咒水,自称师巫,或称供奉师巫……借以行骗,以乱忠义。又画像进香,借此聚众,夜聚晓散,名曰供奉道义,实则行惑民者,首犯拟绞监候”。建议将主犯汤若望拟立即绞死,从犯李祖白、利类思、安文思、南怀仁等各杖四十,流徙宁古塔[④]。

二、罗织罪状:清廷审讯送京传教士之原委

礼、吏二部的审讯,目标集中在确认汤若望为一切事情之主谋,刑部最

---

① 安双成编译:《清初西洋传教士满文档案译本》,第 29—32 页。

② 安双成编译:《清初西洋传教士满文档案译本》,第 31 页。

③ 安双成编译:《清初西洋传教士满文档案译本》,第 32 页。

④ 安双成编译:《清初西洋传教士满文档案译本》,第 45 页。南怀仁对此事的记载是:“汤若望神父被以‘在中国传布天主教的煽动者和罪魁祸首’的特别罪名,公开判处了死刑。作为汤神父伙伴的我们,虽然也传播了我们的宗教,仅被判处了鞭笞和放逐到鞑靼地区。”见南怀仁著,高华士英译,余三乐中译:《南怀仁的〈欧洲天文学〉》,第 2 页。

后的判决亦对准汤若望。关于这一点，在清廷对送京传教士的审讯中表现得也非常明显。杨光先控告汤若望在各省教堂内设邪教同伙千余人，审讯中汤若望亦承认各省教堂西洋人亦皆布教纳徒。因此，礼、吏二部奏请将在各省之西洋人送京议罪。山东、山西两省先后送来西洋传教士利安当、汪儒望、郭多敏、金弥格、恩理格等人到部，礼、吏二部逐一对其审讯。康熙四年三月十四日(1665 年 4 月 28 日)，礼部尚书祁徹白的奏折清楚地记录了审讯利安当等五名西洋传教士的情形。

清朝官员在审讯送京传教士时，审问的主要问题是汤若望于何年带其至内地安插，要求传教士将他们如何与汤若望结伙在内地建天主堂居住以及从事传布邪教的行为如实招来：

> 利安当供称，我于崇祯七年独自从西洋来至广东香山澳，顺治八年在山东济南府购房建堂居住，从无结伙。我非汤若望带来，亦不认识汤若望。我传布天主教者属实。等语。[①]

金弥格、汪儒望、恩理格、郭多敏等也供称他们传布天主教属实，但并非汤若望带来。清廷官员接着审讯利安当等传教士，汤若望令人撰写《天学传概》一书，是否寄送并令他们传播，或者他们从汤若望处带来传播，利安当等皆供称《天学传概》一书并非汤若望寄送给他们，亦非他们亲自去带来，而是去年路人或教徒经过教堂时，声言此书乃是京城新近撰写的天主教书籍，留下此书[②]。

随后，围绕西洋传教士如何获得《天学传概》一书，官员们再三进行审讯。礼部等根据南怀仁曾供称凡有人要去各省天主教堂，都要将《天学传概》一书带去之语，审问利安当等“汤若望诚不曾带尔等来安插，何以将《天学传概》一书传播与尔等，据实招供”[③]。利安当等供称汤若望确实不曾带其来安插，亦不曾送给《天学传概》一书。礼部官员再据南怀仁称曾将《天学传概》一书寄送至山东济南府教堂之语，审问“尔等今供汤若望不曾送给《天学传概》一书者，莫非于此书内有别情而如此巧饰乎，务必如实招供”[④]。

---

① 安双成编译:《清初西洋传教士满文档案译本》，第 258 页。

② 安双成编译:《清初西洋传教士满文档案译本》，第 259 页。

③ 安双成编译:《清初西洋传教士满文档案译本》，第 259 页。

④ 安双成编译:《清初西洋传教士满文档案译本》，第 259 页。

此后，礼部单独审讯金弥格、恩理格两人，“此书诚非汤若望送给尔等，则又有何人送给尔等。此书显然由汤若望送给尔等以供传播矣，尔等何以巧供为非汤若望所给，据实招供”[①]。利安当、金弥格、恩理格等坚称《天学传概》并非汤若望所送，而是由教中之人带给他们，只是当时并不曾问及该书内情和带书人的姓名。

在审讯利安当等人是否私自传播铜像、绣袋、瞻礼单、《教要》一书，抑或是否奉汤若望之命传播一年有几人入教时，利安当等供称他们并没有奉汤若望之命，这些物品乃是由其私自传播，每年加入天主教的人数不定，或有四五十人入教，或有近百人入教[②]。分析清廷对送京传教士的审讯，可以发现清朝官员最想获得的信息是：汤若望是不是传教活动的主谋。审讯传教士的官员们渴望从传教士处得到肯定的答复，他们先验地认为汤若望是这一切活动的主谋。当得到否定的回答时，官员则反复地加以询问、确认。这些清楚地表明汤若望是不是传教活动的主谋才是审讯的焦点所在，对居住各地的西洋传教士传播天主教的行为，清廷则不甚关心。

三、据理力争：汤若望与传教士对罪责之开脱

刑部将判处汤若望传播邪教的审判意见上呈后，当时秉持朝政的四大辅政大臣裁定：“着三法司核拟具奏。”不过康熙四年（1665）二月，刑部又奏请将汤若望传播邪教的罪名搁置起来，等审判误择葬期一事确定后，再一并议罪[③]。《汤若望传》中推测其中的原因在于辅政大臣们“知道基督教是曾经顺治皇帝屡次予以褒扬崇敬的题词……而关于传教会中一切重要事件之决断，确曾一一奏明朝廷，获有皇上之俞允，所以现在人们怎能据此议处汤若望大逆谋叛之罪名呢？”[④]当时的情形确实如此，汤若望在顺治朝备受恩宠，如果真的以传播邪教罪判处汤若望死刑，就会与顺治对汤若望的评价相抵触。

顺治朝汤若望受到顺治皇帝的宠信，更是获得“敕赐通玄教师”的头衔，成为历史上在中国任职阶衔最高的欧洲人之一[⑤]。汤若望还曾试图向

---

① 安双成编译：《清初西洋传教士满文档案译本》，第260页。

② 安双成编译：《清初西洋传教士满文档案译本》，第260页。

③ 安双成编译：《清初西洋传教士满文档案译本》，第118页。

④ 魏特著，杨丙辰译：《汤若望传》，第497页。

⑤ 黄一农：《耶稣会士汤若望在华恩荣考》，《中国文化》1992年第2期。

顺治传教，顺治也多次造访教堂，两者间来往频繁。顺治七年(1650)，顺治皇帝将宣武门内天主堂旁一块空地赐予汤若望新建教堂。顺治九年，天主堂竣工后，顺治赐“钦崇天道”的匾额[①]。顺治十四年，顺治帝路经新修的天主教堂，再赐“通玄佳境”匾额，还撰写了《御制天主堂碑记》：

> 若望素习泰西之教，不婚不宦。……赐以“通微教师”之名……都城宣武门内向有祠宇素祀其教中所奉之神……若望入中国已数十年，而能守教奉神，肇新祠宇，敬慎蠲洁，始终不渝，孜孜之诚，良有可尚。……因赐额名曰“通微佳境”而为之记。[②]

碑文表明两点：第一，顺治帝知晓汤若望信奉天主教和传教的事实；第二，顺治帝虽然对天主教教义不甚了解，但是他对汤若望“守教奉神”持赞许态度，称赞汤若望信奉天主教时“敬慎蠲洁”“孜孜之诚”的行为。碑文中前半部分则叙述了汤若望为清朝制定历法的贡献，据此可以看出顺治认为汤若望竭心尽力效忠于清廷，正是如此顺治才会奖赏汤若望。

《御制天主堂碑记》对汤若望等人而言有着重要的象征意义，“皇帝的地位与石碑的材质，象征着中国最高统治者对这批外国异乡人的眷顾”[③]。可是康熙历狱中判决汤若望阴行邪教、蛊惑众人的罪名，与顺治皇帝曾经对汤若望等人的褒奖大相径庭。西洋传教士一方必然利用顺治帝曾经对汤若望的褒奖进行反驳。汤若望在刑部就反驳称顺治曾经“赐名通微教师，又赐通微佳境额，恭悬于天主堂门。倘若天主教为邪教，何以赐此隆恩？”[④]利类思在《不得已辩》中曾以此反问：“章皇帝神智天纵，倘若望所行稍有可议，岂能逃天之照哉？”[⑤]同样的辩驳，利类思等人在康熙八年(1669)要求为康熙历狱翻案时也出现，并强调天主教“若系邪教，先帝圣明，岂不严禁？”[⑥]历狱中信教的太监徐谦，除重复以上内容外，又提出一点：

① 黄伯禄：《正教奉褒》，载韩琦、吴旻校注《熙朝崇正集　熙朝定案(外三种)》，第281—282页。

② 黄伯禄：《正教奉褒》，载韩琦、吴旻校注《熙朝崇正集　熙朝定案(外三种)》，第286—287页。康熙年间“通玄教师”“通玄佳境”因避讳，改为“通微教师”“通微佳境”。

③ 祝平一：《金石盟——〈御制天主堂碑记〉与清初天主教》，《“中央”研究院历史语言研究所集刊》第75本(2004)第2分册。

④ 安双成编译：《清初西洋传教士满文档案译本》，第38页。

⑤ 利类思：《不得已辩》，载吴相湘编《天主教东传文献》，学生书局，1965年，第327页。

⑥ 利类思等：《利类思安文思南怀仁奏疏》，载钟鸣旦、杜鼎克、黄一农、祝平一等编《徐家汇藏书楼明清天主教文献》，方济出版社，1996年，第999页。

“倘若此教违法，则六部大臣九卿科道何不具疏？时至今日，仍无具疏片言只字，而杨光先却编造诬陷。尚无上谕禁人入教，而徐谦入教何罪之有？”[①]

汤若望等人的申辩抓住了问题要害，如果汤若望真有传播邪教的行为，何以顺治皇帝、满朝官员对此毫无察觉，顺治皇帝反而对天主教有种种褒扬之举？尽管刑部官员宣称顺治赐名赐匾的行为，乃是希望汤若望行善，并非是为了让其传播邪教。可是《御制天主堂碑记》等已经将顺治皇帝肯定汤若望效忠清廷、赞许天主教的态度公示于众，康熙历狱传播邪教等罪名的判决则推翻了顺治帝的“定论”。杨光先在状文中也指明汤若望“谋叛”并非一朝一夕所能形成，如果真以传播邪教罪判处汤若望死刑，顺治帝起码要负失察之责，这显然会有损已经去世的顺治帝的“圣明”。顺治皇帝的母亲孝庄、康熙帝和辅政大臣都不能接受这种做法，起码在名义上绝对不能以此判处汤若望。既然不能以传播邪教罪名判处汤若望死刑，杨光先曾经控告汤若望的误择荣亲王葬期和西洋历法两事，则重新成为审讯的焦点。

四、另立新罪：以制历谬误和误择葬期指控汤若望

历狱审讯伊始，礼部就审问了杨光先指责顺治十八年(1661)西法闰七月错误一事。不过审问汤若望、杨光先、钦天监众人后，礼部认为此事无从甄别，既然新法已经颁行，此事毋庸再议。康熙三年十一月十一日(1664年12月27日)，礼部将此意见奏报，十九日朝廷下旨同意。可是二十五日礼部侍郎等人又奉旨：“杨光先指控顺治十八年历法实闰十月，谬闰七月一案，又中星说一案，可着杨光先与汤若望对质，孰是孰非，研鞫具奏。”[②]此举表明秉持朝政之人对礼部以前的处理意见不甚满意。礼部又花了一两个月的时间，重新审问杨光先、汤若望等人。礼部审讯后依然认为双方“皆言以己为是”，天文玄妙，又不敢贸然处置，要求下旨明示。辅政大臣下旨仍要礼部议奏，礼部无奈只好上奏建议在全国范围内访求熟悉天文历法之人，将其驿送到礼部，由其辨别是非。

从当时情形来讲，这不失为从客观上辨明汤若望、杨光先在置闰问题

---

① 安双成编译：《清初西洋传教士满文档案译本》，第38页。

② 安双成编译：《清初西洋传教士满文档案译本》，第51—52页。

上孰是孰非的最好的方法。但辅政大臣并不同意，奏折批红要求将此事交与“议政王、贝勒、大臣、九卿、科道酌议具奏”①。议政王、大臣等简单审讯有关百刻制与九十六刻的差别后，上奏称：“天文精微，孰是孰非，难以悬议。”建议将依旧法推算之历颁行。此举依然没有让辅政大臣满意，辅政大臣责怪议政王没有将新旧二法详细研审，并称：“夫议政王、贝勒、大臣者，皆为国家信任之王、贝勒、大臣矣，然而对如此重大案件，都不核议，率行议奏，殊甚不当。着加饬行，逐款核查，分别议奏。”②礼部、议政王大臣等都将历法问题看得过于简单，事实上新旧之法孰是孰非并不重要，重要的是以上审讯历法错误时都没有言及汤若望。

康熙四年二月初九日（1665 年 3 月 25 日），康亲王杰书等再次上报了审讯结果。这次奏报就不光言及历法错误，而是指出汤若望擅自改一百刻为九十六刻、调换参觜两宿次序、删除紫气等五项罪状。所有的罪状都针对汤若望一人，辅政大臣认为应该再穷究康熙三年正月初八（1664 年 2 月 4 日）汤若望奏报立春一事，“此事至关重大，诚若先期起管，其立春时分、春气已应情形，又以何为凭验？”③这样汤若望又被加了一条罪状：每年候气“先期起管，以充为立春日起管，谎奏春气已应”④。尽管议政王大臣建议将汤若望此六款罪状交刑部议罪，可是直至历狱结束也没有看到判决，这是为什么？笔者推测有关新旧历法的争论只是技术层面的争论，并不能引发特别严重的后果，也不能“上纲上线”，很难以很重的刑罚判处汤若望。而有关误择荣亲王葬期一事，却恰好可以满足这些。

康熙三年十一月，正当礼、吏二部审讯汤若望邪教一事时，杨光先又重新将《摘谬论》《选择议》上呈，礼部等又奉旨审查误择荣亲王葬期一事。从审讯过程看，清廷官员已经预先认定选择荣亲王葬期有误，只是需要找出为此事负责之人。汤若望最先被审讯，但汤若望辩称选择等事乃漏刻科所为，自己并不曾选择葬期，只是将最后结果审阅后奏呈⑤。康熙三年十二月初十日（1665 年 1 月 25 日）的审讯结果显示，汤若望成功为自己开脱，

① 安双成编译：《清初西洋传教士满文档案译本》，第 66 页。
② 安双成编译：《清初西洋传教士满文档案译本》，第 117 页。
③ 安双成编译：《清初西洋传教士满文档案译本》，第 141 页。
④ 安双成编译：《清初西洋传教士满文档案译本》，第 173 页。
⑤ 安双成编译：《清初西洋传教士满文档案译本》，第 68 页。

礼、吏二部奏请继续审问李祖白、杜如预等人[①]。康熙四年正月二十日(1665年3月6日)，礼部尚书奏报审判结果的排序显示，李祖白、宋可成等为误择葬期承担主要责任，汤若望仅负失察之责[②]。但是当传播邪教、西洋历法之错都不能判定汤若望之罪时，误择葬期一事在审讯中的分量加重，“这一附带案件之进行，引起恶劣之结果，最后竟致使一切其他之审讯，悉行退入后幕去了”[③]。

刑部在为这一事件量刑时，审问的口吻发生明显的变化，已经断定汤若望需为事件负责：

> 讯汤若望：尔为钦天监掌印，明知顺治十五年(1658)南北方不吉，而行选择日期，并推诿于尔衙门之员杜如预等。尔如此巧供可乎？显而易见，尔率领属员选择葬期者属实。[④]

刑部最终判定汤若望等选择的荣亲王葬期，“福尚不至，祸必先来”，而且熟悉选择术之人说用洪范五行乃是“灭蛮经”。最后刑部依照刑律中“大逆之罪，于主不利，其欲毁宗庙、祖坟及宫殿者，凡为同谋，不分首从，俱行凌迟处死”的规定，建议将汤若望等俱凌迟处死。奏折上批红：“着议政王、贝勒、大臣、九卿、科道会同详拟具奏。”[⑤]

汤若望对中国传统星占、地理、择日等术的态度，现在已很难确切了解[⑥]。不过作为一名西方传教士，汤若望并不熟悉中国传统选择术，亦不会主动参与选择之事。况且有关选择术的事宜都由钦天监漏刻科专门负责，汤若望确实只是钤印上奏。可是刑部官员一改礼部的审讯结果，裁定汤若望依然要为选择荣亲王葬期一事负责！并将选择荣亲王葬期的后果极力放大，其实从康熙历狱翻案后情况来看，钦天监选择的葬期并无任何不妥之处。不过在特定的政治背景下，误择荣亲王葬期被当作政治工具使用。汤若望本来已难逃被处死的命运，这时北京城发生的地震以及观测到的彗星天象，使康熙历狱发生了转向。

---

① 安双成编译：《清初西洋传教士满文档案译本》，第82页。

② 安双成编译：《清初西洋传教士满文档案译本》，第92—93页。

③ 魏特著，杨丙辰译：《汤若望传》，第502页。

④ 安双成编译：《清初西洋传教士满文档案译本》，第211页。

⑤ 安双成编译：《清初西洋传教士满文档案译本》，第211页。

⑥ 黄一农：《耶稣会士对中国传统星占术数的态度》，《九州学刊》第4卷(1991)第3期。

康熙四年三月初五日（1665 年 4 月 19 日），清廷因星变、地震下诏恩赦[①]。辅政大臣此时也产生迟疑，首辅索尼提议汤若望案须奏请太皇太后定夺，“事方允当，以免追议”。孝庄对汤若望十分友好[②]，当四辅臣同时觐见孝庄，孝庄看完奏折后，“殊形不悦”，将奏折掷回，并申饬索尼等人：“汤若望向为先帝信任，礼待极隆，尔等岂俱已忘却，而欲置之死耶？”[③]孝庄对汤若望的态度使得历狱审判出现转机。三月十三日，议政王大臣等会商后同意刑部意见，建议将汤若望等凌迟处死。但辅政大臣的批红却一反常态，要求将汤若望从轻发落，“若望系掌印之官，于选择事情不加详审，辄尔钤印准行，本当依拟处死。但念专司天文，选择非其所习，且效力多年，又复衰老，着免死”[④]。批红显示孝庄对辅政大臣的压力确实产生了作用。

三月二十七日，和硕显亲王富绶等议政王大臣商议将汤若望流徙宁古塔，辅政大臣再次对汤若望手下留情，将其“免打流徙”，但同意将李祖白等五人斩首[⑤]。此前汤若望等传播邪教的罪名，刑部也以在当年三月初五日恩赦之前的理由，建议将汤若望赦免[⑥]。康熙四年（1665）七月，清廷下旨将利安当等二十五名西洋传教士驿送广东总督，与其他西洋人一处安置；汤若望、利类思、安文思、南怀仁仍留北京；“其送回广东者，着该督抚不时严查。留于此地者，着尔部不时严查，亦传饬继管各官，以防仍行传布邪教行乱”[⑦]。康熙历狱至此告一段落[⑧]。

五、结语

康熙历狱审判结束之后，汤若望曾在传教士面前承认自己的错误，请

① 《清圣祖实录》卷 14，载《清实录》第四册，第 215 页。

② Noël Golvers, *Letters of a Peking Jesuit: the correspondence of Ferdinand Verbiest, SJ* (1623—1688), p.146. 南怀仁在 1661 年写回欧洲的信中说道：“The Emperor's Grandmother is very well disposed towards Adam Schall.”

③ 黄伯禄：《正教奉褒》，载韩琦、吴旻校注《熙朝崇正集　熙朝定案（外三种）》，第 303 页。

④ 安双成编译：《清初西洋传教士满文档案译本》，第 257 页。

⑤ 安双成编译：《清初西洋传教士满文档案译本》，第 268 页。

⑥ 安双成编译：《清初西洋传教士满文档案译本》，第 273 页。

⑦ 安双成编译：《清初西洋传教士满文档案译本》，第 280 页。

⑧ 汤若望在历狱审判结束不久后去世，南怀仁在信件中叙述了汤若望最后几周及其葬礼的状况，见 Noël Golvers, *Letters of a Peking Jesuit: the correspondence of Ferdinand Verbiest, SJ* (1623—1688), pp.156－159.

求他们的原谅，“我总要承认，因我的罪过，因我的重大的罪过，才给教会招来一场这样大的，使大家都吃苦的迫害”[1]。在澳门的耶稣会士得知历狱的审判结果后，曾戏称：“利玛窦神甫用天算将他们带进中国，而汤若望神甫则因他的天算将他们带离中国。”[2]汤若望以及他的耶稣会同仁们都把康熙历狱归责于汤若望身上，这也从侧面印证了本书的观点——康熙历狱审判的核心在于如何判处汤若望。

综观康熙历狱审判的全过程，可以发现置汤若望于死地是整个审讯的关键所在。孝庄称辅政大臣欲将汤若望“置之死耶”，一语道破了历狱审判的核心。历狱审讯之初认定汤若望传播邪教的罪名成立，可是顺治曾经对汤若望曾经的褒奖又使得清廷无法以此判处汤若望。辅政大臣进而下旨要求礼部重新审查置闰等事，可是无论礼部还是议政王大臣等的商议，都没有将历法问题牵扯到汤若望。下旨要求再审，虽然议政王大臣再次审讯后确定了汤若望在西洋历法上的六项罪状，可是这些罪名好像又不能重判汤若望。误择荣亲王葬期就被认为是汤若望的主要罪状，尽管礼部此前的审讯显示汤若望不是主谋，但刑部、议政王大臣等最终判定汤若望需要为此负责。这与审讯各地送京传教士时，企图得到汤若望是主谋的意图一致。康熙历狱有一条很明显的主线，就是如何才能以重罪判处汤若望。

南怀仁在1667年的信中写道顺治去世后，中国官方对传教士的态度从积极、肯定的倾向转变为司法迫害[3]。当康熙历狱翻案之时，清廷推翻了杨光先关于汤若望传播邪教、西洋历法、选择荣亲王葬期等事的所有指控，这些做法实际上承认了南怀仁司法迫害的判断。康熙历狱发生之时与顺治年间杨光先状告无门、康熙历狱最终翻案，在政治背景上的最大差异之处就在于辅政大臣秉持朝政。辅政大臣之所以要置汤若望于死地，则是因为顺治年间他们与汤若望等在五世达赖喇嘛进京一事上

---

① 魏特著，杨丙辰译：《汤若望传》，第512页。

② Jonathan Spence, *To Change China: Western Advisers in China* 1620—1920(Boston: Little, Brown and Company, 1969), p.22. 转引自 Chu Ping-yi, “Scientific Dispute in the Imperial Court: The 1664 Calendar Case”, *Chinese Science* 14 (1997): 7—34.

③ Noël Golvers, *Letters of a Peking Jesuit: the correspondence of Ferdinand Verbiest, SJ* (1623—1688), p.160. 原文为：“After the death of the Shunzhi Emperor(1661) the positive disposition of the Chinese authorities towards the Fathers changed into juridical persecution, and they were even imprisoned.”

的恩怨。

至此，詹嘉玲关于康熙历狱中辅政大臣立场与动机的疑惑已经得到合理的解释。康熙历狱审判的核心是辅政大臣操控权力机构，千方百计地罗织罪名判处汤若望，其目的是置汤若望于死地。满文档案中的记载清楚地表明——康熙历狱不是因选择荣亲王葬期争议引发的择日之争，而是辅政大臣陷害汤若望的政治斗争。

第四章　西法中用——康熙历狱的翻案

康熙历狱的发生、审讯及判决和辅政大臣秉持朝政的政治体制大有关联，因此历狱的翻案也必须有待政治局势发生变化。历狱审判结束后，辅政大臣内部的权力架构发生变动[①]。随着康熙帝开始亲政，清廷中央政权的权力态势也在发生变化。康熙七年(1668)，钦天监要求一年置两个闰月的提议，引发了对中西历法优劣的再次辩论。康熙巧妙地将历法争论和政治因素分开，恰到好处地把握了政治时机，他的态度成为历狱翻案的关键。本章以康熙历狱的翻案为主题，探讨何以杨光先管理下的钦天监会引发纷扰、辅政体制解体对历狱翻案的影响，并以九十六刻制在中国的确立过程为个案，透视西洋历法在中国的命运。

第一节　政治权力与天文管理：杨光先任职钦天监探析

杨光先任职钦天监，既是康熙历狱后续影响的发酵，又为康熙历狱的翻案埋下伏笔[②]。杨光先反对天主教和西洋历法，“很大程度上源自其对儒家正统的坚持”[③]。他本无意通过反教为自己谋利，却阴差阳错地在钦天监任职四年，终因不知历数、又无助己之人，最终黯然离职、去世。本节以杨光先任职钦天监的经历为主线，从政治权力掌控天文管理的角度阐释杨光先如何运

---

① 顺治十八年正月至康熙八年五月间，辅政大臣秉持朝政。然而辅政大臣内部亦因利益争斗而逐渐分化，康熙五年因圈换旗地，苏克萨哈与其余三位辅臣意见相左。康熙六年六月索尼去世，康熙六年七月苏克萨哈被鳌拜罗织罪名处死，其后逐渐形成鳌拜权势甚大、一人擅权的局面。更多相关论述参见孟昭信《试评康熙初年的四大臣辅政体制》，《史学集刊》1985 年第 3 期；徐凯：《清初摄政、辅政体制与皇权政治》，《史学集刊》2006 年第 4 期。

② 黄一农、肖清和等学者对杨光先的家世与生平、著述以及反教的原因等问题都有详细的论证，相关研究参见黄一农《杨光先著述论略》，《书目季刊》(台北)第 23 卷第 4 期(1990)；黄一农：《杨光先家世与生平考》，《“国立”编译馆馆刊》(台北)第 19 卷(1990)第 2 期；肖清和：《身份认同与历法之争——以〈不得已〉与〈不得已辩〉为中心》，载赵建敏主编《天主教研究论辑》(第 5 辑)，第 166—220 页。

③ 肖清和：《身份认同与历法之争——以〈不得已〉与〈不得已辩〉为中心》，载赵建敏主编《天主教研究论辑》(第 5 辑)，第 180 页。

用权力操控钦天监，分析清廷中央政权权力更迭对杨光先人生命运的影响。

一、被迫上任：清廷执意任命杨光先到钦天监任职

杨光先本是一介平民[①]，他之所以能够任职钦天监，缘起于他在康熙历狱中攻击西洋历法的行为。杨光先认为天主教及西洋历法有悖于儒家正统的伦理、道德、秩序等内容，“杨光先以维护儒家正统为己任，丝毫不容许天主教对儒家正统、权威所带来的挑战与破坏”[②]，所以他才会攻击天主教和西洋历法。康熙三年七月二十六日(1664 年 9 月 15 日)，杨光先以布衣身份具疏题参汤若望等人谋叛清朝，造传妖书惑众。历狱审讯之始，杨光先并未受到任何关照。上奏后随即被看守在祠祭司土地祠，至八月十七日才被放还归家[③]。十一月十一日，礼、吏二部对汤若望等人提出判处意见，杨光先则因擅自印行《始信录》五千册，拟交刑部议处[④]。后因杨光先指控邪教一案属实，奉旨免交刑部。随着历狱审讯逐渐涉及西洋历法，杨光先的境遇才发生了转变。

康熙历狱审讯过程中，议政王大臣会议主导了关于西洋历法“十谬”的审讯。礼部官员们按照杨光先撰写的《摘谬十论》逐一进行审问，杨光先当面指出西洋历法存在的种种错误，汤若望则针锋相对地予以还击。如杨光先指责新法一月三节气为谬论，在两者辩论中杨光先称：

> 历法者，一定不移矣，不得任意侵紊。常月之历，一月有一节气，有一中气。闰月之历，一月有一节气，而无中气。此乃自古一定不移之规律……自尧舜至今，从无一月之内有三节气之法，可问制作羲和历法之人，自古有无此法？[⑤]

在有关历法问题前后十二次的审讯中，杨光先陈说的头头是道，表现的咄咄逼人，坚称西洋新法存在“十谬”。或许是因为杨光先在有关中西历法的辩论中表现得非常“专业”，清廷官员以为他深知历法。因此在尚未对汤若

---

① 有关杨光先生平参见黄一农《杨光先家世与生平考》一文。

② 肖清和：《身份认同与历法之争——以〈不得已〉与〈不得已辩〉为中心》，载赵建敏主编《天主教研究论辑》(第 5 辑)，第 193 页。

③ 杨光先著，陈占山校注：《不得已》，第 7 页。

④ 安双成编译：《清初西洋传教士满文档案译本》，第 36 页。

⑤ 安双成编译：《清初西洋传教士满文档案译本》，第 99 页。

望等人进行最终判决之时，清廷就于康熙四年(1665)二月下令要求礼部商议“将杨光先应于钦天监以何品用”[1]。三月，礼部题授杨光先为钦天监右监副。四月初四日，吏部同意；初七日，降旨准行。

杨光先因维护儒家正统而反对西洋历法，并不期望从这一行为中“邀功请赏”，这从他前后五次坚辞清廷钦天监的任命就可以看出。杨光先于四月十四日上《一叩阍辞疏》，称自己生性下劣，不可为官，“臣禀不中和，气质粗暴，毫无雍容敬谨之风，纯是鲁莽灭裂之气。与人言事，无论兵刑礼乐，上下尊卑，必高声怒目，如斗似争”[2]。其父曾告诫他说如他这般品性做官，必致杀身之祸。杨光先表示自己告发汤若望等是为卫道卫国而做，并非为了功名富贵。且已经年届六十九岁，双耳聋钟，因历狱审讯“心血已枯，精神恍忽，时常眩晕”，请求朝廷收回成命，以布衣在钦天监听从差遣。五月初一日，吏部题覆不准杨光先辞职。

五月十一日，杨光先再上《二叩阍辞疏》，称康熙三年在部对审之时，有“杨光先止知历理，不知历数”的亲笔口供；且康熙三年十一月十三日(1664年12月29日)，部臣祁彻白、王熙曾拿日食图三张向杨光先询问“孰得孰失”，杨光先回称自己未曾学习交食之法，实不知道，亦写有口供。杨光先表示自己未学历数，而冒任钦天监历数之官职，实在是名不副实，乃欺君骗官之举。并称自己于五月初十日以平民到监供事，不敢报名谢恩，不敢穿着顶带，不敢到任支俸，不敢随班朝参。杨光先再次请求以布衣身份在监学习，待历数精熟之后，朝廷再授以官职。五月二十六日，吏部覆查后称“凡官无辞官、布衣供事之例”[3]。

六月十三日，杨光先上《三叩阍辞疏》，称他并非“辞荣沽名”，实在是惧怕不能胜任钦天监官职。杨光先说自己精神耗钝，记性全消，《历法起例》只有四十余条，他自奉命至今看过四次，一月有余尚不能背诵。至于吏部所说无布衣供事之例，杨光先举出明太祖初取江南，聘请镇江布衣陈遇为编修，陈遇不受，以平民供事而终其身的例子，恳求恩准自己以布衣在监供事。次日即得旨：“清朝从无布衣供事衙门之例，官不准辞，原本发还。”[4]

六月二十一日，杨光先第四次具本上疏，称到监供事以后“人情行事无

---

① 杨光先等撰，陈占山校注：《不得已(附二种)》，第80页。
② 杨光先等撰，陈占山校注：《不得已(附二种)》，第80页。
③ 杨光先等撰，陈占山校注：《不得已(附二种)》，第82—83页。
④ 杨光先等撰，陈占山校注：《不得已(附二种)》，第84页。

一不伏杀臣之机”，诉说八件不敢任职的可畏之事，要求辞去官职。如杨光先称于本年正月十五日，选得康熙四年八月二十八日（1665 年 10 月 6 日）辰时为康熙皇帝大婚吉期。忽于正月二十日，遍地哄传，谓杨光先称三年之内无婚嫁吉期，以致臬臣李秀忿恨之极，上书题参杨光先。杨光先还指责助教官员许之渐被罢官以后“潜住”京师，与汤若望及各省解送来之西洋人，朝夕往来，谋求复官，并且声言复官之后，誓必杀杨光先。此外，清廷因地震赦免汤若望等人之后，民间讹传称汤若望是“真圣人”，其教是“真天主”，故于汤若望将被行刑之时，天特为之星变，地特为之震动，朝廷遂不敢杀，杨光先的反教行为反而变相使得天主教宣传自己是真圣人、真圣教。杨光先认为这一切都是“邪教”之人朋比为奸，暗算自己，当时的情形“机深叵测，祸隐难防”，因此他不敢受职。为打消杨光先的畏惧之情，朝廷下旨令吏、礼二部将杨光先所奏各本内事情“一并察质”，取口供上奏[①]。

杨光先屡次上奏请求辞去官职，清廷反而继续擢升杨光先为钦天监监正。康熙四年八月初五日（1665 年 9 月 13 日），清廷降旨：“钦天监事务，精微系要。既称于三月初二日，地震之间，简仪微陷闪裂，彼时何不即行具呈，经杨光先看见说出，始于六月十八日具呈请修。据此，凡事俱草率因循。张其淳着降，杨光先着为监正。”[②]杨光先因而第五次上疏请辞，他奏称看出简仪倾侧并责令其具呈请修者，乃是满人监臣，他不过在奏疏中上报监员“惰怠之习”。杨光先恳求康熙效法尧、舜、汉高祖、明太祖等古代贤明帝王，允许自己以布衣在监供事，从而避免夺人之美的愧疚，减少骤然福贵所带来的“不祥之惧”。九月十三日，吏部得旨：“杨光先着为监正，其辞职缘由相应不准。”十四日奉旨：“杨光先因知天文衙门一切事务，授为监正。着即受职办事，不得渎辞。”[③]此种情形下，杨光先只得被迫上任。

二、打击异己：杨光先清除钦天监中精习西法之人

顺治年间，汤若望通过督促监员学习西法等一系列措施，确定了西洋新法在钦天监中的主体地位，杨光先到钦天监任职后明显感觉到监员对他的排斥情绪。如杨光先到监之后，礼部要求选择蕊格格葬期，择日官员认

① 杨光先等撰，陈占山校注：《不得已（附二种）》，第 85—90 页。

② 杨光先等撰，陈占山校注：《不得已（附二种）》，第 91 页。

③ 杨光先等撰，陈占山校注：《不得已（附二种）》，第 92 页。

为将洪范五行参用则更为合理。因康熙历狱中杨光先曾指责钦天监使用洪范五行选择荣亲王葬期的凶不可言[①]，杨光先认为既以洪范五行为是，则是明确表示其不用洪范五行为非，他认定这些官员的行为乃是受到邪教的主使。康熙四年五月二十九日（1665年7月11日），杨光先随同钦天监满汉监臣上观象台考验仪器，杨光先就简仪的安置问题与天文科博士李光宏争论，杨光先认为李光宏与邪教朋比为奸，在欺骗自己。而且监内之人处处不与他合作，"全会交食七政四余之法者，托言废业已久，一时温习不起；止会一事者，又以不全会为辞。目今考补春夏中秋冬五历官，而历科所送之题目，不以交食大题具呈，止送小题求试"[②]。杨光先奏称这一切都是因为监内相传汤若望不久将复官，不敢露其所长，意图为恢复西法留有余地。

钦天监内精习西法者，似乎并不欢迎杨光先的到来。在成为钦天监的负责人之后，杨光先则利用手中的权力极力打压监内精通西法者，"凡本监各官精通新法、能专其事者尽遭陷害，有至于正法者，有流徙者，有革职者"[③]。灵台郎黄巩于康熙五年二月十三日（1666年3月18日）夜测太阴（月亮）行度，杨光先于两月后的四月二十五日题参其所测有差错。博士李光宏、黄昌未将康熙五年三月十五、十六日火星运行呈报，杨光先于四月二十五日题参两人。杨光先还题参李光宏没有奏报汤若望所造星球未曾完成，缺少后宫、庶子、太子、帝座四星，且"星少一半"。黄巩、李光宏、黄昌等因此俱被降革。康熙五年八月，杨光先题参司历鲍英齐在购买造历纸张时，侵占纸铺商人王永柱银二十两；下部审讯后，鲍英齐招认受银二十两。后鲍英齐被判责打四十板，"并妻流徙宁古塔"。博士司尔珪于康熙六年考察之时，被注明有疾，移送吏部革职，而康熙历狱翻案后司尔珪称自己无病。康熙十年礼部重新逐一核查被杨光先告发题参而遭受处罚之人，大约有十四人，包括已故左监副周胤，博士刘必远、李光宏、黄昌、司尔珪，灵台郎黄巩，五官保章正张问明、殷铠，此外还有被勒令致仕的臧余庆等人。

既然精习西法者无法依靠，杨光先就将熟习回回历法的吴明烜作为依靠。杨光先在攻击西洋新法时，就将回回天文学视为可以与之抗衡者。在

---

① 黄一农：《择日之争与康熙历狱》，《清华学报》（新竹），新21卷第2期（1991）。

② 杨光先等撰，陈占山校注：《不得已（附二种）》，第88页。

③ 韩琦、吴旻校注《熙朝崇正集　熙朝定案（外三种）》，第91页。

《摘谬十论》中，更借用了吴明炫指责西洋新法遗漏紫气、颠倒觜参、颠倒罗计等内容和立论①。吴明烜原为钦天监回回科秋官正，因为与汤若望争论水星出现一事，已经拟绞，后遇恩赦获免②。杨光先以推算凌犯历日缺乏人手为由，将吴明烜补授钦天监，后更举荐吴明烜为监副。康熙七年(1668)七月，吴明烜奏称现在所用古历中存在差谬，“如五官正戈继文等所进历，暨回回科七政历三本，互有不同。宜令四科知历之官，详加较正，以求至精”③。吴明烜还请求修整观象台浑仪、造滚球铜盘一座，以为修历占验之用。后得旨自康熙九年以后，其七政经纬躔度、月五星凌犯等历，及日月交食，俱交与吴明烜推算。

因为不懂历数，杨光先到任钦天监后，似乎将主要精力放在制器测候、解送江南观象台仪器来京、更改选择历书等事上。康熙五年二月杨光先疏称：“今候气之法，久失其传，十二月中气不应。乞准臣延访博学有心计之人，与之制器测候。并敕礼部，采取宜阳金门山竹管、上党羊头山秬黍、河内葭莩备用。”④然而候气二年，毫无征验。康熙六年(1667)，杨光先上奏称江南省观象台有元代郭守敬所造六合等仪，应该解送来京使用。礼部根据他的请求，行文江南，要求督抚差官解送仪器到部。可是杨光先并不能使用解送来的仪器，以致虚费钱粮，毫无功效。

康熙四年七月，杨光先到监任职后，即要求将钦天监含有洪范五行的历法通书十三本、丹书三本、易见通书六本查毁⑤。康熙五年，杨光先奏称历科旧制，每年十二月二十五日进上吉历一本，漏刻科进壬遁历一本，逐日开注吉神，以备朝廷行幸时省览；可是自顺治二年(1645)以后不再进呈，应该访举推造之人，恢复旧制，然而直到杨光先离职这些历书也并未进呈⑥。杨光先认为选择历书有差错，他撰写的新书将月建、续世、雷公、天岳、大沙、临日、复日等诸神之名更改，以吉为凶，以凶为吉；更荒谬的是有一神，半为吉神，半为凶神。杨光先将吉凶之神更换均分，五官司历戈继文以为不便，三次

① 黄一农：《清初天主教与回教天文家间的争斗》，《九州学刊》1993年第3期。

② 吴明炫与吴明烜为一人，详见黄一农《吴明炫与吴明烜——清初与西法相抗争的一对回回天文家兄弟?》，《大陆杂志》(台北)1992年第10卷第2期。

③ 《清圣祖实录》卷二十六，载《清实录》第四册，第365—366页。

④ 《清圣祖实录》卷十八，载《清实录》第四册，第262—263页。

⑤ 《清圣祖实录》卷十六，载《清实录》第四册，第235页。

⑥ 韩琦、吴旻校注《熙朝崇正集　熙朝定案(外三种)》，第79页。

具呈申辩。

三、黯然去职：专制权力更迭后杨光先命运的转折

杨光先自身并不通晓历法，又无真正精通历法之人可以依靠，以至于钦天监在如何编制历书一事上发生重大失误，为康熙历狱的翻案提供了机会[①]。南怀仁在与杨光先有关历法优劣的测验中胜出，西洋历法的正统地位重新确立。议政王大臣等认为杨光先身为监正，不能处理历日中差错之处，而且坚称西洋历法不可用，宣称如果使用西洋九十六刻历法则清朝国运会变短，因此建议将杨光先革职，“交与刑部，从重议罪”。康熙下旨同意将其革职，不过从宽处理，免交刑部。

康熙八年五月初十日(1669年6月8日)，康熙擒拿鳌拜[②]。五月十二日，康熙帝钦定了鳌拜等人的十二条罪状[③]。七月，利类思、安文思、南怀仁上奏折指责杨光先倚恃权奸，要求为天主教和汤若望平反。康熙令议政王、贝勒大臣等会同详议。经过议政王大臣等商议，杨光先在康熙历狱中指控汤若望等人谋叛、误用洪范五行选择荣亲王葬期等罪名俱被推翻。杨光先则因制器候气无果、妄称进献“上吉历”等历却终未进献、将历书中吉凶之神任意改造、荐举吴明烜补授钦天监、冤枉李光宏等人等共计十二项罪名，被和硕康亲王杰书等建议立即处斩，妻子流徙宁古塔。后康熙念其年老，从宽处理，免死，妻子亦免流徙。杨光先离京后，病逝于归家途中。

从康熙四年任职钦天监监正到康熙八年被罢免议罪，杨光先经受了从“骤富贵”到“身败名裂”的巨大转变。在利类思、南怀仁等天主教内人士看来，西洋历法被指为“舛错”，乃是杨光先“倚恃权奸”的结果。汤若望义子潘尽孝在康熙历狱翻案后称“杨光先倚附奸情，已经皇上天察，夺其监职”[④]，也指控杨光先倚附鳌拜杨光先最后的结局乃“现世之恶报，如此最显”[⑤]。在支持杨光先的人看来，杨光先任职钦天监是西洋人设置的陷阱，

---

① 有关问题在下一节详细论述。

② 白新良：《康熙擒鳌拜时间考》，《满族研究》2005年第3期。

③ 中国第一历史档案馆编译：《康熙朝满文朱批奏折全译》，中国社会科学出版社，1996年，第1—2页。

④ 韩琦、吴旻校注《熙朝崇正集　熙朝定案(外三种)》，第82页。

⑤ 利类思等：《利类思安文思南怀仁奏疏》，载钟鸣旦、杜鼎克、黄一农、祝平一等编《徐家汇藏书楼明清天主教文献》，辅仁大学神学院，1996年，第1019页。

清人钱琦说："西洋人财可通神，盘踞不去。遍贿汉人之有力者，暂授杨公为监正，必欲伺其间隙，置之死地。"[①]杨光先识破了阴谋，坚辞任命无果，可"部议阴受指使，始终不准"。钱大昕则比较客观地评论道："杨君于步算非专家，又无有力助之者，故终为彼所绌。"[②]

无论是南怀仁等天主教人士，还是钱琦等杨光先的支持者，都将杨光先任职钦天监的缘由指向了权力最高层。可是这些都是猜测，即使在当时也无法证明。那么，杨光先四年内人生的大起大落到底是什么因素造成的？

将杨光先的个人沉浮置于当时的政治大环境中，可以发现杨光先的大起大落与清初清廷中央政权的权力更迭紧密联系在一起。杨光先曾在顺治十六年(1659)、顺治十七年(1660)两次状告西洋历法之"谬误"，却无人理睬。此时状告无门原因在于汤若望与顺治帝保持了十分融洽的关系，受到顺治帝的种种优待[③]。康熙历狱发生在辅政大臣秉持朝政期间，此时汤若望失去了顺治的保护。杨光先却在历狱中被委以重任，连续五次上奏请辞钦天监的任命无果，越辞官职反而越高。当时对杨光先的任命，实际是由"同时掌握了票拟和批红这种至高无上的实权"[④]的辅政大臣做出的。杨光先之所以被委以重任，可能是由于他在与汤若望等关于历法问题的辩论中使辅政大臣认为他深知历法，因此连续擢升。在辅政大臣掌权之时，杨光先管理钦天监的各项措施受到了全方位的支持，可谓是有求必应。

然而杨光先管理下的钦天监一团乱麻，杨光先在钦天监历法、天文观测等事上毫无建树，打击精习新法之人却又没有可以依赖的推知历法之人，以致在编制历书问题上出现重大的失误。此时清廷中央权力架构正悄然发生着变化，"康熙六年七月玄烨亲政，标志皇权提高，辅臣虽位次仍排在亲王、大学士之上，但权势有所降低。玄烨自亲政之日起……开始进入独自处理政事的阶段"[⑤]。在历法问题上，康熙要求南怀仁与杨光先在实际测验中较量高下。如此一来，杨光先"滥竽充数"的真相暴露无遗。鳌拜

① 杨光先等撰，陈占山校注：《不得已(附二种)》，第 196 页。
② 杨光先等撰，陈占山校注：《不得已(附二种)》，第 195 页。
③ 黄一农：《耶稣会士汤若望在华恩荣考》，《中国文化》1992 年第 2 期。
④ 孟昭信：《试评康熙初年的四大臣辅政体制》，《史学集刊》1985 年第 3 期。
⑤ 孟昭信：《试评康熙初年的四大臣辅政体制》，《史学集刊》1985 年第 3 期。

下台之后，在反杨光先势力的作用下，康熙对杨光先进行了一次“大清算”。康熙历狱中所有对天主教和汤若望的指控都被推翻，杨光先管理钦天监时的种种作为都成为他的罪行。这与他在康熙四年连续擢升形成了强烈的对比。

杨光先不谙历数的事实自始至终从未改变，改变的只是权力执掌者处理此事的方式。杨光先自知不懂历数，因而坚辞钦天监职务，并预见自己日后会因不知历数而得罪。由此可见杨光先性格之中的另一面[①]，他清醒分析了当时的情势，对自己到钦天监任职后的可能后果有一理性认识。可是权力执掌者仅凭杨光先在康熙历狱中有关历法优劣的辩论，就执意任命他为钦天监官员。杨光先无法违抗政治权力的任命，只得上任。当康熙用测验的方法处理有关历法问题的争论时，杨光先不懂历数的事实暴露无遗，他甚至因不能治历而被交刑部议罪。钦天监内精通西法之人亦在重复相同的沉浮，他们因为精通西法而被掌握权力的杨光先打击，却在南怀仁重掌钦天监后又被平反、重用[②]。

笔者认为杨光先既没有“倚恃权奸”，也并非被人设计陷害。杨光先命运大起大落的原因在于权力执掌者处理历法问题时的不同依据——辅政大臣依靠主观臆断，康熙依照客观测验。清代政治体制中政治权力决定了天文管理的取向，权力执掌者依照他们自己的标准选择钦天监人员，考量钦天监任职者所掌握天文历法知识的多寡与否取决于权力执掌者的态度。

第二节　鳌拜被擒与康熙历狱的彻底翻案

前辈学者对康熙历狱的翻案进行了深入细致的研究，笔者在研读前辈学者的著作和相关史料的过程中，发觉有些问题仍有深入探究的余地：第一，前辈学者的研究很少关注康熙八年（1669）辅政大臣鳌拜下台后，政治

---

① 黄一农认为杨光先乃一性喜惊世骇俗的行动家、宣传家，其行事则是执着不移，常不计个人安危。详见黄一农《从〈始信录序〉析究杨光先的性格》，*Sino-Western Cultural Relations Journal*（U.S.A.），1994. no.16.

② 以鲍英齐为例，他因精习新法，被杨光先状告受贿，流徙宁古塔。康熙十年（1671），南怀仁上奏称鲍英齐被诬陷，以历法需要人才为由，题请将鲍英齐召回复用。至康熙二十七年（1688），南怀仁去世时，鲍英齐已官职钦天监监副，礼部甚至题请将其升任监正一职。见韩琦、吴旻校注《熙朝崇正集　熙朝定案（外三种）》，第92—96、196页。

局势的变化对历狱翻案的影响[①];第二,康熙帝在康熙历狱翻案中发挥着重要影响,前人对此很少论述。本节围绕以上两个问题,利用《钦定新历测验纪略》《熙朝定案》《妄占辩》《清圣祖实录》等史料,结合康熙历狱翻案前后的政治形势,详细考证康熙历狱的翻案过程,探讨彼时康熙帝、鳌拜、南怀仁以及杨光先间的相互关系如何影响了康熙的历狱翻案。

一、康熙谨慎处理杨光先和南怀仁有关历法问题的论争

康熙六年(1667)七月,康熙亲政[②]。亲政后康熙虽然可以独立处理一些政务,然而在钱粮等重大议题上仍然需要与鳌拜协同办理。康熙八年五月鳌拜被擒之后,康熙曾说:"康熙六年七月,朕曾启奏太皇太后祖母曰:'钱粮、刑名事宜,所关重大,偶有大错,咎将不轻等语。'遂令鳌拜、遏必隆等,遇事暂且同办。而今看得:伊等权势甚大,结党作恶。"[③]自康熙六年七月至康熙八年五月,康熙掌握了一定程度的皇权,可以依照自己的意愿裁决一些事务。不过由于鳌拜在朝政中仍然把持相当大的权势,康熙在处理问题时需要顾忌鳌拜的态度,同时,康熙不满鳌拜恃其权势、恣意妄为的行为,谋划清除鳌拜党羽势力[④]。康熙历狱的翻案即在此种政治背景下发生。

康熙亲政以后,孜孜图治,以求民生安定。康熙七年五月因为从春至夏雨水过多,且金星昼见,天象示警,康熙帝下诏表明自己将"力图修省,弥加敬慎,励精勤政,以答天心"[⑤]。康熙七年十月颁历之后,朝中却因十二月是否再闰一事众论纷纷,康熙一时无从决断。南怀仁曾言及此事:"如康

---

① 黄一农在《清初钦天监中各民族天文家的权力起伏》一文中已经注意到了鳌拜下台后政局的改变,不过并未就此展开论述此事对历狱翻案的影响。

② 康熙在亲政诏书中强调仍然需要依赖辅政大臣等官员殚忠尽职:"天下至大,政务至繁,非朕躬所能独理。宣力分猷,仍惟辅政臣、诸王、贝勒、内外文武大小各官是赖。务各殚忠尽职,洁己爱民,任怨任劳,不得辞避。"见《清圣祖实录》卷 23,载《清实录》第四册,第 314 页。

③ 中国第一历史档案馆编译:《康熙朝满文朱批奏折全译》,中国社会科学出版社,1996,第 1 页。

④ 《康熙帝钦定鳌拜等十二条罪状谕》中康熙指责鳌拜等人所犯十二项罪状,涉及康熙五年圈换旗地、康熙六年七月鳌拜罗织罪名处死苏克萨哈等事,可见康熙对鳌拜不满已久,谕令中称:"凡施政用人时,鳌拜欺朕,恃其权势,任意妄为,令文武各官撤出伊门,内、外皆用其党内奸宄之徒,果真大失天下众望。"见中国第一历史档案馆编译《康熙朝满文朱批奏折全译》,第 1—2 页。

⑤ 康熙谕令中说道:"乃今年自春徂夏,雨泽愆期,兹复太白昼见,天象屡示儆戒,朕甚惧焉。今力图修省,弥加敬慎,励精勤政,以答天心。其在内各部院官,理应各尽乃职,公廉自效,副朕信任之意。"见《清圣祖实录》卷二十六,载《清实录》第四册,第 359 页。

熙七年新法，具备算数者暗用以改其旧法，然熟于数之算而不明于数之理，则良法混于弊法，颠倒其用，至一年多加一闰月，皆前代所未闻也。”[①]康熙对此事的回忆则更为详细：

> 康熙初年间，以历法争讼，互为讦告，至于死者不知其几。康熙七年闰月颁历之后，钦天监再题欲加十二月又闰。因而众论纷纷，人心不服。皆谓从古有历以来，未闻一岁中再闰。因而诸王九卿等再三考察，举朝无有知历者。朕目睹其事，心中痛恨。[②]

彼时康熙帝一方面对于康熙初年因历法争讼而致人死亡的历狱印象深刻，一方面又对朝中没有知历者、不知该如何处理置闰问题而一筹莫展。由置闰问题进而引发人们对当时所用历法合天与否的怀疑，彼时北京城内的知历之人，除钦天监众人之外，就要属熟习西洋历法的南怀仁了。康熙此时恰恰知悉南怀仁等人的存在，南怀仁回忆道：“在我们遭受迫害的第四年之后，年纪很轻的满族的中国皇帝——康熙得知在北京这个帝国的都城里，住着一批精通天文学的欧洲人（在这之前，康熙皇帝对我们的遭遇一无所知）。”[③]解决“燃眉之急”最妥当的做法就是询问南怀仁相关事宜。

康熙历狱发生时，南怀仁自称来华不久，语言不通，因而“一词莫措”。康熙四年历狱之后，南怀仁居留北京，闭门自修，“掩関静息之余，细绎光先所布十谬等书，其所剿袭者，皆前朝已敝之旧法，其所诋毁者，皆世祖特用之新法。仁不胜忿激，因着此《不得已辩》，以待公评”[④]。康熙七年十一月二十一日（1668年12月24日），康熙帝派遣大学士多诺等四人到南怀仁寓所，询问其曰：“现今所颁各历，合天与否”。南怀仁把握申辩的机会，回答

① 韩琦、吴旻校注：《熙朝崇正集　熙朝定案（外三种）》，第121页。南怀仁认为该年历日产生此种错误的根源是，当时负责推算历日的穆斯林（应指吴明烜）“混淆了中国和阿拉伯的天文理论，所以他的历书只能叫做‘中国—阿拉伯’历书”。见南怀仁著，高华士英译，余三乐中译《南怀仁的〈欧洲天文学〉》，第29页。

② 玄烨：《康熙帝御制文集》第三集卷十九，学生书局，1966年，第1624页。

③ 南怀仁著，高华士英译，余三乐中译：《南怀仁的〈欧洲天文学〉》，第3页。南怀仁称他在该年三月观察到一种不同寻常的天象，并曾向礼部奏报此事。Noël Golvers, *Letters of a Peking Jesuit: the correspondence of Ferdinand Verbiest, SJ* (1623—1688), p.160.

④ 南怀仁：《不得已辩》，载吴相湘主编《天主教东传文献》，学生书局，1965年，第333—334页。

称现在所颁各历大不合天，面指各历差错之处，并陈述其中的缘由和依据。多诺等回奏后，康熙令利类思、安文思、南怀仁于次日到东华门候旨。

二十二日，钦天监马祜、杨光先、吴明烜等亦至，大学士李霨等五人即以南怀仁所指各历差错处，如一年两春分、两秋分等项质询杨光先、吴明烜。吴明烜辩称太阳行黄道，有黄道之春分；太阳行赤道，有赤道之春分。南怀仁则云："太阳从冬至往夏至，到黄道与赤道相交去处，即为春分。彼时太阳在赤道上，亦在黄道上，所以黄道之春分，即赤道之春分。所谓分者，昼夜平分，从无先后两三日，昼夜始平分之理。秋分亦然。"[①]李霨等人回奏后，康熙帝告诫杨光先、吴明烜、南怀仁等人道："天文最为精微，历法关系国家要务，尔等勿怀宿仇，各执己见，以己为是，以彼为非，互相争竞。孰者为是，即当遵行，非者更改，务须实心将天文历法详定，以成至善之法。"[②]南怀仁则坚称西洋历法屡经公同测验，顺治帝称其尽善尽美，密合天行，要永远遵守，现今没有必要再行修正。

随后康熙帝召见南怀仁问曰："历法合天与否，有何明显的证验？"南怀仁回答道考验历法合天与不合天，自古以来，皆以测验为据。譬如要知道历书上所定"节气之日时刻度分"合天与否，只需用勾股法测表影即知。康熙决定令大学士李霨、礼部尚书布颜等人同南怀仁与杨光先于观象台测验日影，"据你们昨日所奏，用表影测验，今与你一表，不拘长短，你们两家就将今日正午时，表影长短尺寸，预先推定写明，至期公同测验，合与不合，以定是非"[③]。

杨光先、吴明烜先前称能推算日影，至十一月二十四日测验时，杨光先、吴明烜推诿不能预先推定日影，只能看日影已到之处后方知推算。李霨等认为杨光先乃是因为自己法差，情虚了，不敢测验，康熙下旨令杨光先

---

① 南怀仁：《钦定新历测验纪略》，载钟鸣旦等主编《法国国家图书馆明清天主教文献》第五册，台北利氏学社，2009年，第322页。

② 南怀仁：《钦定新历测验纪略》，载钟鸣旦等主编《法国国家图书馆明清天主教文献》第五册，第323页。

③ 南怀仁：《钦定新历测验纪略》，载钟鸣旦等主编《法国国家图书馆明清天主教文献》第五册，第327页。南怀仁称在此次会见中，康熙斥责杨光先等人："你经常上奏折给我，要求在全国范围内招募精通天文历法之人。可是历时四年，你却一无所获。现在尽管南怀仁——一位具有极高才华的天文学家——就住在北京城里，你却隐瞒他的名字，不向我禀报。显然，你是个不诚实的、内心充满嫉妒和阴谋诡计的卑劣小人！"见南怀仁著，高华士英译，余三乐中译《南怀仁的〈欧洲天文学〉》，第14页。

一同测验日影。到观象台后，令杨光先、吴明烜预推本日正午时日影尺寸，杨光先、吴明烜仍说不能预推。令南怀仁自己测验，南怀仁查验旧制圭表后，称其歪斜不合法。并说杨光先历年来凭借此表测验，以报天象，用过数年尚不知表之斜正，将何以推算历法。南怀仁乃另立一表，高八尺四寸九分，预推本日正午时日影一丈六尺六寸六分。画定日影所到界限，至期公同测验，李霨等认为正合所画之制，杨光先说影已多九分，吴明烜则说已多六分。

康熙帝令二十五、二十六日再测。随后参加测验的官员另定一表，高二尺二寸，令南怀仁将此尺寸造成一表，预先推定明日正午时日影长短若干，于午门前共同测验。南怀仁预推二十五日正午时表影长四尺三寸四分五厘，画定界限，至二十五日公测，正合所定界限。后仍同往观象台，另立一表，预定二十六日之表影，画定界限。至二十六日午正公测，亦恰合如前。康熙下旨将吴明烜所造七政历及民历，着南怀仁验看差错之处。

南怀仁为找出吴明烜历书中的错误很是下了一番功夫，康熙七年十二月(1669年1月)，南怀仁上奏吴明烜历书中的错误：

> 如本历载有康熙八年闰十二月应是九年正月者，有一年节气或先天或后天一二日有余者，有一年两春分两秋分者，有每月昼夜长短概不合于日出入时刻者，有五星伏见失天至三十日有余者，如此等错，俱已条详。册内即使本历所定无差，亦只为直隶一方之历，而不可通用之天下各省，况为一方且错误种种乎。[①]

奏折的末尾逐条列举吴明烜七政历、民历及在五星伏见上的种种错谬，如民历中“五月二十三日酉正二刻，回回历为夏至。臣等所推历法，五月二十三日巳初二科为夏至，则回回历后天三六十刻”[②]。南怀仁将吴明烜所造历书批判的千疮百孔，一无是处，完全是种种错谬的集大成者。康熙览奏后，命议政王大臣等商议回奏。十二月二十六日，和硕康亲王杰书等回奏道：“据南怀仁所称吴明烜推算历日，种种差错之处，皆系精微，其是非一时

---

① 韩琦、吴旻校注：《熙朝崇正集　熙朝定案(外三种)》，第50—51页。

② 南怀仁：《钦定新历测验纪略》，载钟鸣旦等主编：《法国国家图书馆明清天主教文献》第五册，第348页。南怀仁列举吴明烜所造历书的其他错误，详见《法国国家图书馆明清天主教文献》第五册，第339—374页。

据难定议，必须差委测验大臣，同钦天监马祜等，将南怀仁、吴明烜推算历日内可以测验的数款，谁人合天象不合天象之处，测看完日再议具题。”[①]随后，康熙钦点图海等二十人前去观象台测看。南怀仁指出吴明烜所造之历的种种错谬，杨光先则上奏极力维护吴明烜，指责南怀仁所言皆惑世诬民之说。杨光先称康熙帝的皇位乃尧舜相传之位，钦天监所造之历乃尧舜相传之法，因而康熙颁行之历，应用尧舜之历。杨光先替吴明烜辩护道：

> 怀仁驳明烜之历有曰：本年天上立春在正月十四日，而本历之天下立春在正月十六日，夫以地上之人而说天上之春，其荒唐不亦甚乎？且明烜之历未尝有天下立春之说也，其言胡为乎来哉？又曰：一年有两春分、两秋分。夫四时八节一而已矣，岂有两哉？又曰：星宿过宫，皆是先天自有。历法至今未闻有先天之说也。又曰：二十八宿东行。夫二十八宿西行，举头即能见之，而谓二十八宿东行，不但知历日不肯作此言，即三岁孩童亦不肯作此言矣。[②]

杨光先的辩白基本上在混淆概念，没有提出有力的辩据。又因他在议政王大臣等还没有做出决议的情况下坚称南怀仁历法不可用，违背康熙帝提出的“勿怀宿仇，各执己见，孰者为是，即当遵行”的旨意，康熙称其“殊为可恶”。

自康熙八年正月初三日（1669 年 2 月 3 日）至正月十八日（2 月 18 日），内院大学士图海等会同满汉官员二十人赴观象台，测验立春、雨水、太阴、火星、木星等事，现将测验立春时的情形摘录如下：

> 又问南怀仁正月初三日立春，用何时以何仪器为凭测验。南怀仁供称，凡欲知所推节气合天与否，必先预先推定某日某时刻，太阳在地平上若干度分，一也；太阳纬度在赤道上，或南或北，若干度分，二也；太阳离春夏秋冬四正若干度分，三也；又定北极出地若干度分，四也；以上四端，皆关系历法之最要者。今南怀仁预推康熙八年正月初三日，即立春本日，正午时太阳在地平上三十三度四十二分（见第五图），太阳在赤道南十六度二十一分（见第六图），太阳在冬至后四十五度零

① 韩琦、吴旻校注：《熙朝崇正集　熙朝定案（外三种）》，第 52 页。《熙朝定案》中将和硕康亲王杰书写为杰淑。

② 韩琦、吴旻校注：《熙朝崇正集　熙朝定案（外三种）》，第 74 页。

六分(见第七图)，太阳在春分前四十四度五十四分，北极出地三十九度五十五分。其测器，用象限仪、纪限仪。若本日天阴，看不见太阳，不拘何日皆可测验。正月初一日，公同上台，将南怀仁所推正月初三日立春正午时，太阳在地平上三十三度四十二分，预先在仪器上画定界限。初三日，公同上台，测看太阳在三十三度四十二分，正与南怀仁所定界限，吻合无差。[①]

正月初三日晚测验水星、木星，依吴明烜七政历，当日火星在室宿十五度五十八分，木星在昴宿七度十五分；依南怀仁历法，当日火星在室宿七度五十分，木星在昴宿五度五十四分。最后的测验结果与南怀仁所定的黄赤仪上的界限符合。南怀仁预先供称正月十八日雨水当日午正太阳离地平三十八度三十八分，在赤道南十一度二十五分，太阳在冬至后六十度十六分，在春分前二十九度四十四分，北极山地高三十九度五十五分；众人于正月初四日在象限仪上画定界限，至期测验，亦吻合无差。正月十八日测验太阴，亦与南怀仁所定黄赤仪上界限吻合。

南怀仁称："皇帝派来看我观测的阁老和其他大臣们可以清楚地验证到这一事实，即通过应用这些仪器，在预先要求我观测的所有项目中，我通过计算而预报的那些数据，都与实际天象完美地符合了。"[②]吴明烜在测验之前，曾对众官员夸口称其所推历法吻合天象，决不会有差错，若有一毫差错，可将其立斩。测验之后，所测火星、木星，及立春、雨水、太阳、太阴等项，皆与吴明烜所推测的度分界限不合[③]。南怀仁还在测验期间从理论上剖析吴明烜测天方法的不通之处：

其一，在用三百六十五度之仪器，以测验伊历三百六十度之推算。是如拙匠，先以用小尺扣数，后用大尺较量，此不通一也。其二，在依黄道推算，以赤道测验。夫测验不过查在天之度，与所算历上之度合否，今七政历所算之度，皆黄道之度，无赤道度也。况赤道之行系正西正东，黄道之行，或西北东南，或东北西南。今明烜用赤道之度，测黄

① 南怀仁：《钦定新历测验纪略》，载钟鸣旦等主编《法国国家图书馆明清天主教文献》第五册，第387—388页。

② 南怀仁著，高华士英译，余三乐中译：《南怀仁的〈欧洲天文学〉》，第36页。

③ 图海等人为测验一事上呈给康熙帝的奏疏中，吴明烜所推测的数据仅有水星、木星、太阴三项，可能吴明烜并未推测立春、雨水时太阳度分。

道之行，不谐变通之法，又如盲人原欲行正东之路，误认东北之路，此不通二也。[①]

南怀仁还分析了吴明烜测天不准的缘由，以及与自己测天方法的不同之处：第一，吴明烜所用仪器，皆系前人在观象台已经对定过的仪器，吴明烜又全不知安对之法，不过坐守旧制而已。南怀仁所用仪器各有新制，可随时随地依法安置，对准于天。第二，吴明烜所预推数据乃依钦天监官生往年所测过的表影长短、太阳去极度分等项比照揣摩而成。南怀仁则是用新仪器，依照测天正理预推各项数据。

之后，钦天监奉旨选择起建太和殿日期，内院令南怀仁一同参与。南怀仁回称有关天文历法事宜，他可以预定测验；另如天下与天上相应之效验，如某日宜疗病、针刺等项，他也可以依照天象之实理实据预定；若云某日吉凶等项，未见其有何实据，他不敢妄定。杨光先、吴明烜闻此言后，即称："历法关系选择，今南怀仁不习选择，则是南怀仁之历法，有何用乎？"南怀仁回应说杨光先因为天文测验不合，选择术则不用测验，杨光先意图抵赖，阻碍西洋历法施行；且历法乃国家首务，历法与选择术相比更为重要，选择术系于历法，历法却不系于选择术。

康熙帝命人询问南怀仁："历日下补注与你历上所用之支干相同与否？"南怀仁对曰："若论支干，新旧二历如一。若论补注，原不关系天行，非从历理所推而定。惟明季以来，沿习旧例而行。今南怀仁所习者，皆天文实用，历法正理而已，此二端实南怀仁所用，选择之根本也。"[②]南怀仁称其所定兵、农、医、贾诸事宜总皆依此而定，务期与天象有相应之效验，与历年所报各节气、天象历历可证。南怀仁更指责杨光先、吴明烜之选择术差谬，原因在于其所习天文历法已被证明存在种种颠倒错乱之处。南怀仁更列举两事证明其说，如康熙七年（1668）四月有杨光先颠倒神煞、任意更换吉凶之神之旨；礼部在先前回复吴明烜顺治十四年（1657）水星出现一事上说吴明烜既涉虚妄，其一切推算俱涉虚妄。康熙帝最后得出结论：杨光先、吴明烜不但历法虚妄，其选择术亦无不虚妄。

---

① 南怀仁：《钦定新历测验纪略》，载钟鸣旦等主编《法国国家图书馆明清天主教文献》第五册，第381—382页。

② 南怀仁：《钦定新历测验纪略》，载钟鸣旦等主编《法国国家图书馆明清天主教文献》第五册，第399页。

因南怀仁测验春分等项与天象皆合，康熙八年正月二十四日（1669 年 2 月 24 日），和硕康亲王杰书等提议将康熙九年一应历日交与南怀仁推算。康熙帝批复道康熙历狱中杨光先指责西洋历法何处为非、因何停止使用，现今应该如何处理这些争议，杰书等人草率具奏并未详细说明原委。二月初五日，杰书等针对康熙历狱中对西洋历法的指责[①]，质询南怀仁、吴明烜、杨光先后，逐条辨别奏明：

> 据南怀仁供：内罗睺、计都、月孛系推算历日所用，故此造上，其紫气星无象推算历日时并无用处，故不造上等语。吴明烜供：内紫气星推算历日，并无用处，造上也可，删去也可，但只是算卦之人用得着等语。前因紫气星系自古以来有的，紫气、星孛、罗睺、计都、四余之星，汤若望伊造的历日内止写月孛、罗睺、计都星，伊私自删去紫气大不合，相应照旧行等因在案。今南怀仁、吴明烜等既称推算历日并无用处，应自康熙九年起将紫气星不必造入七政历日内，其觜参等星今既将九十六刻历日准行，仍应交与南怀仁推算。其二百年表已经题结，无容议。据南怀仁既称候气者因系自古以来之例，故此候气推算历日并无相涉，亦无用处等语，以后停其候气。据杨光先供内：以百刻推算系中国之法，以九十六刻推算系西洋之法，若将九十六刻历日颁行，国祚短了，如用南怀仁，不利子孙。又供：不载书例，是我自己供的等语。[②]

杰书等在奏折中题请："今南怀仁推算九十六刻之法，既合天象，自康熙九年起，应将九十六刻之法推行，一应历日俱交与南怀仁。"康熙此次对杰书等人的题复没有提出异议。杨光先则因为推算历日差错，不合天象，又坚称西洋新法不可用，被革职。吴明烜被从宽处理，仍任监副一职。

康熙八年（1669）正月历法测验之后，康熙命礼部议奏授予南怀仁钦天监何种官职为宜，礼部提议应授钦天监监正一职。康熙认为太过，后同意

---

① 康熙历狱中议政王等指责西洋历法错误时曰："历代旧法，每日十二时分一百刻，新法改为九十六刻；又康熙三年立春日候气，先期起管，汤若望谎奏，候至其时，春气已应；又二十八宿次序，分定已久，汤若望私将参、觜二宿，改调前后；又私将四余中删去紫气；又汤若望进二百年历，夫天佑皇上，历祚无疆，而汤若望只进二百年历，俱大不合。"见《清圣祖实录》卷十四，载《清实录》第四册，第 220 页。

② 韩琦、吴旻校注：《熙朝崇正集　熙朝定案（外三种）》，第 54 页。

授南怀仁钦天监监副职衔，同理监务。南怀仁两次上疏控辞，表明自己不婚不宦，惟以学道修身为务，不过他同时表示自己愿意殚心竭力，效力历务。康熙准其所奏，令南怀仁料理天文历法一切事务，照监副职衔领取俸银俸米。至此，康熙历狱中对汤若望治历的指责被全部推翻，西洋历法又重新确立其正统地位。

康熙此时十分谨慎地纠正了康熙历狱中关于西洋历法的指责，并不涉及此前对康熙历狱整体的评价。康熙称杨光先状告汤若望属实，当指杨光先指控汤若望谋叛以及误择荣亲王葬期等事。此时，无论是南怀仁、康熙，还是历狱中其他被审判的人，都未曾提及任何为历狱彻底翻案的言辞。这是因为当时的政治情形是鳌拜"垄断了中央部院的主要部门，控制了朝廷中枢机关"[①]，权倾朝野。

二、钦天监在置闰等问题的争论中支持南怀仁

康熙八年(1669)正月测验立春、雨水等项之后，议政王等会商认为南怀仁的历法符合天象，应将一切历法问题交与南怀仁处理[②]。二月，南怀仁在还没有获得任命治理历法的情况下，即上奏认为康熙八年历日中闰十二月不合理，应该删去。其理由是雨水为正月之中气，既然有中气，则康熙八年历日中的闰十二月即为九年之正月，为了符合天行起见，应闰康熙九年二月。礼部接报后，认同南怀仁的观点，请求通报各省，不必查看康熙八年闰十二月历日。康熙反问礼部将康熙八年闰十二月停止，是否合理，九年二月应否有闰月。要求礼部逐一询问钦天监各官。钦天监监正马祜等表示其不会历法，"不能知道"。主薄陈聿新认为既然已经下旨称西洋历法测验合天，相应应闰九年二月。监副胡振钺、李光显、吴明烜，历科五官正何雒书、博士焦应旭，天文科、漏刻科等钦天监官员赞同南怀仁的观点："应用九年闰二月，若留八年闰十二月，则九年之历难以推算，应将八年闰十二月停止。"[③]经过这一番询问后，康熙帝同意闰九年二月。

康熙八年二月二十九日(1669 年 3 月 30 日)，康熙谕令礼部称历法关

---

① 徐凯：《清初摄政、辅政体制与皇权政治》，《史学集刊》2006 年第 4 期。

② 有关置闰、删除紫气、建造仪器等事，前人论文中已多有论述，本书尝试从康熙帝、礼部、南怀仁三者间的关系进行叙述。

③ 韩琦、吴旻校注：《熙朝崇正集　熙朝定案(外三种)》，第 60 页。

系重大，必须考验详明。而观象台上的天文仪器，如浑仪、简仪、测验表影等，年久失修，屋舍倾颓。要求南怀仁与工部一道修正仪器，详加效验，以期符合于天。南怀仁回奏称衡量天文仪器有两个标准，一是合于天行，一是合于历法，两者缺其一仪器就没有实际用途。合于历法是指仪器上所列的度分刻数，必须与历法所划分天空的度分刻数相符，即采用同一套计量体系。观象台的仪器使用的是一百刻和三百六十五度的计量体系，南怀仁推算历法使用的是九十六刻和三百六十度的计量体系，与观象台上仪器不相符合[①]。

当时有两种可行方案，或者将观象台上百刻制仪器修正为九十六刻制；抑或另备材料，由南怀仁指导另行制造轻巧仪器，以便测验之用。南怀仁称如果改造旧有仪器，则以前的仪器就要报废，他建议把旧器存留原处，另依九十六刻制造仪器。而旧有表影与九十六刻之法相符，不必另行建造，康熙采纳了这一建议。南怀仁同时指出旧有台基窄小，难以添设新仪器，应接旧基往南拓展扩大，工部估计需用银一万四千两后，康熙下旨不必扩大观象台。

康熙在下令礼部修缮仪器的同时，亦下令："又前会议本内欲将紫气星停止，开写紫气、月孛、罗睺、计都此四星，向来历日既经开写，今不宜独缺其一，以后钦天监衙门推算历日，着仍将紫气星一并推算开写。"[②]南怀仁则坚称历日中不必添加紫气，理由是月孛、罗睺、计都三项，都是历法所必用。紫气一项，于天象毫无凭据，与历法毫无干涉，如若开写历内，就是以无为有，造假为真。礼部的回奏紧随康熙的意图，认为紫气星既奉上谕开写，就应该照旧开写。康熙命礼部查明紫气星系何代用，何代不用后再行回奏。

南怀仁针对康熙所说历日中开写紫气是传统的说法，上奏称自古以来的修历名家，如唐代的李淳风、僧一行，元代的耶律楚材、郭守敬，明代的吴伯宗等人都没有此种观点，"惟唐朝一百六十余年后相传出于西域，时贞元初年，婆罗门李弼乾始造四隐曜历，其理无理可据，故历朝凡为正术者皆弃之弗录也"[③]。明末《七政历》中曾开写紫气，顺治朝则因紫气一项不合天

---

① 韩琦、吴旻校注：《熙朝崇正集　熙朝定案（外三种）》，第62页。

② 韩琦、吴旻校注：《熙朝崇正集　熙朝定案（外三种）》，第62页。

③ 韩琦、吴旻校注：《熙朝崇正集　熙朝定案（外三种）》，第68页。

行，删除不用，南怀仁建议“照旧不用”。

钦天监上奏称，无法查明紫气自何代用、何代不用。礼部逐一询问钦天监五官正何雒书等人，也都说紫气星只有明末《大统历》中开列，其何朝用、何朝不用，他们亦不知晓。康熙要求历日中填写紫气的理由完全被推翻了，康熙的态度也逐步软化。八月二十三日下旨：“这紫气应否仍造入历内，着议政王贝勒大臣会同确议具奏。”[①]议政王等协商采纳了南怀仁的观点，理由是紫气一项无理可考，无数可推；且顺治朝的《七政历》中就没有开载紫气，因此紫气不必写入《七政历》内。

有关置闰、九十六刻制仪器、紫气等项争论的根源在于中西历法之间差异，并不存在绝对的孰是孰非。南怀仁称康熙八年闰十二月错误，如果不行改正，则康熙九年历日无法推算，黄一农对此评论道：“南怀仁抨击旧历置闰失误一事，论理其实相当牵强。……吴明烜与南怀仁间所推闰月的不同，即是由于两人使用不同方法定义节气所致。”[②]南怀仁置观象台上的古仪器不用，另造新仪器的缘由在于中西历法之间采用不同的计量体系。紫气虽无实际的天文学含义，但是乾隆五年(1740)又依据古法将紫气重新加入《七政历》中[③]。

南怀仁在这一系列问题上坚持使用西法推算，礼部则毫无立场，先是赞同南怀仁的观点，当康熙提出意见后又紧跟康熙的立场。康熙彼时对历法毫无所知，他倾向于以钦天监众人的意见作为最后裁决的依据，康熙描述当时众人对历法一无所知时说：

> 朕幼时，钦天监汉官与西洋人不睦，互相参劾，几至大辟。杨光先、汤若望于午门外九卿前，当面赌测日影，奈九卿中无一知其法者。朕思己不知，焉能断人之是非？[④]

---

① 韩琦、吴旻校注：《熙朝崇正集　熙朝定案(外三种)》，第69页。康熙是断然不会承认自己要求历日中开写紫气无理可据，交与议政王等人商议处理很可能只是为了找一个改变先前决定的借口。

② 黄一农：《康熙朝汉人士大夫对“历狱”的态度及其所衍生的传说》，《汉学研究》1993年第2期。

③ 有关紫气一事的详细论述参见黄一农《清前期对“四余”定义及存废的争执——社会天文学史个案研究(上、下)》，《自然科学史研究》1993年第3期、1993年第4期。

④ 玄烨：《康熙庭训格言》，载《丛书集成续编》第六十册，新文丰出版公司，1988年，第578页。康熙对此事的回忆有误，汤若望应为南怀仁。汤若望从未与杨光先于九卿前测验日影，引文中所述场景显然系南怀仁与杨光先测验日影时的情形。

当时朝中之人对观测日影尚不得而知，更不奢望他们知晓置闰、制造仪器、紫气等问题。而此时具有决定作用的钦天监众人在置闰问题上支持南怀仁，在紫气问题上似乎也站在南怀仁一边。究其原因，还在于南怀仁在历法优劣测验时所取得的压倒性优势。

康熙八年(1669)正月测验立春等项后，和硕康亲王杰书等曾询问钦天监官员对南怀仁所算历日之态度。钦天监监正马祜、监副宜塔喇称因为南怀仁测验逐款皆符，吴明烜测验逐款皆错，"南怀仁所算历日想必是等语"。监副胡振钺、李光显供称："我等止知天文，不知历法，看赴台测验，吴明烜的皆错，南怀仁的皆合天象等语。"①吴明烜在这一问题上的表态最有代表性，当时他仍是钦天监监副，对于紫气一项，吴明烜表示："紫气星推算历日，并无用处，造上也可，删去也可，但只是算卦之人用得着等语。"②这与他在顺治十四年(1657)指控汤若望时，认为紫气所必有的观点大相径庭③。对于康熙八年历日，"不知历法"的胡振钺、李光显却赞同南怀仁若不改正八年闰十二月则九年历日无法推算的立场，吴明烜亦持相同之观点。对此的合理解释是南怀仁在历法优劣的测验以后使西法获得了压倒性优势，清廷对历法一无所知的"诸王九卿"都相信南怀仁推算历日必然正确，杨光先、吴明烜所造历法不合天象。此一形势下，钦天监人员顺势选择支持南怀仁。

三、鳌拜被擒后耶稣会士要求为康熙历狱彻底翻案

南怀仁于康熙八年五月上旬完成《妄占辩》等文批驳选择术，试图为康熙历狱中选择荣亲王葬期一事洗刷罪名，从而为康熙历狱彻底翻案。然而就在南怀仁写完《妄占辩》等文，还没来得及上奏康熙帝之时，清廷中央政权的权力更替为康熙历狱的彻底翻案提供了转机。

康熙八年二月，因杨光先推算历日差错，礼部要求将杨光先革职，交与刑部，从重议罪，康熙帝在批复时说道："杨光先本当依议，交与刑部，从重

---

① 韩琦、吴旻校注：《熙朝崇正集　熙朝定案(外三种)》，第55页。

② 韩琦、吴旻校注：《熙朝崇正集　熙朝定案(外三种)》，第54页。

③ 顺治十四年，吴明炫指责汤若望所用新法中遗漏紫气，并列举紫气所必有的理由，详见黄一农《清前期对"四余"定义及存废的争执——社会天文学史个案研究(下)》，《自然科学史研究》1993年第4期。

治罪，但前告汤若望是实，依议着革职，姑从宽，免交刑部。”[①]康熙此时称杨光先状告汤若望属实，可能是为了避免惊动鳌拜。南怀仁这样描述当时的政治情景：“在这一时刻，皇帝还未成年，尽管这一时期他对已故父亲任命的、替他统治帝国的权贵们的所作所为已经长期不满，但是皇帝并没有亲政掌握大权。”[②]这也是南怀仁认为为何召集议政王大臣会议讨论历法问题的缘由。不过政治形势很快发生了重大变化。

康熙八年五月初十日（1669年6月8日），康熙帝擒拿鳌拜[③]。五月十二日，康熙帝钦定了鳌拜等人的十二条罪状，称鳌拜“任意妄为，令文武各官撤出伊门，内、外用其奸宄之徒，果真大失天下众望”[④]。五月二十九日，康亲王杰书等上奏鳌拜三十条罪状，称鳌拜辜负顺治帝重托，恣意横行，欺君擅权，其中第四条罪名是“倚恃党恶，紊乱国政。所喜者荐举，所恶者陷害。皇上眷念旧臣，曲为优容，不思改恶，聚货养奸”[⑤]。康熙帝念鳌拜长年效力朝廷，从宽减免其罪刑，改立斩为籍没拘禁，其党羽也受到相应的惩处。

康熙八年六、七月间，康熙一面继续审讯、处理、擒拿鳌拜掌权时领命在外的鳌拜党羽，一面开始调整朝廷官员，更换吏部、兵部、工部、户部尚书。同时也开始了拨乱反正的工作，下令永远停止圈占民间土地房产的活动，归还于康熙八年被圈占的全部土地房产。康熙帝下诏吏部、兵部，称苏克萨哈奉顺治帝遗诏辅政，其本人虽然有罪，但罪不及子孙，“此皆鳌拜等与苏克萨哈不和，挟仇灭其子孙后嗣，深为可悯。其白尔黑图等并无罪犯，因系族人，连坐诛戮，殊属冤枉”[⑥]。要求恢复苏克萨哈、白尔黑图等人官职，因此案被革职的文武官员俱官复原职。康熙八年七月，康熙下诏吏部，称审阅原户部尚书苏纳海一案时，发现其并无大罪，鳌拜等以其拨地迟延，遽行拏问，将其诬陷，无辜处死；原总督朱昌祚、巡抚王登联只因拨换土地时察知民间困苦，具疏奏闻，鳌拜以其擅越职权，将其冤枉处死；康熙说：“伊等皆国家大臣，并无大罪，冤死深为可悯，理应昭雪，以示仁恩。作何恩

① 韩琦、吴旻校注：《熙朝崇正集 熙朝定案（外三种）》，第55页。

② 南怀仁著，高华士英译，余三乐中译：《南怀仁的〈欧洲天文学〉》，第29页。

③ 白新良：《康熙擒鳌拜时间考》，《满族研究》2005年第3期。

④ 中国第一历史档案馆编译：《康熙朝满文朱批奏折全译》，第2页。

⑤ 《清圣祖实录》卷二十九，载《清实录》第四册，第398页。

⑥ 《清圣祖实录》卷三十，载《清实录》第四册，第406页。

恤予谥，及荫子入监读书，尔部议奏。”[1]

鳌拜被擒后，整个政治形势为之一变，且康熙帝陆续为苏克萨哈等人平反，引发官员申冤叫屈、要求平反的浪潮。康熙八年六、七月间，原礼部尚书祁彻白、原工部尚书叶成额、原兵部左侍郎石图、原刑部左侍郎觉罗勒德洪、镶蓝旗奉国将军巴尔堪、原吏部左侍郎折库纳等众人，纷纷上奏喊冤，称其或被鳌拜所嫉，或被鳌拜党羽诬陷，或因不肯攀附鳌拜、酿成仇恨，以致被解任、被降级，有人甚至下令称他们永远不许被部院衙门任用。康熙要求吏部会同议政王等商议，酌情处理，将以前京察无故被革职处分的满人尚书、满人侍郎等，或给还原官，或令其候补。康熙八年（1669）八月，康熙帝命吏部本着满汉相同的原则，将京察被革职的汉人尚书、侍郎察明议奏。后原礼部尚书梁清标、刑部左侍郎石申都被官复原职。八月间，苏纳海、朱昌祚、王登联被赐予谥号，按例祭葬，其子入国子监读书。

此一背景下，七月二十日左右，利类思、安文思、南怀仁上《诡随狐假，罔上陷良，神人共愤，恳歼党恶，以表忠魂事》的奏折。利类思等称杨光先在明末时即为小人恶棍，后在清朝倚恃权奸，指责新法舛错，恢复中国传统历法。后因传统历法存在种种差错，经诸王贝勒大臣考正后，命南怀仁按西洋新法推算历日，已无容再议。利类思等现今要求为天主教及汤若望平反：

> 世祖章皇帝数幸堂宇，赐银修造，御制碑文，门额“通微佳境”，锡（赐）望“通微教师”。若系邪教，先帝圣明，岂不严禁？乃为光先所诬，火其书而毁其居，捏造《辟邪论》，蛊惑人心，思等亦著有《不得已辩》可质。且其并将佟国器、许之渐、许缵曾等诬以为教革职，此思等抱不平之鸣者一也。又光先诬望谋叛，思等远籍西洋，跋涉三年，程途九万余里，在中国者不过二十余人，俱生于西，而卒于东，有何羽翼，足以谋国？今遭横口衅诬，将无辜远人栗（利）安当等二十余人押送广东，不容进退。且若望等无抄没之罪，今房屋令人居住，坟墓被人侵占。况若望乃先帝数十年勋劳荩臣，罗织拟可（死），使忠魂含恨，此思等负不平之鸣者二也。[2]

---

① 《清圣祖实录》卷三十，载《清实录》第四册，第412页。

② 《利类思安文思南怀仁奏疏》，载钟鸣旦、杜鼎克、黄一农、祝平一等编《徐家汇藏书楼明清天主教文献》，第998—1001页。

利类思等说“今权奸败露之日，正奇冤暴白之时”，要求为汤若望平冤昭雪。在此前后，钦天监李光宏等奏称其因被杨光先捏词冤枉，而被革职降级；汤若望义子潘尽孝状告杨光先依附恶党；许谦状告杨光先劈毁嘉名匾额。

康熙接到利类思等人的奏疏后，下旨：“前杨光先告汤若望，处以重罪，及言案内将数人处死，数人治罪。今既称汤若望之罪冤枉，岂可不将是非议明。”[①]令议政王贝勒大臣等会同详议。和硕康亲王杰书等会商后奏称，汤若望等建造天主堂，供奉天主，并没有诱人作恶、结党乱行之处，可以让其照旧供奉天主教；前将汤若望官职及所赐嘉名革去，只因其供奉天主教，汤若望“通微教师”之名，乃因其通晓天文历法所赐，应给还汤若望“通微教师”之名，按照原品级赐恤；许缵曾等因信奉天主教、捐献银两、为天主教之书作序被革职，现查明俱属冤枉，应将许缵曾、许之渐给还原职；至于阜成门外教堂及房屋，工部已经变卖，应将所卖原价，并将空地令工部取还后返给南怀仁等人；因历狱而被解送广东的西洋人栗（利）安当二十五人，应令该省督抚驿送来京候旨。康熙帝同意了大部分处理意见，只是令“栗（利）安当等二十五人不必取来京城，其天主教除南怀仁等照常自行外，恐直隶各省或复立堂入教，仍着严行晓谕禁止”[②]。

至于康熙历狱中杨光先指控洪范五行为灭蛮经，目的是哄骗蛮夷用之，荡除其族群一事。此时，钦天监漏刻科五官挈壶正吴周斌等人奏称用洪范五行以配八卦，取义于郭璞，后吴景鸾进五行表于宋英宗后，颁行天下，众人屡皆用之。杨光先说洪范五行起于唐代，唐代的阴阳家并没有斥责其为非。况且宋代邵雍为理数之宗，以及宋辉山、刘伯温、姚恭靖精于阴阳之术之人，也并没有斥责洪范五行为非。《茔原总录》反而称赞道：“洪范者此名大五行，古今之极，有征验阴阳之妙，有不可诘。”[③]以洪范五行为灭蛮经的荒唐言论，乃是以讹传讹，考察历史，并没有此种说法，“况蛮类万千，汉二师之旅，孔明七纵之雄，亦不能尽其类，况洪范一书可灭也？且蛮与中华书不同文，洪范将何所用耶？”[④]

---

① 《利类思安文思南怀仁奏疏》，载钟鸣旦、杜鼎克、黄一农、祝平一等编《徐家汇藏书楼明清天主教文献》，第 1003 页。

② 韩琦、吴旻校注：《熙朝崇正集　熙朝定案（外三种）》，第 83 页。

③ 韩琦、吴旻校注：《熙朝崇正集　熙朝定案（外三种）》，第 78 页。

④ 韩琦、吴旻校注：《熙朝崇正集　熙朝定案（外三种）》，第 78 页。

对于选择荣亲王葬期一事，吴周斌等说用洪范五行无错，反而是用正五行有大祸：

荣亲王戊戌年八月二十七日壬辰时安葬，系壬山丙向。据洪范五行，壬山属火，火墓在戌，此戊戌年遁得壬戌运属水忌土，年月日时克山运，查戊戌年属木，八月辛酉亦属木，二十七壬辰日属水，甲辰时属火，年月日时俱不克。查正五行，壬山属水，水墓在辰，此年遁得丙辰运属土忌木，年月日时克山运。查戊戌年属木，八月辛酉亦属木，二十七壬辰属水，甲辰时属火，年月克山运，日时不克山运，戊戌年亥上有劫杀，子上有灾杀，丑上有岁杀，亥子丑三山，是为三杀，癸上有大祸，壬上有伏兵，查安葬门类，无忌伏兵字样。①

和硕康亲王杰书等奏准洪范五行自古以来历代皆用，若不用洪范五行则无可看之书，应将洪范五行照旧复用。李祖白等被冤枉正法，应将李祖白等人照原官恩恤，其流徙家属召回京城，有职者给还原职。

经过议政王大臣等两次商议，杨光先因为捏造事端，诬告汤若望等谋叛，以及推算历日、冤枉李光宏等人、制器候气等共计十二项罪名，被和硕康亲王杰书等建议立即处斩，妻子流徙宁古塔。后康熙念其年老，从宽处理，免死，妻子亦免流徙，后杨光先病逝于归家途中。鳌拜失势后，康熙八年(1669)六月底，钦天监监正马祜题参吴明烜"本月二十四日，同臣等启奏皇上，面问南怀仁，所推天象，尔会算否？明烜不会算，又复妄奏会算，于君父之前，毫无忌惮，妄肆欺诳"②。康熙帝下令将吴明烜革职，交刑部严加议罪。刑部建议将吴明烜责打四十板，同妻子流徙宁古塔。七月二十九日，康熙下旨从宽处理吴明烜，只责打四十板，免流徙。

康熙八年(1669)九月，礼部题请给还汤若望"通微教师"之名，按其原品级赐恤，给与合葬银两。并按照一品大员的级别赐予致祭银两，由内院撰写祭文后派遣官员致祭。十月，礼部官员于汤若望墓前宣读祭文：

皇帝谕祭原任通政使司通政使加二级又加一级管钦天监印务事汤若望之灵曰：鞠躬尽瘁，臣子之劳踪；恤死报勤，国家之盛典。尔汤若望来自西域，晓习天文，特畀象历之司，爰锡通微教师之号。遽尔长

---

① 韩琦、吴旻校注：《熙朝崇正集　熙朝定案(外三种)》，第78—79页。

② 韩琦、吴旻校注：《熙朝崇正集　熙朝定案(外三种)》，第76页。

逝，朕用悼焉。特加恩恤，遣官致祭。呜呼！聿垂不朽之荣，庶享匪躬之报。尔如有知，尚克歆享。[1]

在这一套礼仪中，汤若望完全化身成为一位勤勤恳恳、忠于职守、鞠躬尽瘁的清朝官员。利类思、安文思、南怀仁三人也完全按照中国礼仪，于汤若望墓前设香案，跪接祭文。

四、结语

通过以上叙述，我们理清了鳌拜被擒和康熙历狱翻案前后的相关史实。那么，何以耶稣会士要在鳌拜被擒之后才提出为康熙历狱翻案的要求？为什么清廷对汤若望传教和选择荣亲王葬期等事的评判，在短短数月之内会发生如此翻天覆地的变化？笔者认为答案在于鳌拜被擒以后清廷中央政权的权力架构发生了根本性的变革，康熙开始完全掌握专制权力，辅政体制解体，辅政大臣（包括鳌拜）的权势被清除殆尽。

南怀仁在1670年的一封信中称康熙不够成熟和独立，他更倾向于将所有事情经过政府部门讨论后实施[2]。南怀仁的观察在历狱翻案一事上似乎有所表现，不过笔者认为这或许更体现了康熙的政治智慧。在鳌拜掌权之时，有关历法问题的争论完全经过实测和大臣讨论形成共识后实施，从而避免触动鳌拜。因为历法问题只是"学术"之争，有关汤若望传教和选择荣亲王葬期等事则牵扯到政治。这些棘手的问题需要等到鳌拜下台后才能够解决，康熙很好地把握了处理汤若望案的时机。

康熙对待历法和汤若望案的态度成为影响康熙历狱翻案的关键因素。在处理南怀仁与杨光先、吴明烜有关历法问题的争论时，康熙秉持客观公正的态度，接受南怀仁的建议以测验的方法检验中西历法的优劣，并钦点康熙八年（1669）正月在观象台参与测验的二十名官员。康熙这一决定相当重要，因为康熙历狱在审讯历法问题时，"为证明欧洲天算之优越，南怀仁提议，藉春分之时

---

① 韩琦、吴旻校注：《熙朝崇正集　熙朝定案（外三种）》，第83页。

② Noël Golvers, *Letters of a Peking Jesuit: the correspondence of Ferdinand Verbiest, SJ* (1623—1688), p.174. 原文为"The new Emperor still lacks maturity and independence from the Regents, and he prefers that all decisions would pass through the Ministries, in a way very different from his father(Shunzhi), who acted since the beginning of his reign very independently".

刻，可做一次天象之观测，但是人们并不赞成他这提议”①。在历法优劣的测验之后，康熙承认西方历法更加符合天象，南怀仁更为通晓历法，任命他治理历法。在置闰等问题上，康熙征询钦天监众人意见，最终决定重新采用西方历法体系。

南怀仁之所以能为西方历法正名，也得益于西法在测验方面的优势。在决定以测验方法检验历法优劣之后，裁判的角色就相当重要。根据史料记载，康熙八年(1669)正月，康熙钦点在观象台上参与评判的清廷官员有：内弘文院大学士都统加一级图海、太子太保工部尚书内弘文院大学士加二级李霨、内弘文院大学士加一级多诺、吏部右侍郎索额图、户部尚书黄机、吏部尚书布颜、尚书加一级郝惟纳、刑部尚书明珠、工部尚书加一级王熙等大小官员二十人②。尽管图海等人并不通晓历法，但是当他们亲眼目睹各项观测到的数据与南怀仁预先推算之数“吻合无差”后，图海等人相信南怀仁比杨光先、吴明烜更为精通历法。南怀仁回忆第二次观测时的情境：“一位曾带头反对我们的满人官员，出人意料地大喊：‘真正的大师在这里！千真万确啊！’”③

图海等人在这些测验后，立即上奏要求将康熙九年历日交与南怀仁推算。此时，康熙提出还要分辨康熙历狱中有关西洋历法的争议。在康熙和参与测验的朝中重臣都认为南怀仁所算西洋历法更加符合天行，吴明烜测验逐款皆错的形势下，职小位卑的钦天监官员当然选择支持南怀仁，最终恢复了西方历法的正统地位④。与有关历法问题的争论不同，关于选择术的论争根本无从检验。南怀仁虽然撰写《妄择辩》《妄推吉凶辩》《妄占辩》三文批驳选择术，然而由于选择术本身无法被“证伪”，选择荣亲王葬期到

---

① 魏特著，杨丙辰译：《汤若望传》，第501页。

② 南怀仁：《钦定新历测验纪略》，载钟鸣旦等主编：《法国国家图书馆明清天主教文献》第五册，第392—394页。康熙钦点的图海等人应当都是康熙信赖之人，可以执行他的意图客观公正地参与测验，此举相当重要。

③ 南怀仁著，高华士英译，余三乐中译：《南怀仁的〈欧洲天文学〉》，第20页。

④ 事实上，南怀仁所预测的数值也存在误差，南怀仁自己说：“我必须公正地说，我经常在我们住所的院子里研究日影问题，尤其是几个不同长度的标杆的影长，我常常会观察到我所计算的结果与实际日影发生误差，有时是算少了，有时则是算多了。我推测这些误差是我的设备的不精确而造成的。在眼下这种重要场合，如果我的预测发生错误，天主和我们的宗教的荣誉显然就要面临危险。引导万事走向其应有归宿的天主的仁慈圣意，指导我的双手在上面提到的几次观测中获得成功，也同样保佑我在经受日后的考验时一路顺风。人们认为这简直是奇迹。事实上，这确实是完全超越了我自己的刻苦与勤奋。”见南怀仁著，高华士英译，余三乐中译：《南怀仁的〈欧洲天文学〉》，第21页。

底是吉是凶就取决于裁判者的主观态度，这也是为何此事要等鳌拜下台政治形势发生变化以后才能平反。

康熙主政的清廷完全颠覆了康熙历狱的审判结论，等于承认康熙历狱是一场"冤假错案"。由此可以看出，辅政大臣体制解体是康熙历狱翻案的必要条件，康熙秉持客观公正的态度最终促使康熙历狱成功翻案。在辅政大臣秉持朝政期间，所有的一切都被"颠倒黑白"：西洋历法被认为存在种种错谬，杨光先"捏词谎供"被认为是真，汤若望谋叛被判属实，选择荣亲王葬期被认为凶不可言。而在康熙完全掌权的情形下，以此推算并无任何不妥，荣亲王葬期吉凶祸福并无一定的标准，吉凶的裁定很大程度上取决于统治者的政治意愿[①]。

随着康熙历狱的翻案，南怀仁被任命治理历法，耶稣会士与清廷最高统治者之间的"通天捷径"再次打通。康熙九年(1670)，利类思、安文思、南怀仁随即上奏康熙请求其允许羁留在广东的传教士返回内地居住。南怀仁在为清廷效力的近二十年时间里，恪尽职守，兢兢业业，逐渐赢得了康熙的信任，从而为康熙三十一年(1692)容教令的颁发奠定了基础。

第三节　时分秒制在中国的确立
——以九十六刻制为中心的探讨

时间计量是人们社会活动的基石，时刻制度则是时间计量的基础。清代以前，中国采用的时刻制度主要是将一昼夜分为 100 个时段的百刻制和分为 12 个时段的十二时辰制。十二时辰制的缺点是划分的时间段过长，百刻制的缺点是使用时略显繁琐。在实际计时过程中，往往将二者配合使用。由于 100 不是 12 的整数倍，二者的相配非常麻烦。明末清初，随着西方天文历法知识传入中国，与十二时辰制配合更为简便的九十六刻制历经曲折，最终得以在中国确立[②]。本节以九十六刻制在中国确立的过程为个

① 笔者认为正是因为选择术不存在绝对的是非标准，无法被检验，使得选择荣亲王葬期的吉凶一事成为统治者达到其政治目的的重要手段。

② 以往有关时制问题的研究多着眼于百刻制的演变，相关研究有全和均《我国古代的时制》，《中国科学院上海天文台年刊》1982 年第 4 期；陈久金：《中国古代时制研究及其换算》，《自然科学史研究》1983 年第 2 期；王立兴：《纪时制度考》，《中国天文学史文集》(第四集)，第 1—47 页；阎林山、全和均：《论我国的百刻计时制》，《科技史文集(第 6 辑)》，上海科学技术出版社，1980 年，第 1—7 页。有关九十六刻制的研究只有关增建在《传教士对中国计量的贡献》一文中有所涉及，参见关增建《传教士对中国计量的贡献》，《自然科学史研究》2003 年增刊。

案，审视西洋历法在中国的命运。

一、百刻制的历史演变

百刻制在中国出现的很早，其出现与漏刻的发明和使用是分不开的。《隋书·天文志》说："昔黄帝创观漏水，制器取则，以分昼夜。"把漏刻起源上推至黄帝时期。南北朝时期的著作《漏刻经》也提到："漏刻之作，盖肇于轩辕之日，宣乎夏商之代。"轩辕就是黄帝。这种说法也认为漏刻起源于黄帝时代，在夏商时期得到了大发展。认为漏刻起源于黄帝时代的说法，因为缺乏考古及文献的支持，可暂且不论。比较可信的百刻制产生的时代，阎林山认为是商代[①]，这也是天文学史界的共识[②]。商代使用漏刻的记载，由于文献的匮乏，人们现在尚未发现。进入周代以后，有关使用漏刻的记载，开始在文献中显现出来。《周礼·夏官司马·挈壶氏》记载当时管理漏刻的人员配备时说："挈壶氏，下士六人、史二人、徒十有二人。"这一记载昭示着当时漏刻作为一种计时工具，受到了足够的重视。有了漏刻，百刻制的存在似乎也成为理所当然的事情。

到了春秋战国时期，漏刻的使用更为普遍。司马迁在《史记》中明确记载了先秦时期漏刻的使用情况。《史记》卷六十四《司马穰苴列传》记载齐国的将军田穰苴在筹划一次战争行动时，"立表下漏"。唐代司马贞《史记索隐》注解这四个字的意思："立表谓立木为表以视日景，下漏谓下漏水以知刻数也。"

先秦时期不但有使用漏刻的记载，刻作为一种时间单位，在先秦文献中也出现了。《左传·哀公十一年》提到孔子的学生樊迟在一次军事行动中主动请命说："非不能也，不信子也。请三刻而逾之。"这里的"刻"，就应该是一种时间单位。其所指，只能是百刻制中的"刻"。

考古发现也支持先秦时期百刻制被广泛采用的观点。1897 年在内蒙古托克托出土的秦汉日晷，以及其后在河南洛阳金村出土的秦汉日晷，其晷面上分布有均匀的刻度线。从刻度线的分布来看，"仪器刻制者显然是把整个圆周分成了一百等分。这应是分一天为一百刻的反映"[③]。

到了汉代以后，"刻"字被用作时间单位的记载就更多了。《汉书·宣

① 阎林山、全和均：《论我国的百刻计时制》载《科技史文集（第 6 辑）》，第 1—7 页。

② 中国天文学史整理研究小组编著：《中国天文学史》，第 203 页。

③ 中国天文学史整理研究小组编著：《中国天文学史》，第 181 页。

帝纪》中记载五凤三年(前 55 年)的一次奇异现象:"神光并见,或兴于谷,烛耀斋宫,十有余刻。……三月辛丑,鸾凤又集长乐宫东阙中树上,飞下止地,文章五色,留十余刻,吏民并观。"《史记・乐书》载:"五色成文而不乱,八风从律而不奸,百度得数而有常。"其中"百度"一词后世注解为百刻。这些都是"刻"作为一种时间单位被广泛使用的历史证据。

随着刻作为时间单位被广泛使用,汉代开始有人尝试对百刻制进行改革。汉哀帝时因灾异屡现,听从夏贺良的奏议,下诏改元,推行新的时刻制度:"以建平二年(前 5 年)为太初(元将)元年,号曰陈圣刘太平皇帝。漏刻以百二十为度。"[①]然而过了一月有余,汉哀帝的病情并没有好转。夏贺良还意图干涉朝政,奏称大臣不知天命,应将丞相、御史等人辞退,让支持夏贺良言论的人辅政。夏贺良的言论激起了大臣们的反对,汉哀帝认为夏贺良的言论毫无征验,遂治夏贺良等人之罪,恢复百刻制,夏贺良等人被杀。夏贺良是甘忠可的学生,甘忠可曾私造历法,并将其传授给了夏贺良。所以,甘忠可也许是最早试图将百刻制变为一百二十刻制的人。只是,他的尝试并不成功。

公元 8 年,王莽奏准"以居摄三年(8)为初始元年,漏刻以百二十为度,用应天命"[②]。王莽此举仍然受到夏贺良言论的影响,强调要"用应天命",是一种政治行为。王莽统治的时间比较短暂,他创立的各种制度没有被后世继承,此次改百刻为一百二十刻应到王莽政权垮台为止。

十二时制作为一种时间制度,把一个昼夜分成十二个时辰,它与把一个昼夜分成一百刻的百刻制是两种并行的时间制度。十二时制起源时间很早,在西周时代,也许就有了这种计时制度[③]。十二时制与百刻制既然是两种平行的制度,它们之间就存在着如何配合的问题。正因为如此,学界一般认为汉哀帝和王莽时的改革是为了解决这一难题。实际上,这两次改革都是在天人感应学说的影响下认为时刻制度与王朝寿命有关,时刻数多了,王朝寿命也长。解决与十二时制相配合的难题,并非其改革的初衷。

南北朝时,梁武帝也曾对百刻制进行过改革。《隋书・天文志上》载:"至天监六年(507),武帝以昼夜百刻,分配十二辰,辰得八刻,仍有余分。乃以昼夜为九十六刻,一辰有全刻八焉。"显然,梁武帝的改革是着眼于解

① 班固:《汉书》卷七十五,中华书局,1962 年,第 3193 页。
② 班固:《汉书》卷九十九上,第 4094 页。
③ 中国天文学史整理研究小组编著:《中国天文学史》,第 117 页。

决百刻制与十二时制的配合问题，他选择使用九十六刻制，也是相当合理的。但令人遗憾的是，九十六刻制仅施行了三十余年，“至大同十年（544），又改用一百八刻。依《尚书·考灵曜》，昼夜三十六顷之数，因而三之”①。在这里，传统文化又起了作用。梁武帝改九十六刻为一百零八刻，每个时辰九刻，与十二时辰制之间反而没有九十六刻更容易配合。即使这样，也没有持续很长时间。到了陈文帝时期，就又被改回了百刻制。从此一直到明末，再也没有人对百刻制做过改革了。

既然由于文化因素的作用，无法对百刻制进行有效改革，人们只好在对十二时辰和百刻制的细分上下功夫。在东汉及南北朝时，就“有将一个时辰分为少、半、太四等份的更细的分法”②。后来又把每个时辰分成初、正两部分，把百刻制中的每一刻又分出小刻，“在实用中，古人用百刻制来补充十二时辰制，而用十二时辰制来提携百刻制。……每个时辰包括8刻2小刻，时初时正分别包括4刻1小刻”③。通过这样的细分，把百刻制与十二时辰制强行配合使用。

二、明末清初九十六刻制的传入

西方计时单位采用的是时分秒制度，每日二十四小时，每小时六十分，每分六十秒，并不存在“刻”这一计时单位。西方的二十四小时制和中国的十二时辰制很容易配合起来，因为两者是整数倍的关系，且中国从北宋中期以后普遍将每个时辰划分为“初”“正”两个时间段④。可是百刻制却不能与西方的时分秒制度实现简便的换算。明末清初，耶稣会士进入中国后试图找寻两者融通的方法，具体做法是在西方所采用的时分秒制度中增加了“刻”，1小时等于4刻，1刻等于15分钟，1分钟等于60秒。这样的“刻”在大小上与中国百刻制的“刻”相差不大，在心理上易于为中国人所接受，这就是所谓的九十六刻制。万历二十八年（1600）耶稣会士利玛窦向明朝进献自鸣钟，“大钟鸣时，正午一击，初未二击，以至初子十二击；正子一击，初丑二击，以至初午十二击。小钟鸣刻，一刻一击，以至四刻四击，盖气机

① 魏征：《隋书》卷十九，北京：中华书局，1973年，第527页。

② 陈久金：《中国古代时制研究及其换算》，《自然科学史研究》1983年第2期。

③ 关增建：《传教士对中国计量的贡献》，《自然科学史研究》2003年增刊。

④ 陈久金：《中国古代时制研究及其换算》，《自然科学史研究》1983年第2期。

所为他人不能为也”[①]。这里的自鸣钟采用的就是九十六刻制。或许由于钟表的缘故，九十六刻制成为中西时制间换算最简便易得的方法。

在双方调和适应的过程中，利玛窦主动介绍说西方采用的是九十六刻制。沈德符《万历野获编》称：“惟利西泰谈其国每日分为二十四时，每时止四刻，合之仅九十六刻。以故所制自鸣钟，以子正、午正为始，午初、子初为终，共传二十四声，以了一日。其国廿四时，即中华十二时也。”利玛窦和李之藻共同翻译的《同文算指》中则提出了百刻制和九十六刻制的换算问题：“又如中国计日以百刻，西洋以九十六刻，今问西洋之三十一刻当中国之三十几刻？”[②]中国学者接受了西方采用九十六刻制的观点。明末《日月星晷式》一书中介绍的许多日晷都采用九十六刻制，其中介绍制作百游赤道晷时称：“任取近边一圆，从午线左右平分为十二分即十二时，每分又平分为八分即每时八刻，共九十六刻也。”[③]

崇祯改历过程中，九十六刻制得到进一步认可。崇祯四年(1631)正月，徐光启向崇祯帝进献的《测天约说》中称：“时又有刻，每时八刻，一日则九十六刻，东西所同用。星官家用百刻，取整数易算也。刻又析为百分，分析为百秒，递为百，以至微。西法每刻为十五分，分析为六十秒，递分之皆以六十也。”耶稣会士继续承认西方存在“刻”这一计时单位，并试图向中国学者宣称九十六刻制为中西同用。中国刻下面的分、秒采用百进制，西方小时下面的分、秒采用六十进位制，两者暂时还难以调和，耶稣会士只是向中国学者介绍了西方的分秒制度。崇祯七年十月，李天经进献给崇祯帝的日晷就采用九十六刻制，日晷“平面之边周列时刻线，从各气节太阳出入为限，时分八刻，刻列十分。若春秋分平分昼夜，各四十八刻者，准交食所用以九十六刻为日行之限也”[④]。从崇祯朝的情形来看，传教士在向中国学者推荐九十六刻制时，一开始并未受到激烈的反对。

明清鼎革之后，汤若望积极向清廷靠拢，确立了西洋历法的正统地位。伴随着西洋历法正统地位的确立，顺治年间颁行的时宪历中已经采用九十六

---

① 《续文献通考》卷一〇九，浙江古籍出版社，2000年，考3767页。

② 《同文算指前编》卷下，载《丛书集成前编》，新文丰出版公司，1985年，第319页。

③ 《日月星晷式》，载薄树人主编《中国科学技术典籍通汇・天文卷》第八分册，第408页。胡铁珠认为《日月星晷式》可能是一本译著，见胡铁珠《日月星晷式提要》，载薄树人主编《中国科学技术典籍通汇・天文卷》第八分册，第383—384页。

④ 徐光启等纂修，汤若望重订：《西洋新法历书・治历缘起》，载薄树人《中国科学技术典籍通汇・天文卷》第八分册，第725页。

刻制。《清朝文献通考》中记载："顺治二年(1645)时宪书用西洋新法，以太宗文皇帝天聪二年戊辰天正冬至为法元，定周天三百六十度，度法六十分，每日九十六刻，刻法十五分，昼夜节气时刻，京师与各省皆依北极高度东西偏度推算。"[①]一刻十五分的概念也在中国推行开来。汤若望在《新法表异》中解释道："昼夜定为九十六刻，盖一昼一夜平分十有二时，时各八刻，积十二时为九十六刻，其于推算甚便。旧增四刻凑成百数，求整齐耳。乃其分派百刻则谓每时八刻又三分之一，则是每时有一奇零，益为烦琐。"[②]汤若望讲的这些情况，中国人当然深有体会，所以改百刻制为九十六刻制是理所当然的。由于康熙历狱的发生，九十六刻制在中国的推行受到了阻挠。

三、百刻制与九十六刻制的论争

康熙历狱中，当杨光先与汤若望就历法问题展开论争之时，九十六刻制成为双方争辩的议题之一。杨光先攻击九十六刻制的理由有三：(1)"以百刻推算系中国之法，以九十六刻推算系西洋之法，若将此九十六刻历日颁行，国祚短了"[③]。(2)中国自古以来将一昼夜分一百刻，再分为十二时，每时为八刻三十三秒三十三微三十三纤三芒，而西洋新法不知计算秒微纤等数，将一时改为八刻[④]。(3)杨光先还认为采用百刻计时则日长，采用九十六刻计时则日短。

针对杨光先的攻击，汤若望争辩道："如一昼夜，按旧法将一百刻分为十二时，尚有余数，极为纷繁，难以计算。按新法将九十六刻分为十二时，每时八刻，并无余数，不难计算。太阳行一昼夜，或以百刻计算，或以九十六刻计算，均不增减，而在于计算之难易。"[⑤]由于当时清廷的政治局势对杨光先有利，杨光先在与汤若望等人的斗争中取得胜利，西方历法的正统地位被推翻。九十六刻制成为汤若望等人的罪状之一，"历代旧法，每日十二时，分一百刻，新法改为九十六刻……俱大不合"[⑥]。随后清廷下令重新用百刻制推算历日："因百刻历日，自尧舜以来，历代行之已久，自今以后，应照一百刻推算历日，准行在案。"[⑦]

---

① 《清朝文献通考》，浙江古籍出版社，2000 年，考 7157 页。

② 汤若望：《新法表异》，《丛书集成续》第 78 分册，新文丰出版公司，1985 年，第 623 页。

③ 韩琦、吴旻校注：《熙朝崇正集　熙朝定案(外三种)》，第 54 页。

④ 安双成编译：《清初西洋传教士满文档案译本》，第 148 页。

⑤ 安双成编译：《清初西洋传教士满文档案译本》，第 147 页。

⑥ 《清圣祖实录》卷十四，载《清实录》第四册，第 220 页。

⑦ 韩琦、吴旻校注：《熙朝崇正集　熙朝定案(外三种)》，第 54 页。

康熙历狱发生时，南怀仁自称进入中国不久，语言不通，因而“一词莫措”。历狱之后，南怀仁被允许继续留在北京城居住，他在“静息之余”，感愤于杨光先对西洋新法的种种指责，因而撰写《历法不得已辩》，对杨光先的指责逐条辩驳，“以待公评”。针对九十六刻制，南怀仁说道：“旧法谓每一昼夜，有一百刻，所从来矣。今见新法所称九十六刻，遂以为谬。岂知是四刻者，实旧法所多，非新法所少也。”[①]并举例说：为解决多余的四刻，在子、午、卯、酉四时各增一刻是没有道理的；畴人子弟亦认为百刻制烦琐，在推算交食、求时差分时，仍采用九十六刻制来推算；一昼夜的时间长度是固定的，或划分为一百刻，或划分为九十六刻，并不会造成一天时间长短发生变化。

接着，南怀仁就百刻制与十二时辰制之间的配合问题发难。南怀仁认为将昼夜分为九十六刻，没有奇零，其款样唯一，“盖从来测天仪器，其刻数必平分相等。况天行均平不乱，每刻有定度，岂有刻大刻小、刻迟刻速之理？”[②]结合九十六刻图与百刻图，南怀仁举例证明百刻法不可用：(1)如太阳在正午后七分，旧法当算午正一刻；若在午正后十三分，当算午正二刻，此其不可用一也；(2)百刻之法，在午正初刻，加上一刻六分之一，名为初初刻，然而由于地理位置的差异，不但初刻宜加，即二刻、三刻等亦应加一初初刻。南怀仁呼吁：“夫百刻之法，既不合天，何不将此初初刻，平分一时八刻之内，如新法分昼夜九十六刻正数，无奇零无大小哉？”[③]

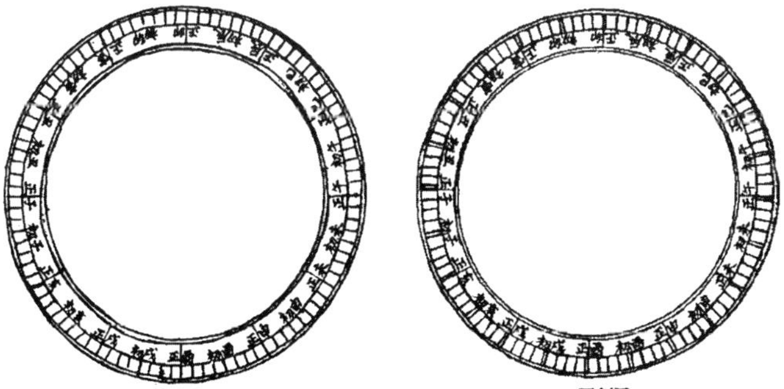

九十六刻图　　百刻图

《历法不得已辩》中所载录的百刻图与九十六刻图[④]

---

① 杨光先等撰，陈占山校注：《不得已(附二种)》，第167页。

② 杨光先等撰，陈占山校注：《不得已(附二种)》，第169页。

③ 杨光先等撰，陈占山校注：《不得已(附二种)》，第170页。

④ 杨光先等撰，陈占山校注：《不得已(附二种)》，第168页。

尽管杨光先在康熙历狱之后接管钦天监，但他无法实现对钦天监的有效管理。以至于钦天监前所未有地提出一年两闰的建议，康熙接受南怀仁的建议以测验的方法检验中西历法之优劣。南怀仁在测验日影、五星测报等活动中成功击败杨光先、吴明烜二人。参与测验的和硕康亲王杰书等人在回禀康熙时说："测验立春、雨水、太阴、火星、木星，南怀仁测验与伊所指仪器逐款皆符，吴明烜测验逐款皆错。"①康熙在详细询问康熙历狱中有关中西历法的争执后，同意恢复西方历法的正统地位，"南怀仁推算九十六刻之法，既合天象，自康熙九年(1670)起应将九十六刻之法推行，一应历日俱交与南怀仁"②。南怀仁成功地为西方历法翻案，九十六刻制的推行成为顺理成章的事。与顺治年间推行九十六刻制时即推行一刻十五分一样，康熙九年一开始就施行"周日十二时，时八刻，刻十五分，分六十秒"之制③。

康熙八年二月，康熙帝命令南怀仁修正观象台上浑仪、简仪、测验表影等仪器。五月，南怀仁上奏康熙要求将观象台中百刻仪器修正为九十六刻，并把三百六十五度仪器修正为三百六十度，每度六十分。南怀仁称这样做的理由是因为九十六刻之法与角度计量中的三百六十度相配合，"计一时八刻，每一刻为三度四十五分而无奇零，则一时八刻符合天上三十整度矣。今一百刻之法既不合于天，则三百六十五度之法遂亦因之而不合，而台上一百刻与三百六十五度之仪器俱不适于用矣"④。正如南怀仁所言，九十六刻制与360度的角度计量体系紧密联系在一起，九十六刻制的确立与360度角度计量体系的确立是同步的。康熙组织梅瑴成等人编纂的《数理精蕴》中记载道："历法则曰宫三十度、度六十分、秒六十微、微六十纤、纤六十忽、忽六十芒、芒六十尘、尘；又有日十二时，又为二十四小时，时八刻，又以小时为四刻、刻十五分、分，分以下与前同。"⑤关增建对这句话解析道："引文的前半部分讲的是60进位制的角度单位……后半部分就是新的时刻制度，本质上与传教士所介绍的西方时刻制度完全相同，《数理精蕴》因为有其'御制'身份，它的记述，标志着新的时刻制度完全获得了官方的认可。"⑥

① 韩琦、吴旻校注：《熙朝崇正集　熙朝定案(外三种)》，第53页。
② 韩琦、吴旻校注：《熙朝崇正集　熙朝定案(外三种)》，第54页。
③ 《嘉庆会典》卷六十四，载《大清五朝会典》第13册，线装书局，2006年，第747页。
④ 韩琦、吴旻校注：《熙朝崇正集　熙朝定案(外三种)》，第62页。
⑤ 《数理精蕴》下编卷一，商务印书馆，1936年，第231页。
⑥ 关增建：《传教士对中国计量的贡献》，《自然科学史研究》2003年增刊。

有关九十六刻制的话题也引发了后人的评论。乾隆帝以嘲笑的语气评价康熙年间百刻制与九十六刻间的论争："明以前之法每日以百刻计，而西法则以九十六刻计。夫一时八刻，其理明简易晓，不待智者而知之。闻本朝初曾有讼西洋人私窃四刻者，时刻乃一定之数，窃将安往，不亦大可笑乎？"[①]清代数学家江永则强调了九十六制和时分秒制度之间简便的换算，"中法一日百刻，不便于分布，西法以九十六刻齐之，一时均得八刻，又分一时为二时，谓之小时。分一刻，为十五分。凡加时与日出入皆有分数记，可合四刻六十分为一小时，此六十分所由来也，而秒微以下皆用六十，则作表甚便"[②]。

四、结语

中国传统历法采用百刻制计时，西方历法以时分秒制计时。明末清初耶稣会士进入中国后在时制问题上采取了会通策略。如承认十二时辰制，不强行推行二十四小时制；为了适应中国古代主要的时制百刻制，耶稣会士谎称西方也存在"刻"这一计时单位，不过他们采用的是九十六刻制。耶稣会士在推行时分秒制度时并没有急于求成，而是在百刻制和时分秒制度间找到了九十六刻制这一中间点。这是因为耶稣会士认识到"他们不能用欧洲的历法简单地排除中国原有历法。中国特有的一种时间的计算法，以及历法上一种旧有的组织（尤其是阴历与阳历合组的形式），他们是不得不保存的，因为一经变更，人民决计不会接受的"[③]。

通过上文的论述，我们发现九十六刻制的命运和西方历法的地位紧密联系在一起。耶稣会士在崇祯改历中尝试推行九十六刻制，清初随着西方历法正统地位的确立，九十六制也随之在中国确立。康熙历狱中，杨光先向西方历法发难，认为百刻制为中国之法，九十六刻制为西洋之法，采用九十六刻制也成为汤若望的罪名之一。当康熙八年（1669）西方历法重获正统地位之后，九十六刻制又被重新推行开来，最终时分秒制度也在中国

① 《清高宗御制诗文全集·题影宋钞新仪象法要》卷二十五，台北"国立"故宫博物院，1976年。

② 江永：《数学》卷一，载《景印文渊阁四库全书》第796册，台湾商务印书馆，1986年，第625页。

③ 魏特著，杨丙辰译：《汤若望传》，第149页。

建立。

百刻制与九十六刻制论争，技术层面的根源在于中西历法体采用不同的计量体系。南怀仁认为中国的百刻制记时一定要改变，“因为只有这样改变了，在使用天文仪器时才会有很多有利条件，而且我自己的测量平台和已经出版的100多部天文学著作，都是遵循着六十进位制，都是把一天划分为96刻”[①]。西方的天文历法体系采用时分秒制度记时，并将一个圆周划分为三百六十度的计量体系；中国传统历法采用百刻制记时，并将一个圆周划分为三百六十五又四分之一度的计量体系。中国传统的计量体系内相互之间配合较为繁琐，且与西方历法之间换算较为复杂，因此汤若望等耶稣会士才坚持使用九十六刻制记时。

杨光先等人反对九十六刻制，主要还是出于政治原因，这从他反对九十六刻制的第一条理由中可以清晰地看出来。耶稣会士之所以在采用九十六刻制问题上立场坚定，是因为这是推行时分秒制度的关键，又与三百六十度的角度计量和西方历法体系配合。正因为如此，汤若望、南怀仁才会极力要求改百刻制为九十六刻制。

尽管九十六刻制在康熙历狱中被贴上了西方之法的标签，然而此后在“西学中源”说的背景下，学者们却又不愿承认九十六刻制来源于西方。戴震说：“梁天监中改用九十六刻，每一辰惟八刻，始变古法，旋废不用。今欧罗巴以昼夜为二十四小时，一小时四刻，合之凡九十六刻，盖本于梁天中所改者耳。”[②]梅文鼎称回回历中：“亦以九十六刻为日，亦以六十分为度，六十秒为分，而递析之以至于微。……其法之善者种种与西法同，今用西法即用回回矣，岂有所取舍于其间哉？”[③]梅文鼎、戴震等都是“西学中源”说的积极提倡者，他们或者认为九十六刻本于梁武帝改革，或者认为回回历中同样采用九十六刻制，从而回避了九十六刻来源于西方的观点。梅文鼎、戴震却并不知道西方根本不存在九十六刻制的记时方法。

① 南怀仁著，高华士英译，余三乐中译：《南怀仁的〈欧洲天文学〉》，第45页。

② 戴震：《经考》卷四，载杨应芹等主编《戴震全书》第2册，黄山书社，2010年，第278页。

③ 梅文鼎：《历学疑问·历学疑问一》，载《梅氏丛书辑要》卷四十六，清同治十三年刻本。

第五章　融合发展——康熙三十一年容教诏令的颁发

南怀仁是明清之际耶稣会在华传教史上，继利玛窦、汤若望之后的又一代表性人物。南怀仁顺治十六年（1659）入华传教[①]，康熙历狱中曾与汤若望一道就历法、天主教义等问题与杨光先争辩。康熙历狱后，南怀仁被允许继续留在京城居住，他因感愤于杨光先对西洋新法的种种指责，撰写《历法不得已辩》，对杨光先的指责逐条辩驳。康熙八年（1669），南怀仁在有关历法优劣的测验中成功击败杨光先、吴明烜，重新确立了西法的正统地位。此后，南怀仁为清廷效力近二十年，他在治理历法期间的功绩奠定了容教诏令颁发的基础。本章以南怀仁的活动为主线，分析康熙三十一年（1692）容教诏令颁发的原因。

第一节　信仰、职责与政治——南怀仁对选择星占术的立场与态度

南怀仁在传教、科学、工程等方面的贡献，学界已进行了广泛而深入的研究。关于南怀仁撰写的批判中国传统选择术、星占术的《妄择辩》《妄占辩》《妄推吉凶辩》三书，黄一农在《耶稣会士对中国传统星占术数的态度》一文中曾简要述及[②]，祝平一《辟妄醒迷：明清之际的天主教与“迷信”之建构》始对其进行了细致入微的研究，提出了许多精辟的见解[③]。

尽管两位学者的研究已经十分充分，不过关于南怀仁对待选择术、星占术认知的研究，还存在需要进一步探讨之处。黄一农、祝平一研究的不足之

---

① 南怀仁生平可参见林金水《试论南怀仁对康熙皇帝天主教政策的影响》，载魏若望编《传教士・科学家・工程师・外交家南怀仁（1623～1688）》，第403—438页。

② 黄一农：《耶稣会士对中国传统星占术数的态度》，《九州学刊》1991年第3期。

③ 祝平一：《辟妄醒迷：明清之际的天主教与“迷信”之建构》，《“中央”研究院历史语言研究所集刊》第84本（2013）第4分。

处在于，没有注意到南怀仁对中国选择术和星占术采取的不同立场。黄一农评论《妄择辩》等书是“用科学的态度批判杨光先等以术数占断吉凶休咎的看法，认为这些均属虚妄”确实高度概括了三书的中心议题，但是《妄占辩》可以说是用科学态度批判中国传统星占术，但《妄择辩》《妄推吉凶辩》绝非是用“科学的态度”进行批判。祝平一认为《妄择辩》等书“攻击的目标非常明确：撕毁杨光先所用的占测理论和实践”，却没有看到南怀仁在批驳选择术时有所保留，《妄择辩》《妄推吉凶辩》的核心是攻击杨光先的选择术不能推定吉凶祸福，与此同时，南怀仁又极力辩护选择术存在“合理之用”。此外，黄一农、祝平一没有注意《妄择辩》等书写作的政治背景，忽视了南怀仁撰写三书的政治意图。而且尚无学者将南怀仁推崇西方星占术的《预推纪验》一书与《妄择辩》等书进行比照研究，分析南怀仁对待中西星占术“厚此薄彼”的原因。实际上，这一切源于南怀仁传教士与清廷官员的双重身份，又都服从于特定之政治目的，本节试就此展开论述。

一、南怀仁以审慎的态度批驳中国选择术

祝平一《辟妄醒迷：明清之际的天主教与“迷信”之建构》一文对《妄择辩》中南怀仁提出的“一套应如何解读择日四柱、天象与五行关系的方法”进行了详细的阐释，指出南怀仁认为“这类文本的语义都是象征性的，目的在于提醒人们敬谨日常行事”[①]；文中还介绍了《妄推吉凶辩》中南怀仁指责算命仙根本不懂历法等内容。祝平一对两书的阐释确有许多真知灼见，对于祝平一文章中已经阐述的内容，本书不再赘述。本书集中在《妄择辩》《妄推吉凶辩》论述的中心、辩驳的方式以及南怀仁采用审慎态度批驳选择术的原因三方面展开论述。

南怀仁在《妄择辩》开篇即明确表明批驳“吉凶虚妄之谈”是他论证的核心，“今予所辩者，非圣贤合理之正意，惟辩光先辈玷辱圣贤颠倒之解，即其吉凶虚妄之谈耳”[②]。正是围绕这一中心议题，才引出了南怀仁认为择日四柱都是象征性的论述。《妄推吉凶辩》则逐条批驳算命看风水之人推定吉凶祸福的

① 祝平一：《辟妄醒迷：明清之际的天主教与“迷信”之建构》，《“中央”研究院历史语言研究所集刊》第84本（2013）第4分。

② 南怀仁：《妄择辩》，载钟鸣旦等主编《法国国家图书馆明清天主教文献》第十六册，台北利氏学社，2009年，第266—267页。

言论,“兹独辩其专习吉凶之算法,以明其皆属虚妄之谈,开列数端于左”[①]。书中列举的十款分别是:一曰谈命之虚妄、二曰八字之虚妄、三曰用旧法之虚妄、四曰许断做官等事之虚妄、五曰祸害由信风水之虚妄、六曰遮盖不效之虚妄、七曰形象之虚妄、八曰诸家彼此相矛盾之虚妄、九曰算未来之虚妄、十曰颠倒祸福之虚妄。从宏观上可以看出,《妄择辩》《妄推吉凶辩》两书论证的核心并非是要“撕毁杨光先所用的占测理论和实践”,而是驳斥选择术不能推定吉凶祸福。

不过南怀仁在书中并非如黄一农所说用“科学的态度”批驳选择术,两书主要是以辩论和诘难的方式批驳选择术。在杨光先等算命之人看来,择日四柱等确实会影响吉凶祸福:

> 凡阴阳二宅,以其人之本命为主,山向岁月,俱要生扶本命,最忌克命。选择造命之理,要生扶之四柱,忌克泄之四柱。或三方不利,用事难缓,则用制杀化杀之月令,以化凶为吉;若月令生杀党杀,日时不良,则有凶而无吉。[②]

在《妄择辩》中南怀仁则以“以理推、以理辩”[③]的方法辩称择日四柱等仅存“比象”之意[④],并不发挥实际效用。南怀仁刻意“曲解”选择家的原意,另外重新构造了一套学说去解构选择术的理论,从而达到将选择术与推定吉凶祸福剥离之目的。这种辩论的策略在《妄择辩》中最为明显。

《妄推吉凶辩》一书的主要论证方式是寻找选择术在理论上不能自洽和自相矛盾之处,通过辩论的方式攻击选择术的漏洞。如杨光先等人看风水、卜卦,预算人之祸福,都以某人之命为主。南怀仁反问道,各人之命若断然为定,则看风水、算命、卜卦、选择等项皆属无用。若风水选择等术能改人命,南怀仁诘难、反问选择家为何不把好风水、吉日等留给自己,以求富贵[⑤]。南怀

---

① 南怀仁:《妄推吉凶辩》,载钟鸣旦等主编《法国国家图书馆明清天主教文献》第十六册,台北利氏学社,2009 年,第 300 页。

② 杨光先等撰,陈占山校注:《不得已(附二种)》,第 41 页。

③ 祝平一:《辟妄醒迷:明清之际的天主教与“迷信”之建构》,《“中央”研究院历史语言研究所集刊》第 84 本(2013)第 4 分。

④ 祝平一在《辟妄醒迷:明清之际的天主教与“迷信”之建构》对此有详细的论述。

⑤ 祝平一曾经注意到南怀仁在《妄择辩》中质疑算命理论的自相矛盾之处。见祝平一《辟妄醒迷:明清之际的天主教与“迷信”之建构》,《“中央”研究院历史语言研究所集刊》第 84 本(2013)第 4 分。

仁指责选择术杂乱无章、无一定之说，选择风水诸家的是非吉凶宜忌，常常是各执其见，彼此自相矛盾，“彼家所云吉，此家即云凶。此之所宜，彼之所忌，夫真理惟一，若虚妄则无数”①。由此可知选择术不是唯一之真理，只是以此吓唬愚人罢了。此外，南怀仁还责难选择术推定吉凶并无实际效验，“吉凶之效，若由术家之算，则百算应百验，乃于十百之中，间有一二效验者，而独归于推算吉凶之可据，有此理乎?”②

南怀仁不但没有彻底“撕毁杨光先所用的占测理论和实践”，而且还辩护选择术存在“合理之用”。他认为选择等术有实用、虚用之分，即合理之用、不合理之用之分。此举乃是“依循汤若望的策略……以其中实用者为‘合理之用’，是教会可以接受的，而虚用者为‘非理之用’，纯属迷信”③。因历书中择日之意已经在《民历铺注解惑》一书中论述，南怀仁在《妄推吉凶辩》中重点论述“相度之实用”。南怀仁说：“所谓地理也者，即凡营造房屋、坟墓等项，应相度而定其相称之地形，及地势也。”④南怀仁辩称选择风水的本意是选择相称的地势，即东西南北及左右上下前后，各得其相宜之所，其大小、长短、远近有一定相称的比例。他还列举三条证据证明自己所说乃是相度之原意。

南怀仁引用蔡发等风水名人的著作，“指出所谓吉凶，不过言地美不美，而地之美丑则在于相称与否”⑤。南怀仁进而阐述选择风水及相度的本意就是选定地形是否美观，与其用途是否相匹配，这是风水的合理之用；若单独讨论吉凶，如富贵之地、高寿之地等，就是非理之用；并称朱熹、程颐等人也认同此理⑥。钦天监所谓选择吉日、吉地，只不过是表达朝廷重视其事的意愿，显示一种谨慎之心，这才是钦天监选择相度的本意。比如工

① 南怀仁：《妄推吉凶辩》，载钟鸣旦等主编《法国国家图书馆明清天主教文献》第十六册，第316页。

② 南怀仁：《妄择辩》，载钟鸣旦等主编《法国国家图书馆明清天主教文献》第十六册，第321—322页。

③ 黄一农：《耶稣会士对中国传统星占术数的态度》，《九州学刊》1991年第3期。

④ 南怀仁：《妄推吉凶辩》，载钟鸣旦等主编《法国国家图书馆明清天主教文献》第十六册，第323页。

⑤ 祝平一：《辟妄醒迷：明清之际的天主教与“迷信”之建构》，《“中央”研究院历史语言研究所集刊》第84本(2013)第4分。

⑥ 南怀仁：《妄推吉凶辩》，载钟鸣旦等主编《法国国家图书馆明清天主教文献》第十六册，台北利氏学社，2009年，第327页。

部等衙门给钦天监的咨文中，涉及选择风水之地、日期时，仅仅以吉地吉日称之，并没有富贵高寿、子孙蕃衍等的称谓。当钦天监所选定的吉日或太近，或太远，为工部等衙门不便用时；或所选的吉地或太小，或过宽，或长短等情不符合建筑的用途时，则被部院驳回，要求更选适用者。南怀仁称由此可见吉日吉地并不与祸福直接相关，否则部员、监员何敢改换吉日吉地，以求便用。南怀仁最后总结道："因此而知古来选择相度之原义不过定其日之便用与其地之相称。以同风俗，大一统，致天下如一家者也。"①

南怀仁之所以采取如此审慎的态度去批驳选择术，是延续他为汤若望任职钦天监所做的辩护，即钦天监监正的职位并不包含迷信或"丑闻"的内容②；此外也是因为他在写作《妄择辩》《妄推吉凶辩》两书批驳选择术时③，处在清廷任命他为钦天监监副，南怀仁具疏控辞的"敏感"时期。钦天监内漏刻科"职掌相看营建内外宫室、山陵风水；推合大婚，选择吉期；调品壶漏，管理谯楼，郊祀候时，并铺注奇门、出师方向"④，这些都涉及选择术。况且"地理选择之事除深入古代社会外，更为官方进行各项礼仪所重"⑤。就在南怀仁撰写两书前不久，钦天监奉旨选择起建太和殿日期，内院命令南怀仁一同选定，可见朝廷对择日之事的重视⑥。此种情形下，南怀仁就不会贸然彻底驳斥选择术了。

二、南怀仁以科学的态度批驳中国星占术

与《妄择辩》《妄推吉凶辩》两书不同，《妄占辩》一书并不仅仅如祝平一所说是"抨击杨光先不懂天文，却假天文之名以行占测之实"⑦，该书的论

---

① 南怀仁：《妄推吉凶辩》，载钟鸣旦等主编《法国国家图书馆明清天主教文献》第十六册，第330页。

② Ferdinand Verbiest's Apology for Adam Schall's chairmanship of the Astronomical Bureau: Peking 1661. 载 Noël Golvers, *Letters of a Peking Jesuit: the correspondence of Ferdinand Verbiest, SJ* (1623—1688), pp.816－870.

③ 南怀仁在书后特意标明其身份为"治理历法远西南怀仁"。

④ 徐光启等纂修，汤若望重订：《西洋新法历书·汤若望奏疏》，载薄树人主编《中国科学技术典籍通汇·天文卷》第八分册，第939页。

⑤ 黄一农：《耶稣会士对中国传统星占术数的态度》，《九州学刊》1991年第3期。

⑥ 南怀仁：《钦定新历测验纪略》，载钟鸣旦等主编《法国国家图书馆明清天主教文献》第五册，第396页。

⑦ 祝平一：《辟妄醒迷：明清之际的天主教与"迷信"之建构》，《"中央"研究院历史语言研究所集刊》第84本(2013)第4分。

证核心可谓是颠覆“中国星占术的理论与实践”，这从该书的目录中即可看出端倪。

表5—1　妄占辩目录①

辩光先辈天文虚罔之用
一辩天上从来无此象而占家以为已有经验之象
二辩其象原无主管之实能而占家以为实能主管之象
三辩分野之占
四辩因古者所遗定各日名字之占
五辩伤人自专之占
六辩因方向之占
七辩因天行常度之占
八辩不分别地势之异而占
九辩前人已经验天象之说
天文测交食之奥理二篇
天文仪器之造法用法二篇
天文仪象变通之法二篇
天文知天象之缘由三篇
天文属学之书三篇
辩占家之虚妄四篇
天象多无施效之能六篇
天象多属比意七篇
交食救护原意七篇
比象不能致效八篇
奏占之原意九篇
星宿为比象者非其本然惟由人定九篇
支干等字自无能力惟由人列定十一篇
天象不强人之自专十三篇
占家所谓已验者多系偶然之效十六篇
此时所验彼时无验十七篇

① 南怀仁：《妄占辩》，载钟鸣旦等主编《法国国家图书馆明清天主教文献》第十六册，台北利氏学社，2009年，第339—342页。

《妄占辩》现仅存"天文测交食之奥理"以前各篇,从对现存篇目的分析中可知,南怀仁在书中真正是以科学的态度批驳中国星占术[①]。

"辩光先辈天文虚罔之用"一节中,南怀仁认为杨光先根本不懂天文历法,仅仅知道几颗星星的名字,会"诵念占书所载吉凶",却夸许自己知道天文学,"大亵辱天文之高名也"。南怀仁列举了五条天文学最根本的基础知识,以突显无知者的虚妄,其中最重要的一条是:

> 测天之高,地之厚,日月五星之大小,远近行动,及四时节气定序,又测七政各列本天,与各天有上下层次,及远近相距一定之度,列宿诸行之细微,各有本道,而诸道各有南北不同之两极。又本道所行,与地近远,并最低最高者,各有定期,更皆有本体大小一定之度分,亦有迟疾顺逆诸行之不同,亦有留而不行之定目,推测此等所以然之理皆系天文之本学也。[②]

其余四条分别是"能制造各种测天仪器""洞晓测天诸仪象变通之法""创立测天诸法""分别天象是异常非异常、推知诸象之所以然"[③]。这些知识在《新法历书》中均有详细的阐释,绝非"举目观天,而诵念占书"者可比。南怀仁进而批评中国传统星占术"其中多无凭据,而终归于虚妄",并开始系统地论述,兹简述几条论证方法。

"一辩天上从来无此象而占家以为已有经验之象"中,南怀仁指出星占书中记录了一些天象,以为其是经过检验的"实据",其实天上从来无此种天象,乃是星占家凭空造作,其预推之事也属臆造,而星占家自以为已经效验。譬如,星占家称"日陨于地,则天子国亡",占书中记载有"晋愍帝建兴二年,正月辛未辰时,日陨于地"的事例。南怀仁反驳道太阳比地球大数百倍,通过交食之理即可知,如果太阳陨落于地,则世界已经毁灭[④]。针对星占家称大臣窃权则月行失度之说,南怀仁解释道日月运行有一定不变的规

① 祝平一《辟妄醒迷:明清之际的天主教与"迷信"之建构》一文对《妄占辩》阐述不多,本节对该书加以详细介绍。

② 南怀仁:《妄占辩》,载钟鸣旦等主编《法国国家图书馆明清天主教文献》第十六册,第344—345页。

③ 南怀仁:《妄占辩》,载钟鸣旦等主编《法国国家图书馆明清天主教文献》第十六册,第345—348页。

④ 南怀仁:《妄占辩》,载钟鸣旦等主编《法国国家图书馆明清天主教文献》第十六册,第350页。

律，历法才能预推，若因君臣乱政则月亮运行混乱，那么历法根本无从推算月亮的运行①。又如星占家说："土木火金水五星，各见月中之时，则占曰云云。"南怀仁说根据天文观测可知五星比月亮大数十倍，根本不可能出现"土木等星见在月之中"的情形②。南怀仁表示此处列举出来的只是《占书》第一册之中的百分之一，其余的九册书中的错误更是不胜枚举。

"二辩其象原无主管之实能而占家以为实能主管之象"中，南怀仁说星占家以为某种天象真能主管人事，其实并非如此。"南怀仁再次运用它的象征理论，声称占星预测仅是'比理'并无'实能'"③，比如星占家将太阳作为人君之象，如果出现日食，则预示皇帝将要遭遇灾害之象，因此要施行救护之礼。杨光先认为施行救护之礼，能够挽回、转移天下有危险之事。南怀仁则认为救护之礼，乃取比象之意，比照古礼祈求上帝救护人君，并不能转移危险。分野学说是中国星占术的一个重要理论，南怀仁认为这也是星占家自意而定。南怀仁指出天与地各分为三百六十度，中国与天上相应之地，大约二十度，其余三百四十度，分于其余各国。"然天之转动，不但相对于中国之二十度，还与外国三百四十度相对也"，可见分野乃人自意而定，因分野而占人事，皆属空虚无实理之言④。

南怀仁指出民历中每日下列支干、五星、二十八宿、黑道等字样，不过由人自意所定，为每一日之不同名字，与本日之天行丝毫无涉⑤。星占家所谓的强兵起、乱天下、大臣擅权等天象都不具备实际效力，此等事情施行与否，乃由人自主所定，与天象无关⑥。南怀仁还驳斥杨光先冬至日观候，以顷刻细微之风，便推测本年有旱涝之灾、天下太平不太平等重大之事⑦。

---

① 南怀仁：《妄占辩》，载钟鸣旦等主编《法国国家图书馆明清天主教文献》第十六册，第350—351页。

② 南怀仁：《妄占辩》，载钟鸣旦等主编《法国国家图书馆明清天主教文献》第十六册，第353页。

③ 祝平一：《辟妄醒迷：明清之际的天主教与"迷信"之建构》，《"中央"研究院历史语言研究所集刊》第84本(2013)第4分。

④ 南怀仁：《妄占辩》，载钟鸣旦等主编《法国国家图书馆明清天主教文献》第十六册，第362—363页。

⑤ 南怀仁：《妄占辩》，载钟鸣旦等主编《法国国家图书馆明清天主教文献》第十六册，第363—366页。

⑥ 南怀仁：《妄占辩》，载钟鸣旦等主编《法国国家图书馆明清天主教文献》第十六册，第366—368页。

⑦ 南怀仁：《妄占辩》，载钟鸣旦等主编《法国国家图书馆明清天主教文献》第十六册，第368—370页。

星占家以自然常有之天象，如日食、月食、太白昼见等奏为异常天象，是星占家有其他寓意在其中，并不能预测吉凶①。南怀仁还批驳杨光先不分别南北之地势，拘泥其占书所载之吉凶，妄论异常与否②。至于星占家所说的已经效验的天象，南怀仁从三点予以反驳：星占家的测验不精确，许多星占家自称已经效验的天象，实际上根本就不存在；纵使星占家所说天上有一天象，人事亦有一事发生，两者并不能一定联系在一起；即使先前已有一天象及其效验，然而在不同时间里发生，彼此之间并没有相互联系的理由。

三、南怀仁以“迷信”的态度坚信天文气象学和医疗星占学

南怀仁在欧洲时既对星占学持负面看法，却对各种天文气象所蕴含的对生命的征兆兴趣浓厚③。在中国的际遇，不但加深了南怀仁的上述认识，而且为他践行自己的兴趣提供了机会④。如上文所述，南怀仁运用西方天文学知识驳斥了中国传统的星占学理论，可是却对西方的天文气象学等深信不疑。康熙八年(1669)二月，在回应杨光先“南怀仁不习选择，则是南怀仁之历法有何用乎”的指责时⑤，南怀仁表示：

> 今南怀仁所习者皆天文实用、历法正理而已，此二端实南怀仁所用，选择之根本也。如定兵、农、医、贾诸事宜忌从此而定，务期日后与天有相应之效验，与历年所报各节气天象历历可证。⑥

在南怀仁看来，与中国星占术所定吉凶等事不同，“兵、农、医、贾诸事宜忌”

---

① 南怀仁：《妄占辩》，载钟鸣旦等主编《法国国家图书馆明清天主教文献》第十六册，第370—371页。

② 南怀仁：《妄占辩》，载钟鸣旦等主编《法国国家图书馆明清天主教文献》第十六册，第371—372页

③ Noël Golvers, *Letters of a Peking Jesuit: the correspondence of Ferdinand Verbiest, SJ* (1623—1688), p.115. 原文为“his negative attitude towards astrology, which later in China becomes more manifest,…… interest in the meteorological aspects of life, with a precise indication of the various(regional) winds, their effects,etc”。

④ 南怀仁在1665—1668被限制在北京寓所期间，还观察天文气象，探寻其中的涵义。见Noël Golvers, *Letters of a Peking Jesuit: the correspondence of Ferdinand Verbiest, SJ* (1623—1688), pp.166－167.

⑤ 南怀仁：《钦定新历测验纪略》，载钟鸣旦等主编《法国国家图书馆明清天主教文献》第五册，第395页。

⑥ 南怀仁，《钦定新历测验纪略》，载钟鸣旦等主编《法国国家图书馆明清天主教文献》第五册，第399页。

与天象有确然之效。而且南怀仁还认为天象与天气变化之间也有必然联系，“其中风雨旱涝等验，与天象有因性相连，并系固然之效者”[①]，此即西方星占学最重要的应用之一——天文气象学[②]。被清廷任命治理历法后，南怀仁开始在钦天监实践他的理念。

据南怀仁说，因西洋新法在观象台的屡次测验中“密合天行”，康熙面谕他“以后将每年天象预推奏闻”[③]。康熙八年六月，清廷正式任命南怀仁料理“历法天文一切事务”[④]，此后南怀仁的奏折中都署有“钦天监治理历法”的头衔。钦天监中选择风水、吉凶时刻等事与天主教信仰相冲突，或许在南怀仁的请求下，康熙准许他专办历务，免去选择相度等监正、监副的职责[⑤]。南怀仁凭借康熙的敕令和治理历法的权力，试图从实践上彻底摒弃中国传统星占术，并以西方星占术取而代之。他说：“我（南怀仁自称——译者注）夜以继日、不知疲倦地投身于有关天文的工作中，根据天象，找出适合农事耕作的日子，或是适合服药的时日，以及适合做其他所有此类部分地受到气候和天象影响事情的日子。但是我可以非常肯定地说：如何选择黄道吉日和不吉利的日子，跟天与星象毫无关系，也没有任何正确的理论根据。”[⑥]

从现存钦天监档案和《预推纪验》中的记载可知，从康熙八年（1669）到康熙十九年（1680），南怀仁在预推每年春分、夏至、秋分、冬至、立春、立夏、立秋、立冬八节气以及交食等日的天象时，藉天象预先推知每个季节的天气以及世间万物的变动，并以钦天监奏章的形式将其上奏[⑦]。在南怀仁看来，天象不但与云、雨、风、雷、霜、雪等事有关，与农家、医家也大有关系。天体运动及天上之气，与四季中每季会发生调和、不调和的情况，而世间的人与物之气亦会随之出现调和与否的情形。如旱涝、五谷之收成与否、人的各种

① 南怀仁：《妄推吉凶辩》，载钟鸣旦等主编《法国国家图书馆明清天主教文献》第十六册，第317页。

② 黄一农：《耶稣会士对中国传统星占术数的态度》，《九州学刊》1991年第3期。

③ 南怀仁：《预推纪验》，载钟鸣旦、杜鼎克编《耶稣会罗马档案馆明清天主教文献》第六册，台北利氏学社，2002年，第547页。

④ 韩琦、吴旻校注：《熙朝崇正集　熙朝定案（外三种）》，第57页。

⑤ 韩琦、吴旻校注：《熙朝崇正集　熙朝定案（外三种）》，第133页。

⑥ 南怀仁著，高华士英译，余三乐中译：《南怀仁的〈欧洲天文学〉》，第87—88页。

⑦ 南怀仁：《预推纪验》，载钟鸣旦、杜鼎克编《耶稣会罗马档案馆明清天主教文献》第六册，第547页。

疾病等，都取决于冷热干湿等情之调和与否。因此南怀仁会根据每个节气中太阳、月亮及五星的运动，来预测天气阴云、风雨、霜雪以及冷热干湿的变化；旱涝情况，农业收成与否；人体内血气调和与否，疾病多寡；用药治理何日顺天等事[①]。

现存钦天监康熙十六年(1677)到康熙十九年(1680)有关占候的十八份档案中，每个节气都以金、木、水、火、土五星或月亮为主导天象，五星、月亮之间又会相互作用。通过对这些档案分析可以发现以下规律：春季里天气转暖，各种植物生长；夏季炎热，人体多血气不调，多痢疾等病；秋季转冷，适宜种麦；冬季有雪，主导世间万物生长的滋养之气退减，有病者加重，正月里服药调理甚好[②]。

南怀仁认为根据这些天象推测之事确然有效，为了证明自己所说不误，他将康熙八年(1669)至康熙十九年(1680)“预推天象之效验开列”，此即《预推纪验》一书中记载之数据。《预推纪验》中主要记录一年中的天气情况，南怀仁特意强调“盖此等之效，皆系直(值)日官生，在观象台已经验而报呈于本堂在案”[③]。南怀仁的逻辑是既然天气等事经检验有效，“其他类之效天下别方，已经验者，因此亦可推知也”。他的理由是：“盖每年四季，空际及天上之气，与本季或调和、或不调和之时，则人物之气，大概小随之而有调和与否。”[④]南怀仁在每一年记载末尾，都注明“据观象台该值官生，于本年以上诸日观候，得与所推一一相符在案”[⑤]。不过在前言部分，南怀仁也提醒这些记载都是在北京观象台中经“观候而验者矣”[⑥]。在科技尚不发达的17世纪，南怀仁预报的“天气”何以能达到他所称的精确程度？

---

① 南怀仁：《预推纪验》，载钟鸣旦、杜鼎克编《耶稣会罗马档案馆明清天主教文献》第六册，第547—548页。

② 中国第一历史档案馆等编：《清代天文档案史料汇编》，大象出版社，1997年，第161—165页。

③ 南怀仁：《预推纪验》，载钟鸣旦、杜鼎克编《耶稣会罗马档案馆明清天主教文献》第六册，第548页。

④ 南怀仁：《预推纪验》，载钟鸣旦、杜鼎克编《耶稣会罗马档案馆明清天主教文献》第六册，第552页。

⑤ 南怀仁：《预推纪验》，载钟鸣旦、杜鼎克编《耶稣会罗马档案馆明清天主教文献》第六册，第560页。

⑥ 南怀仁：《预推纪验》，载钟鸣旦、杜鼎克编《耶稣会罗马档案馆明清天主教文献》第六册，第548—549页。

现从《预推纪验》中选出三年的天气记录加以分析，列表如下：

表 5—2 《预推纪验》中康熙十四年(1675)至康熙十六年(1677)的记录①

年份 月份	康熙十四年(1675)	康熙十五年(1676)	康熙十六年(1677)
一月	初一、初六、初九相近日，有阴云雪气	初一日、十四、二十、二十七，相近之日，天气有变，或阴云雪气，或大风	正月主天变，或北风，或阴云雪气，于本月初八、十六、二十三、二十五、二十八日
二月	朔日，有润云雪气。二十五日，春分，至立夏，此三节气内，空际多阴云湿气	初九、十二、十五、湿气、十八	(接上月)并二月初六、初八、十六，相近之日有验。二月十七日春分，主多有风气，有阴雨，与本月二十、二十一、二十三、二十六、二十八日
三月	(接上月)于初一日、初七、初十、十六、二十二、二十八日验之。又谷雨前后相近日，有风雨	(接上月)并三月初一、初九、十六、十九，相近之日，空际多有阴云濛雨。立夏初日，空际有濛雾之气，又本月二十三、二十六	(接上月)又三月初一、初四、初九、十二、十五、十七、二十二、二十五、二十九日
四月	二十八日	(接上月)初一、初八、十五、十八、二十二日	(接上月)并四月初一、初二，相近之日，有验。四月主云雨风雷。于本月初七、初九、十四、十六、二十二、二十九日
五月	(接上月)初五、十五、二十二，相近之日，有阴雨	(接上月)五月初五日，相近之日有云雨。五月空际多有云雨雷电，于本月十七、十九、二十五	(接上月)及五月初八、十四、十六、二十，相近之日有验。五月主有云雨雷电暴风。于本月二十七日
六月	初一、初三、初七、十四日，主有雷雨。二十六、二十八、二十九日	(接上月)初一、初三、初八、初十，相近日，以至二十五日验之。二十八日立秋，至秋分，空际多有云雨	(接上月)初一、初二、初八、十五、二十三、二十五

① 南怀仁：《预推纪验》，载钟鸣旦、杜鼎克编《耶稣会罗马档案馆明清天主教文献》第六册，第 572—580 页。

续表

月份＼年份	康熙十四年(1675)	康熙十五年(1676)	康熙十六年(1677)
七月	初一、初六、初七、十二、二十二、二十九日	(接上月)于七月初一、初八、十五、二十二、二十四日	(接上月)并七月初一、初三,相近之日有验。七月主空际有云雨。于本月初九、十五、二十一日
八月	(接上月)初二日,有阴雨。十五、十八、二十四	(接上月)初一、初八、十五,相近之日有验。秋季,多有北风,于本月二十三日	(接上月)及八月初一、初八、十四、二十五,相近之日有验。八月主空际多阴云冷湿之气,于本月二十八日
九月	(接上月)初一、初七、十五,相近之日,空际忽有阴雨或风气。二十三日	(接上月)及九月初一、初四、初七、十四、十八、二十二、二十九,相近之日,有验。又九月初十、十八、二十二日,主阴雨	(接上月)并九月初三、初五、初九、十七,相近之日,有验
十月	(接上月)初三、初七、十六、二十[illegible]、二十四、二十九,相近日,空际多变,或阴云雪气	主天气或变雪,或变风,于本月初五、初七、十二、十五、十九、二十二、二十九	主天气多变,或阴云雪气。于本月十七、二十三、二十八日
十一月	初八日、十四、二十五、二十九,相近日,空际多风,阴云雪气	(接上月)及十一月初三、初六、十四,相近日验之。十一月主天多变阴云雪气,于本月二十、二十四、二十七、三十日	(接上月)及十一月初一、初六、十四、十五、二十一、二十三,相近之日有验
十二月	二十四、二十八日,相近之日,天气有变,或阴云雪气,或大风	(接上月)及十二月初三、初十、十三、十六、二十四、二十七,相近之日有验	主空际有阴云雪气,与本月初八、十二、二十七,及次年正月初三、初九相近之日有验

通过对《预推纪验》中康熙十四年、十五年、十六年天气记录的分析,可以发现南怀仁之所以能做到他说的“一一符合”,原因在于其中预推的天气很多都是人们所熟知的日常生活常识。《预推纪验》中所载天气遵循以下

规律：二月里多风、有云雨，五、六月间多云雨雷电，九、十月间多北风、天气转冷，十、十一月则多阴云雪气[①]。这些记载完全符合北京地区的气候特征。此外，南怀仁预报天气所使用的词语过于宽泛，如多风、云雨、雷电云雨、阴云雪气、寒风等词。而且记录中所谓“相近之日有验”，指的是预推某日，或者前后一日，这样就扩大了可检验的范围[②]。可是如果通过天象预推天气等事，仅仅与北京地区的情况相符合，又如何使各个地方人们信服？南怀仁又开始运用另外一套说辞对此进行解释。

同一天象同时照临天下，何以在各地的效验却大不相同。南怀仁解释说这是因为天象的效验不但由天象决定，也受各地相应地气的影响。如南方临近江河大海，多有潮气，天象照临其地，多能变动其气为阴雨、水涝；北方无江湖大海，天象照临多能变动干土之气，因而多风、干旱[③]。南怀仁认为天象之照临，必然能改变天下各方之气，这是丝毫不用怀疑的，犹如火必然能烧天下万物。但是天象改变各物之气，也会因各物不同而变化，如火烧青湿之柴，则起青湿之烟；若烧硫磺，则起硫磺干热之烟[④]。至于天象预推为何不能准确确定某日有风、有雨、有雷霜雪等事，南怀仁解释其原因在于“不能预知地内所发之本气，或各风从外面所带各种之云彩”。所能预先推定的是某日天地之气，必然有所变动；但是究竟所变结果或风或雨，以及具体何日何时发生则无法确定。这是因为“天象之效验，大半由地气而致之故也”[⑤]。

四、南怀仁以合作的态度依照中国星占术奏报异常天象

南怀仁所预测的天文气象学、医疗星占学等均属西方星占学的内容，他将教会所允许的预测天体运行及气候阴晴、农事播种等事杂糅在一起。在推算出每个节气天体的运行轨迹之后，附会从日常生活中得到的经验常

① 以上月份俱指农历。

② 南怀仁：《预推纪验》，载钟鸣旦、杜鼎克编《耶稣会罗马档案馆明清天主教文献》第六册，第552页。

③ 南怀仁：《预推纪验》，载钟鸣旦、杜鼎克编《耶稣会罗马档案馆明清天主教文献》第六册，第549页。

④ 南怀仁：《预推纪验》，载钟鸣旦、杜鼎克编《耶稣会罗马档案馆明清天主教文献》第六册，第549—550页。

⑤ 南怀仁：《预推纪验》，载钟鸣旦、杜鼎克编《耶稣会罗马档案馆明清天主教文献》第六册，第550—551页。

识。尽管如此，也仍然无法达到南怀仁所说所有预测经检验一一符合的情况。当时耶稣会士亚当·达乃尔认为预测气候阴晴是不准确的，“甚至我们简直可以说，这一种预言预测是愚妄的与欺骗不实的，因为我们对于这种事态的复杂原因的知识，过于不完备，并且多半仅只是由已往的经验中，以推测的原因”①。南怀仁寻找各种理由为西方星占学辩护，认为其经过检验确有实效，可是这依然无法说服中国人相信这套理论。

依照天象预测气候、农耕、人体疾病等事，在南怀仁看来是有理有据、经检验完全有实效的，可是这一套西方星占学的内容并不是中国统治者所需要的，康熙十六年(1677)三月康熙给礼部下诏：

> 帝王克谨天戒，凡有垂象，皆关治理，故设立专官，职司占候，所系甚重，一切祥异，理应详加推测，不时具奏。今钦天监于寻常节气尚有观验，至今岁三月霜雾及以前星辰凌犯等项，应行占奏者，并未奏闻。②

康熙强调了“天象示警”对治理国家的重要性，不满钦天监没有上报“星辰凌犯”等天象，认为这是钦天监玩忽职守的表现，因而要责罚钦天监。南怀仁最后免于处罚，不过他依然坚持继续按照西方星占学内容奏报，至九月钦天监才开始上报异常天象：“本年九月十九日癸巳卯初初刻，观见月犯土星。随时测得月在上，相离十六分。臣等谨按占书曰：月犯镇星，女主丧败。一曰：天下有大丧。一曰：其国贵人以兵死，天下乱。一曰：先举事者败，若天下有大风之灾。”③

根据《清代天文档案史料汇编》的记载，尽管康熙十六年三月康熙就曾批评钦天监，可是自康熙十六年四月初四日(1677 年 5 月 5 日)至康熙十九年二月二十日(1680 年 3 月 20 日)，钦天监的二十七份特殊天象奏报中，十八份仍然是有关预测气候等项的西方星占学内容。自康熙十九年四月十二日(1680 年 5 月 10 日)到康熙二十七年(1688)南怀仁去世期间，钦天监有关异常天象的二十四份奏报，完全是中国传统军国星占学的内容，预测

---

① 魏特著，杨丙辰译：《汤若望传》，第 455 页。这是 1615 年神学家兼耶稣会士亚当·达乃尔在《占星神学》中的一句话。

② 《清圣祖实录》卷六十六，载《清实录》第四册，第 845—846 页。

③ 中国第一历史档案馆等编：《清代天文档案史料汇编》，第 161—162 页。

气候等西方星占学的内容不见了[①]。南怀仁《预推纪验》记录的数据也截止到康熙十九年四月，是什么原因导致南怀仁停止按照西方星占学推算气候等事？

中国传统“军国星占学的任务在预占战争胜负、年成丰歉、王朝安危等事”[②]。康熙十六年三月、康熙十九年四月恰处在两个对清廷而言十分关键的时间节点。三藩之乱发生后，康熙开始指挥平定叛军的战斗。康熙十六年正月，清廷着手部署进攻长沙事宜，此役对清廷而言十分关键，因为“吴三桂长期占据岳、澧等地，主要军粮源于长沙、衡州，欲灭吴三桂，必先取长沙”[③]。二月康熙还下旨给兵部，要求督促各部官兵“速行前进，勿令迟延，致误进剿大事”[④]。正是在此背景下，康熙才训斥钦天监不奏报天象。康熙十九年四月处在清廷对台湾政策由招抚改为武力解决的转折时期。康熙对台湾的策略倾向于一战定乾坤，可是大臣中有“台湾难攻”的言论[⑤]。自康熙十九年二、三月间，清军攻克金门、厦门后，清廷的政策逐渐明朗。钦天监在四月就奏报：

> 本月四月初十日己巳卯时与酉时，观见太阳赤色无光，躔在胃宿度。臣等谨按占书曰：日出二竿，日未入二竿，色赤无光，其分所在有兵丧。一曰：日赤无光，所临之国不昌。一曰：天下大旱，兵起。在胃宿属赵分。[⑥]

将此处与上文所引康熙十八年八月十九日（1679年9月23日）奏章对比，即可发现两种星占预测的内容大相径庭。前文根据天象预测的是天气的阴晴、人体的疾病，而此处预测的则都是军国大事。据此推断南怀仁应是从康熙十九年（1680）四月后，在审视当时的政治形势后，发现康熙决意武力进剿台湾，对预测气候阴晴等事不感兴趣。南怀仁为了迎合上意，停止预测气候阴晴，转而奏报军国星占学的内容。

---

① 中国第一历史档案馆等编：《清代天文档案史料汇编》，第161—169页。

② 江晓原：《天学真原》，辽宁教育出版社，1991年，第229页。

③ 孟昭信：《康熙评传》，南京大学出版社，第101页。

④ 王澈：《康熙年间平定吴三桂叛乱史料选》，《历史档案》1990年第2期。

⑤ 有关内容参见林乾《康熙统一台湾的战略决策》，《清史研究》2000年第3期；张仁忠：《康熙统一台湾》，《北大史学》1997年第四辑，第108—124页；孟昭信：《康熙评传》，第109—125页。

⑥ 中国第一历史档案馆等编：《清代天文档案史料汇编》，第166页。

五、结语

中国传统的选择星占术与天主教义多有抵牾之处[①]，南怀仁作为一名耶稣会士批驳其俱属“虚妄”可谓情理之中的事情。1661 年在为汤若望辩护时，南怀仁特意列举理由，强调没有必要公开解释钦天监所涉选择相度之事[②]。可为什么南怀仁自己又撰写《妄择辩》等三书呢？难道仅仅是因为康熙初年教会认定历书中有关阴阳选择的内容为迷信吗？[③] 事实可能并非如此。

《妄择辩》《妄占辩》《妄推吉凶辩》三书的写作时间都标注为“康熙八年巳酉仲夏上浣”，即康熙八年(1669)五月上旬。此时，南怀仁已经在与杨光先、吴明烜有关历法问题的争论中胜出，重新确立了西洋历法的正统地位。康熙历狱中对于汤若望等人的指控，只有有关选择荣亲王葬期的罪名尚未洗刷。从上文的论述以及《妄择辩》等书的内容可知，南怀仁所撰三书完全是针对杨光先《选择议》中所说天文、地理、时令三家展开批驳，其论证的核心是选择术并不能够推定吉凶祸福，从而推翻杨光先指责汤若望等选择荣亲王葬期“凶不可言”的结论，意图为康熙历狱彻底翻案。

既然目的是为康熙历狱翻案，何以南怀仁采取十分审慎的态度批驳选择术，却敢于彻底推翻中国星占学的理论与实践？这是因为从大的政治背景来说，当时辅政大臣鳌拜仍手握权柄，“垄断了中央部院的主要部门，控制了朝廷中枢机关”[④]。以误择荣亲王葬期为名判处汤若望等人，正是康熙四年辅政大臣秉持朝政之时做出的判决。况且，从上述清廷令南怀仁与杨光先一起选择太和殿的起建日期可知，当时整个清廷对选择术持普遍相信的态度。再加上南怀仁处于康熙任命他管理钦天监的敏感时期[⑤]，选择相度是钦天监的重要职责之一。因而南怀仁采取十分谨慎的态度批驳选择

---

① 黄一农：《耶稣会士对中国传统星占术数的态度》，《九州学刊》1991 年第 3 期；祝平一：《辟妄醒迷：明清之际的天主教与“迷信”之建构》，《“中央”研究院历史语言研究所集刊》第 84 本(2013)第 4 分。

② Noël Golvers, *Letters of a Peking Jesuit: the correspondence of Ferdinand Verbiest, SJ* (1623—1688), pp825—828.

③ 黄一农：《耶稣会士对中国传统星占术数的态度》，《九州学刊》1991 年第 3 期。

④ 徐凯：《清初摄政、辅政体制与皇权政治》，《史学集刊》2006 年第 4 期。

⑤ 韩琦、吴旻校注：《熙朝崇正集　熙朝定案(外三种)》，第 53、56、57 页。

术，仅阐述其不能推定吉凶祸福，却存在合理之用。不过南怀仁这一番用心良苦的策略并未发生任何效用，汤若望等人的罪名仍然是以他所批驳的方式被洗刷。鳌拜被擒之后，钦天监漏刻科五官挈壶正吴周斌等人奏称用洪范五行选择荣亲王葬期并不“凶险”，从而为康熙历狱翻案。

南怀仁之所以敢于以科学的态度企图彻底颠覆中国星占学的理论与实践，原因大概在于以下两方面：首先是星占学相比选择术有更为系统的理论体系，可以使南怀仁施展其西方天文学的知识对其进行系统的批判；其次，更重要的原因是康熙帝起初并不相信军国星占学。这从康熙八年（1669）到康熙十六年（1677）的八年时间里，南怀仁按西方星占学奏报天象，康熙并未发现任何不妥之处，直到攻打长沙的关键时刻，才临时想起指责南怀仁为何不上报异常天象即可推知。从康熙十六年（1677）到康熙十九年（1680），南怀仁依然继续按西方星占学传统奏报，或许也正是看到康熙似乎并未认真对待此事。

西方星占学所奏报的天文气象学、医疗星占学等内容，大多是日常生活经验的总结，并未提供统治者治理国家所需的任何信息。在清廷计划武力攻打台湾的背景下，南怀仁主动停止按西方星占学内容奏报，采用中土军国星占学的传统奏报天象，以迎合康熙治理国家的需要。事实上，有关选择相度等事，南怀仁在接管钦天监后同样也受到过天主教教内人士的非难①。但南怀仁意识到天主教传教事业的安危和成功都寄托在钦天监之上，因此号召耶稣会同道们提供帮助，共同抵御外来的攻击②。因为在南怀仁看来，整个天主教传教事业与从事一点被人称之为迷信的活动相比，显得更为重要③。

南怀仁虽然最终放弃奏报西方星占学，但他依然坚信其确有实效，可是“若从现代知识界的立场而言，当时教会所认可的天文气象学以及星占

---

① 南怀仁曾写信回应方济各会对民历中涉及择日等事的质疑，见 Noël Golvers, *Letters of a Peking Jesuit: the correspondence of Ferdinand Verbiest, SJ* (1623—1688), pp.525—530.

② Noël Golvers, *Letters of a Peking Jesuit: the correspondence of Ferdinand Verbiest, SJ* (1623—1688), p.613. 原文为：“If it is true that the safety and the success of the whole Mission depends from the Astronomical Bureau, all fellow fathers should help to protect it against the attacks from outside, and to defend the fathers inside the Bureau.”

③ 南怀仁在为汤若望辩护时，阐述了他“两害取其轻”的理论。Noël Golvers, *Letters of a Peking Jesuit: the correspondence of Ferdinand Verbiest, SJ* (1623—1688), pp.824—825.

医学的内容亦同属伪科学的范畴"[①]。何以对待同属伪科学的内容南怀仁会有如此明显的反差？南怀仁等耶稣会士进入中国后，即敏锐地发现了中国选择星占术的漏洞与虚妄之处，因为这与天主教信仰和西方文化反差太大。尽管南怀仁撰文批驳中国选择星占术，可是其效果寥寥。从南怀仁最终被迫放弃奏报天文气象学可知，中国人对待西方星占学的态度亦抱不信任与怀疑的态度。南怀仁却依然顽固认为西方星占学乃"天文之实用"，并寻找各种理由为其辩护。钦天监也继续从事选择相度，认为其确与吉凶相关，继续按中国星占传统奏报异常天象。由此可以发现，无论中国人还是南怀仁都坚守各自的文化信仰，南怀仁对中西星占术不同立场的根源在于文化信仰。

第二节　南怀仁治理历法事务探析

自康熙八年(1669)至康熙二十七年(1688)，南怀仁为康熙皇帝统治下的清廷治理历法、铸造火炮，效力近二十年时间。现有学界的研究成果[②]，对南怀仁治理历法期间巩固西洋历法正统地位的措施，以及南怀仁治理历法期间的劳绩如何影响其后天主教在华传播等问题，尚缺乏系统的梳理和分析。本节以此为中心展开论述。

一、南怀仁同反对西洋历法者的斗争

康熙八年，南怀仁在与杨光先关于历法优劣的测验中胜出后，西洋历法重新获得了正统地位。康熙十一年，江南吴县杨燝南撰写《真历言》一书，指责该年历日中立春、立秋、闰月等各项皆错，他还就岁差、四余、飞灰等事攻击西法，并计划将此书进呈御览。南怀仁上奏康熙帝要求严惩杨燝南，以示警戒："臣愚以为，乱法之杨燝南不置重典，则后来尤而效之者，且日至而未有止也，岂所以昭画一之法而垂于永久乎？"[③]康熙秉持客观公正的态度，让杨燝南说出历日错误的依据，并命图海等人前去验看，"朕于满

---

① 黄一农：《耶稣会士对中国传统星占术数的态度》，《九州学刊》1991年第3期。

② 有关南怀仁在历法、铸炮方面的贡献及现有主要研究成果参见魏若望编《传教士·科学家·工程师·外交家南怀仁(1623～1688)》，社会科学文献出版社，2001年；《南怀仁逝世三百周年国际学术讨论会论文集》，辅仁大学，1987年。

③ 韩琦、吴旻校注：《熙朝崇正集　熙朝定案(外三种)》，第97页。

汉内外总无异视，尔等务体朕心，勿执偏见，孰是孰非，虚公看验，务期永行无弊”①。

当图海等人询问杨燝南时，杨燝南却称自己对比民间坊刻本历书与康熙十一年历日，发现其中立春、立秋、闰月等节气或前或后，参差不齐，因此判断康熙十一年历日错误。杨燝南说自己的历法知识完全从书上照搬而来，曾依据书上所说推算过七政、四余的度数。但是从未到浑天仪前测验，候气、飞灰等也不敢家中私造，无从效验，因而不必同南怀仁验看。图海等据此判断杨燝南并不知晓历法，且私刻《真历言》一书，扰乱历典，将他交与刑部严加议罪。最后杨燝南被判责打四十板，徒三年，私刻《真历言》一书并刻板都被烧毁。

由于杨燝南状告新法错误一事，康熙曾询问熊赐履为何新法、旧法屡次诉讼，两者的差异到底在何处，“熊赐履指出由于双方的天文观念不同，导致建立在天文基础上的推算占候、阴阳五行、生克衰旺之说，都难以取合，此即为双方聚讼的症结”②。康熙或因此对旧法采取保留的态度，康熙十四年(1675)二月他令钦天监监副安泰跟随何君锡学习古法。南怀仁说当时的情形是：“康熙十三年，旧法之人窃听今上查旧法错根之时，乘机复图典其法。至康熙十五年，请旨往各省测验旧法之交食，随处流言，旧法合天，新法不合天等语。”③

康熙十四年八月，钦天监五官正何雒书等向南怀仁奏称依新法书表推算，康熙十五年五月初一日(1676 年 6 月 11 日)会发生日食，食分二十微；依古法推算同日发生日食，食分五分六十秒等语。按照钦天监旧例，凡北京发生日食，食分只有一分者，不必题奏救护，也不必题奏外省食分并题请救护，南怀仁因此并没有奏闻康熙。康熙十五年正月二十九日(1676 年 3 月 13 日)，钦天监监副安泰却请旨要求依照旧法验看各地日食，南怀仁因此不得不上奏各省日食之食分。测验的结果，新法预测日食时刻完全正确，旧法前后时间差错共计八刻左右。新法预测的食分二十微，最后测验

① 中国第一历史档案馆编：《康熙起居注》第一册，中华书局，1984 年，第 51 页。

② 黄一农：《杨燝南——最后一位疏告西方天文学的保守知识分子》，《汉学研究》1991 年第 1 期。

③ 南怀仁：《辞衔问答》，载钟鸣旦、杜鼎克编《耶稣会罗马档案馆明清天主教文献》第十二册，台北利氏学社，2002 年，第 377—378 页。

不及一分，南怀仁奏明这是因为濛气差的原因；旧法预测食分加入濛气差后应为七分，与实际结果相错六分。新旧二法疏密立见，康熙因此对新法深信不疑，八月给钦天监下旨曰："向者，新法、旧法是非争论。今既深知新法为是，尔衙门习学天文历法满洲官员，务令精勤习学。此后习学精熟之人，方准升用。"[①]

康熙十七年(1678)十月，吏科给事中奏称时宪历中开载太阳出入时，盛京(沈阳)居首；但在叙述各省节气时，则以朝鲜列于盛京之前。这种排列沿袭旧例，钦天监习而不察，他建议以后历日中节气一项朝鲜应附在各省之后。南怀仁等奏明钦天监治理历法以符合天行为要务，历日中所有排列开载，俱依照东西南北之先后，并不按照各省尊卑排列。历日中太阳出入一项，按照从北而南的次序排列，盛京在各省中最为靠北，故列在诸省之前；至于节气，依照太阳从东而西的运行规律排列，朝鲜既在各省最东面，因而列在诸省之先。这样的排列正合天行，南怀仁等反驳道如果历日中将朝鲜列在各省之后，是否就要在地图中将最东之朝鲜移在云南之后。

尽管自康熙九年起已按西法推算历日，但是由于民间从事算命、看风水、选择术等人熟悉旧法，民间存在依旧法私刻历日的情况，杨燝南状告新法就是一个例证。康熙十七年十月，南怀仁在《辞衔问答》中同钦天监门人分析了其中原由：旧法平分节气，每十五日一节气，算命者易学易记；新法不平分节气，或十五天，或十四天，或十六天一节气，难学难记。算命者以为新法批驳旧法平分节气、紫气等项没有根据，是指责算命诸说全错，视新法为仇雠。又由于算命之人天下各地无处不到，因而毁谤新法的言论，无处不传[②]。

算命之人虽不知晓天文历法，但算命时所说皆天文历法的专业词语，"如日月五星、黄道赤道、天上十二宫、二十八宿、罗睺计都、紫气等，又每用系七政等历"[③]。世人误以为他们通晓历法，因而怀疑新法。钦天监门人因而建议南怀仁接受通政使司通政使的职衔，以宣扬新法的正确。康熙十

① 中国第一历史档案馆编：《康熙起居注》第一册，第268页。

② 南怀仁：《辞衔问答》，载钟鸣旦、杜鼎克编《耶稣会罗马档案馆明清天主教文献》第十二册，第374—376页。

③ 南怀仁：《辞衔问答》，载钟鸣旦、杜鼎克编《耶稣会罗马档案馆明清天主教文献》第十二册，第373—374页。

八年十二月(1679年1月)，南怀仁等奏请由于阴阳诸家相度选择必以七政为本，现今时宪历日之中，只有朔望节气、太阳出入、昼夜长短等项，因此应将七政历日与民历一道于每年四月颁行各省，并敕令各省督抚严厉禁止另行铺注、伪造七政等各种便览通书的行为。

二、南怀仁提拔钦天监内精通西法之人

南怀仁十分注意培养熟悉新法的人员，自受命治理历法以来，即招钦天监内官生开局讲习，按期考试，以期使他们理数兼通，有裨于治历。他曾说："历理历法虽如此之精微全备，但不能独自传其美于后世，必须理数兼到之人以用之。"[①]南怀仁制造黄道经纬仪等六件天文仪器后，认为这些仪器的制作、使用、安设及运动坚固之法，"凡此非见诸发挥，精粗具举，则是惟臣知之，而人不知，岂所以公诸天下而垂永久之意乎?"[②]因此南怀仁将已有学说融会贯通，加以自己的心得，推类旁通，著表绘图，完成了十六卷的《新制灵台仪象志》。又因该书图表备载，不便抄写，南怀仁请求把该书刻板印刷后，发给钦天监官生细心学习，传之后世。

尽管南怀仁鼓励监内官生尽心历学，但是由于官生俸禄微薄，升转无望，导致南怀仁的用意难有成效。康熙九年(1670)七月南怀仁上奏称，现在监内满员十余人本不通晓天文历法，六年间只加俸二级。他建议将满官按旧例升转各衙门，汉官也可以一体升转，或者给他们量加品级，以示鼓励。针对天文生每日研习新法、轮番测候、劳苦困顿的情形，南怀仁建议赐予他们顶带，以鼓舞其用心习业[③]。礼部、吏部核查《会典》中天文生并无顶带之例，经康熙训示"天文关系重大，不可不鼓励学习，伊等应给何品顶带，着再议具奏"[④]。最后吏部议复赐予天文生从九品顶带。康熙十三年(1674)观象台天文仪器告成，南怀仁请求奖赏钦天监内效力官生，后吏部题覆在事官生俱加一级。

为了使新法永远流传，鼓励监员竭诚效力，康熙十四年底南怀仁再次奏明鼓励官生的四条措施：第一，将不知天文历法的满臣指以各部院之缺，

---

① 韩琦、吴旻校注：《熙朝崇正集　熙朝定案(外三种)》，第121页。

② 韩琦、吴旻校注：《熙朝崇正集　熙朝定案(外三种)》，第119页。

③ 韩琦、吴旻校注：《熙朝崇正集　熙朝定案(外三种)》，第88—89页。

④ 韩琦、吴旻校注：《熙朝崇正集　熙朝定案(外三种)》，第90页。

遇缺先升，以使天文生有升补之路；灵台郎以下官员应照例年满加级。第二，将钦天监官生照各衙门例，差遣出差外省。第三，各省布政司经历一职应由钦天监属员升补，此举一来可以考核民间之历，还可以增加监员升转的渠道。第四，监内笔帖式应照汤若望时例，年满送部铨补，或同各衙门一起差遣[①]。南怀仁的奏请意在扩大钦天监属员的升职空间，此举的重要目的是提拔熟习西法之人。

从钦天监官员鲍英齐的例子可以看出南怀仁如何提拔重用钦天监内熟悉西法之人。鲍英齐原任五官司历，因精习西法，被杨光先状告受贿，流徙宁古塔。康熙十年（1671）南怀仁上奏称鲍英齐被诬陷，并以历法需要人才为由，题请将鲍英齐召回复用。鲍英齐被召回钦天监办事，康熙十三年他因在制造天文仪器中监造诸器，按式较对，勤劳有功，吏部同意其按从九品博士职衔领取俸禄，等钦天监博士有缺后，立即将其补授。康熙二十七年，南怀仁去世时，鲍英齐已官职监副，礼部甚至题请将其升任监正一职。

三、南怀仁向康熙宣扬其治理历法的功绩

从康熙八年到康熙十三年，在南怀仁的指导下，钦天监制造了黄道经纬仪等六件天文仪器。南怀仁向康熙上奏称自西汉以来改历七十余次，创法者十三家，而其中肇造仪器者不多。即使制造仪器，或适用于一时，不能久远使用；或只能合于一事之宜，而"无当全用"，"制器尚象，盖若斯之难也"。顺治皇帝虽然常常褒奖新法密合，汤若望也没有能铸造仪器。现在经南怀仁呕心沥血制造的天文仪器中蕴含了理、数、象，诸仪器相互比对测量，可以顺天而求合，不会再出现不合天行的现象。

康熙十四年，南怀仁上奏康熙，称自康熙八年以来新法更加精密，许多都是顺治朝所没有的。如《新制灵台仪象志》中则增加各省推算交食的不同图式，推凌犯加以时差、气差为准，以八节预推每年的天象。南怀仁表示从今而后自己当更加尽心尽力，"愈明其法之理，更便法数之用"。因此他请求将现在的二百年恒表，推至数千年之零年表。康熙十七年七月，南怀仁完成了三十二卷的《康熙永年历法》，他称若照此推算可以成就永远合天的不易之法。

---

① 韩琦、吴旻校注：《熙朝崇正集　熙朝定案（外三种）》，第122页。

南怀仁称自己现在将历数之总根先期推步至二千年后，并确立推算永久天象的固定方法，可以使今人预见数千年后的天行天象。南怀仁夸耀道，古今以来历法，从来没有预推如此之便用者。前代的各种历法流传愈久，差错愈多，如元代郭守敬的授时历号称精密，但完成不到十八年的时间，就出现推算交食失准的情况。只有清朝诸历最为合天，屡经测验密合天行，其流行愈久远，则愈加精微。"兹康熙永年之历，论其理之昭明，比往古诸历，如太阳之光视小星之光；论其数之推步广远，如永年日纪比一年之日纪也"[①]，南怀仁认为《康熙永年历法》会永垂于后世，令后来之人长久遵行。

四、南怀仁为清廷铸造火炮

南怀仁在治理历法的同时，因情势所需还为清廷铸造火炮。康熙十二年(1673)十一月，吴三桂起兵反清，掀起了持续数年的"三藩之乱"，清朝统治者重新重视红衣大炮的效用[②]。康熙十三年八月，康熙派员至南怀仁寓所传旨："着南怀仁尽心竭力，绎思制炮妙法，及遇高山深水轻便之用。"[③]南怀仁制造木炮式样进呈后，于康熙十四年三月同清朝官员在卢沟桥连放一百发，木炮坚固便用，康熙命依式制造。五月，康熙亲眼目睹南怀仁所造木炮命中目标，夸奖其所造木炮甚佳。康熙十五年正月，康熙又命南怀仁制造红衣铜炮，命工部官员与南怀仁带两门红衣大炮在御前试放。此次试验应相当成功，康熙特赐南怀仁恩宴两日。因平定陕西王辅臣的叛乱急用红衣大炮，南怀仁督率监造人员在二十八天内即造完二十门，以应急用。自康熙十三年至康熙十五年，南怀仁等共制造轻巧木炮、红衣铜炮共计一百三十门，发往陕西、湖广、江西等省勘定战乱，屡有效验。清军将领称"西洋炮轻利，便于运动"。

康熙十九年十一月，议政王大臣协商后认为"得胜炮"轻便宜用，应将当时直隶无用的炮熔化，所得之铜交与南怀仁制造三百二十门"得胜炮"和与之相称之炮车。南怀仁接到任务后上奏称火炮分为攻城之炮、守城之炮、战阵之炮三类，各炮的长短、厚薄、轻重等项皆以各炮口径为准。现在

---

① 韩琦、吴旻校注：《熙朝崇正集　熙朝定案(外三种)》，第130页。

② 有关南怀仁造炮的历史背景及成就参见舒理广等《南怀仁与中国清代铸造的大炮》，《故宫博物院院刊》1989年第1期。

③ 韩琦、吴旻校注：《熙朝崇正集　熙朝定案(外三种)》，第137页。

所要造的“得胜炮”炮身比攻守二炮长，仿佛战阵之炮，但是它六尺长的炮身，与一寸六分的口径又不相称。南怀仁分析道：

> 夫炮弹能力之加减，由火药之多寡而定，其火药之多寡，与炮之口径，并其长短有一定之相称。如炮长口小，则火药之焚在长膛内易尽，而冲放本弹之力不足矣。若加之火药，则炮膛之窄，并周墙之薄，不能当其势力。[①]

对此有两种解决方案，若坚持口径一寸六分，则炮身长应为五尺三寸；若增加炮的口径，与六尺长的炮身相称，火炮的厚度也要相应增加，炮身重量就将大大超过三百五十斤。因为当时铸炮数量庞大，事关钱粮等事，南怀仁建议先铸造一两门大炮试放，选其中“优者为式”，批量制造。南怀仁进呈两种炮式，一种为“得胜炮”的改进版，将其炮身加长，但是没有增加口径；另一种为南怀仁依据口径与炮身比例，另画五尺三寸长的新式炮。此外，原来“得胜炮”炮车点放时易于震动，难以命中目标，南怀仁另外进奏炮车式样，可以使炮车两边紧束炮身，点放时炮身左右没有震动，不偏离原先所对的方向。

康熙二十年正月二十三日（1681 年 3 月 12 日），南怀仁铸成两门火炮，康熙同工部官员一起目睹试放经过。康熙谕令称火炮命中的关键在于星斗相对，命南怀仁同官员一起将新式二炮带往御前，再次实验。次日，以正对星斗法效验火炮准确性后，康熙命南怀仁照其式样铸造战炮三百二十门[②]。自康熙二十年八月十六日（1681 年 9 月 27 日）起至十一月十四日（12 月 23 日）止，在大约三个月的时间里，南怀仁同清朝官员一道，教授八旗炮手学习正对星斗之法。经学习效验，所造新炮屡屡命中目标，新炮的性能得到证明。其间总共发射炮弹二万一千六百余枚，一些大炮发射三四百次。但是炮身丝毫未有损伤，炮车也完全没有分裂，炮的坚固耐用性得到检验。南怀仁说正对星斗之法以及火炮的坚固性，“凡此精工，皆出自睿创，历观前代，并无是法，洵宜载之史册，以垂久远，使世世遵行者也”[③]。南怀仁因此撰写《神威图说》进呈康熙，书中包含阐述相关理论的文章二十六篇，图

---

① 韩琦、吴旻校注：《熙朝崇正集　熙朝定案（外三种）》，第 140 页。

② 星斗指炮口的口箍上所立的星表（或称准星、照星）和在炮底外缘所安装的照门，参见黄一农《红夷大炮与明清战阵——以火炮测准技术之演变为例》，《清华学报》（新竹）新 26 卷（1996）第 1 期。

③ 韩琦、吴旻校注：《熙朝崇正集　熙朝定案（外三种）》，第 146 页。

画四十四副。

康熙二十二年(1683)夏，议政王等大臣查明当时共有炮弹七斤以上的攻城红衣大炮二十七门，需交与南怀仁等再造炮弹十三斤、十二斤、十一斤、十斤重的红衣炮五十三门，并相应之炮车，平均分给八旗。南怀仁为适应攻城之炮射程不必太远、爆炸力要强、应灵活移动的需要，认为炮弹必须要重，而炮身不必过长。同时考虑到防范敌人从远处攻击、阻击渡河之船等用途，所进火炮式样比常规攻守之炮加长，又比战阵之炮短，远近都为适用。为此他按照不同规格的火炮，开列炮身长短尺寸等项，将式样进呈，请求照式铸造。除了以上五等攻城炮之外，南怀仁更构思出一新炮式样，以求小炮能达到大炮的威力，"盖炮力原在火药以推弹，今以理推之，则小炮之内能具加倍火药之力，令其弹与大炮无异"①。小炮所用之铜少，制造五十门大炮之铜可造一百二十八门小炮，不但具有大炮的威力，还能增加大炮的数量。南怀仁绘制十三斤炮弹重的小炮图，请求制造新式小炮一门试验。康熙二十五年七月，康熙更是心血来潮要南怀仁制造炮弹重三十斤的冲天炮，南怀仁将式样进呈后，铸成两门大炮试验。

三藩之乱是康熙初年直接威胁到清政府统治的严重政治危机，南怀仁在其间铸造火炮的行为，表明了他维护清廷利益、效忠康熙的立场。康熙在南怀仁去世后，曾明确表示南怀仁在平定吴三桂叛乱中有军功。

五、南怀仁等耶稣会士效力清廷的效果

由于南怀仁在天文历法方面的成就，使得北京城聚集了一些精通历法的传教士。当看到康熙对天文历法有兴趣后，康熙九年十一月，利类思、安文思二人上奏称历狱牵扯人员俱已平反，"惟是栗(利)安当等二十余人，久羁东粤，切念安当等半系七八十不等之年，其中十余人有通晓历法"②。他们还举出顺治帝赐堂、赐匾，撰写御制碑文，屡次驾临天主堂等事，恳请康熙"垂浩大之恩，念安当等无辜之苦，赐仍依世祖皇帝时得生归本堂，老归本墓。以继世祖皇帝柔远之仁，则诸臣有生之年皆皇上再造之

---

① 韩琦、吴旻校注：《熙朝崇正集　熙朝定案(外三种)》，第151—152页。

② 利类思、安文思：《奏疏》，载钟鸣旦、杜鼎克主编《耶稣会罗马档案馆明清天主教文献》，第十二册，第348页。从后面的奏折可知只有两人通晓历法，利类思等很可能是有意夸大了通晓历法的传教士人数。

德也”[1]。康熙基本上同意利类思所请，将通晓历法的恩礼格、闵明我二人送至京城，其余汪汝望等十九名传教士送还各省天主堂。

康熙十一年(1672)，康熙命人前往广东召通晓历法的徐日升来京[2]。康熙十八年，李守谦以襄助治理历法的名义奉召进京。康熙二十四年，因考虑南怀仁年迈，康熙派人询问南怀仁，广东香山澳中是否有精习历法和医术的西洋人。在得知安多精通历法后，即派闵明我等人迎接安多来京。南怀仁去世后，礼部按照惯例，奏请以监副鲍英齐为监正，康熙下旨说闵明我谙练历法，令他顶替南怀仁治理历法。继南怀仁之后，徐日升、张诚两位耶稣会士又在中俄《尼布楚条约》签订过程再立功劳。

1689年6月，清政府派出由索额图、佟国刚等大臣和耶稣会士徐日升、张诚组成的使团，前往尼布楚与沙俄谈判。徐日升、张诚两人在中俄双方谈判过程中担当了翻译和调停人的角色，多次使陷入僵局的谈判得以继续[3]。徐日升在其日记中的记载表明他领会了康熙议和的意图，他和张诚“有幸找到了使互不相让、随时准备中断和谈的中国人与莫斯科人和解的方法”[4]。在两人的斡旋调停下，中俄双方最终签订了《尼布楚条约》。根据徐日升的记述，索额图等大臣在条约签订后派人向康熙禀报时称：

> 禀报皇上，所希望取得的成功乃是托皇上的洪福取得的，又说，皇上无上英明，因为他遴选了两位神甫。我们不无惭愧地承认，一切都应归功于他们。有许多次，全部事情似已归于无望，是他们拯救了一切。如果他们没有和我们同来，我们会一无成就。[5]

徐日升的叙述可能略显夸张，不过耶稣会士确实在谈判过程中发挥了重要作用。康熙在获悉条约签订后，传旨称赞徐日升、张诚“谨慎勤勉办事，对

---

① 利类思、安文思：《奏疏》，载钟鸣旦、杜鼎克主编《耶稣会罗马档案馆明清天主教文献》第十二册，第349页。

② 徐日升与徐日昇乃同一人，只是在不同的书籍中所用“昇”字不同。

③ 更多有关耶稣会士在谈判中的作用参见何桂春《〈中俄尼布楚条约〉的签订与耶稣会士》，《福建师范大学学报》(哲学社会科学版)1989年第4期；吴伯娅：《耶稣会士与〈尼布楚条约〉》，《世界宗教研究》1998年第3期。

④ 杜赫德编，郑德弟等译：《耶稣会士中国书简集——中国回忆录Ⅰ》，大象出版社，2001年，第278页。本条史料摘自洪若翰神父致拉雪兹神父的信，洪若翰此条史料的描述仅限于张诚本人，笔者综合徐日升日记等史料认为此描述适用于徐日升和张诚两人。

⑤ 约瑟夫·塞比斯著，王立人译：《耶稣会士徐日升关于中俄尼布楚谈判的日记》，商务印书馆，1973年，第211页。

于议和的实现多有帮助”[①]。对于和约的签订，康熙表示进行了二十多年的谈判总算结束了，“在这件事上，事情做得合乎我的心愿”[②]。

南怀仁等耶稣会士为了获得康熙皇帝对天主教的庇护，在为清廷效力时竭心尽力、忠心耿耿。作为清政府的最高统治者康熙是如何看待耶稣会士的？康熙对耶稣会士的评价经历了怎样的变化？由于史料记载的缺乏，我们无法从文献中直接获得这些信息。不过透过对南怀仁等人的褒奖，可以发现康熙逐渐认可耶稣会士效忠清廷的行为，认为他们诚实可信。

南怀仁病逝后，康熙下旨称南怀仁治理历法、制造军器，效力多年，要求礼部从优抚恤，并在康熙二十七年（1688）正月下圣谕：

> 朕念南怀仁来自遐方，效力年久，综理历法，允合天度，监造炮器，有益戎行。奉职勤劳，恪恭匪懈，秉心质朴，终始不渝，朕素嘉之。前闻卧疾，尚期医治痊可，今遽尔溘逝，用轸朕怀，特赐银二百两，大缎十端，以示优恤远臣之意。[③]

南怀仁发丧之日，康熙特命内大臣一等公固山佟国维等人送至茔地。佟国维传康熙旨意：“南怀仁有体面人，毫无虚假，治理历法，效力多年。自吴三桂变乱以来，制造炮器，有他的军功。”[④]随后，佟国维说因为南怀仁这样好，康熙才差他们前来护送、祭祀南怀仁。

康熙二十七年三月，礼部请旨是否给予南怀仁谥号，康熙表示要给他谥号。南怀仁获赐谥号“勤敏”，成为唯一获得清廷谥号的传教士。十一月，康熙派遣经筵讲官、礼部左侍郎席尔达等十名官员到南怀仁墓前致祭，祭文中称赞南怀仁治历有功，“铸为军器，较旧式而奇用，以火攻佐中坚而制胜”。康熙二十八年四月，康熙赐南怀仁碑文曰：

> 尔南怀仁，秉心质朴，肄业渊通，远泛海以输忱，久服官而宣力。明时正度，历象无讹，望气占云，星躔式叙。既协灵台之掌，复储武库之需。覃运巧思，督成火器，用摧坚垒，克俾戎行。可谓莅事惟精，奉

---

① 张诚著，陈霞飞译：《张诚日记》，商务印书馆，1973年，第59页。

② 约瑟夫·塞比斯著，王立人译：《耶稣会士徐日升关于中俄尼布楚谈判的日记》，第212页。

③ 韩琦、吴旻校注：《熙朝崇正集　熙朝定案（外三种）》，第168页。

④ 韩琦、吴旻校注：《熙朝崇正集　熙朝定案（外三种）》，第168页。

职弗懈矣。[①]

康熙在南怀仁死后给予他的殊荣，表明了康熙对南怀仁勤恳效力清廷一生的中肯评价。治理历法、铸造火炮成为南怀仁最重要的两大功劳。

白晋曾说："康熙皇帝非常喜欢那些愿意效力、必要时肯做出自我牺牲的人，赐予他们殊荣。"[②]南怀仁正是如此，他在为清廷治理历法、铸造火炮的过程中，兢兢业业、勤勤恳恳，可谓忠心耿耿、尽职尽责。南怀仁的所作所为，无一不表明他效忠康熙和清廷的立场。康熙二十七年(1688)三月，康熙在给理藩院下旨时明确表示耶稣会士忠诚可信："朕看所用西洋人真实而诚悫可信，罗刹着徐日升去，会喇第诺文字，其文妥当。"[③]

徐日升、张诚被派遣参加中俄谈判，其实已经表明了康熙对耶稣会士的信赖。徐日升也在日记中记录了康熙对他们的评价："朕鉴于所用西人，皆忠贞可靠，足资信赖，特令徐日升随尔前往俄国。"[④]两位耶稣会士在中俄《尼布楚条约》签订过程中的表现，又加深了耶稣会士忠诚可靠的印象。参加中俄谈判的康熙舅舅(佟国刚)曾对徐日升说："虽然，我过去对你的看法大体上是正确的，但我从来没有认识到你为我们的皇上效劳是这样的赤胆忠心，勇敢无畏。"[⑤]康熙也对两位耶稣会士在谈判中的作为加以赞扬："朕知由于尔等之才干与努力而和约得以缔结。尔等为此事曾竭尽全力。"[⑥]

南怀仁等耶稣会士积极迎合康熙的意图，效力效忠康熙和清廷，其目的在于使康熙满意，谋求康熙的庇护。康熙也体会到这一点，他在《尼布楚条约》签订后对徐日升说："朕知尔等如何出力为朕效劳，力图使朕满意。"[⑦]耶稣会士效忠清廷一方面是其主动所为，另一方面也因为他们看到了如果不这样做的后果。徐日升参加中俄谈判时，曾向俄方使臣表示："我身处外国人之中，居住在中国多年，而且因为我是该国皇帝派来

① 韩琦、吴旻校注：《熙朝崇正集　熙朝定案(外三种)》，第178—179页。

② 白晋：《中国现任皇帝传》，载莱布尼茨编，梅谦立等译《中国近事——为了照亮我们这个时代的历史》，大象出版社，2005年，第72页。

③ 韩琦、吴旻校注：《熙朝崇正集　熙朝定案(外三种)》，第170页。罗刹是俄罗斯东部。

④ 约瑟夫·塞比斯著，王立人译：《耶稣会士徐日升关于中俄尼布楚谈判的日记》，第159页。

⑤ 约瑟夫·塞比斯著，王立人译：《耶稣会士徐日升关于中俄尼布楚谈判的日记》，第211页。

⑥ 约瑟夫·塞比斯著，王立人译：《耶稣会士徐日升关于中俄尼布楚谈判的日记》，第213页。

⑦ 约瑟夫·塞比斯著，王立人译：《耶稣会士徐日升关于中俄尼布楚谈判的日记》，第213页。

的,所以我不得不表现为他的忠实臣民,如果我不那样做,就可能会产生严重的后果。”①不管怎样,南怀仁等耶稣会士在治理历法、铸造火炮以及中俄边界谈判中的功劳,表明了他们效忠康熙和清廷的立场,康熙也最终认可在京的耶稣会士忠诚可靠。康熙一旦做出此种判断,受惠的则是整个传教士团体。南怀仁等耶稣会士也充分利用康熙的认可和庇护,积极拓展在华的传教事业。

六、结语

皇权在明清时期的政治体制中处于中枢位置,南怀仁在清廷中央政权中效力办事近二十年,他对康熙在处理整个国家事务中的关键作用有着清醒的认识。南怀仁曾这样描述康熙:“他显著不同于其他统治者的一点是,从他开始实行统治到现在,他始终掌管着政府,从不允许任何人替他代行政务,也不许可官员们自行处理和解决任何公共事务。”②在南怀仁的眼中,康熙手握权柄,乾坤独断,绝对不允许任何王公大臣替代自己管理政务。南怀仁等耶稣会士来华之首要目的就是传教,天主教是否能在华传播显然属于由康熙亲自决断的政务,因而南怀仁等积极谋求康熙为天主教传播打开方便之门。南怀仁在临终前曾留下一封呈送给康熙的信,信中宣称自己把一生的分分秒秒都用来为康熙效劳了,而做这一切之唯一目的就是“在东方最伟大君主身上获得世界上最神圣的宗教的保护者”③。

在具体的传教策略上,南怀仁强烈主张“不要急于向清廷要求天主教在华之自由,而只有我们对皇上和清廷的效忠和我们的仁德懿风才能保证产生更好的结果”④。后来的事实证明,南怀仁的传教策略十分成功,容教诏令的颁发正是得益于此。由于康熙对南怀仁的逐步信任,他对天主教也逐渐采取一种敬重的态度,开始默许传教士在民间传教。康熙十年(1671)冬,康熙书写“敬天”二字匾额悬挂天主堂中,并说“敬天”二字为敬天主之意。康熙十九年八月,康熙赐给李守谦“奉旨传教”四字,准许他前往各省传教。南怀仁在跟随康熙巡视沈阳时,向达官贵人宣讲天主教义,人们还

① 约瑟夫·塞比斯著,王立人译:《耶稣会士徐日升关于中俄尼布楚谈判的日记》,第208页。

② 南怀仁著,张美华译:《扈从康熙皇帝巡幸西鞑靼记》,《清史研究通讯》1987年第1期。

③ 李明著,郭强等译:《中国近事报道(1687—1692)》,大象出版社,2004年,第55页。

④ 莱布尼茨编,梅谦立等译:《中国近事——为了照亮我们这个时代的历史》,第17页。

“看见了皇帝象(像)在讲坛上讲演一般地来同我讨论我们的信仰，又听到了我象(像)在大集会上讲演一样的讲话”[①]。康熙二十三年恩理格去世后，康熙御赐恩理格“海隅之秀”的匾额[②]。

同时，南怀仁也利用他日渐扩大的影响力拓展传教空间，“凭其特殊才华与远见卓识，与中国人很快打成一片，使反对天主教者转变态度，拓展天主神国”[③]。南怀仁曾写信要求教会赋予他全权处理他所收到礼物的权力，以便更好地开展与官员的社会交往[④]。在北京的神父们获得被派往各地官员的名单后，“我们在钦天监供职的神父们就会带着一名传教士或者几名教徒赶紧去作私人的拜访。他首先向官员们获得新的官职表示祝贺，献上一些小礼品，以及关于天主教教义的书籍，然后向他们强烈推荐住在他们即将任职的地方的传教士神父和教徒们。如此我们的圣教就像一位非常美丽的女王一样，依靠着天文学的帮助，正式合法地进入该地方，并且很容易地就吸引了异教徒的注意”[⑤]。依靠着南怀仁等人任职钦天监带来的有利条件，天主教在华传播的形势逐渐好转[⑥]。

这样一来，清廷的禁教政策不但没有被严格执行，反而形成了自由宽松的传教氛围。各地的传教士盛赞南怀仁通过天文学方面的成就，对整个传教事业提供庇护[⑦]。“北京的福音传教甚至宣扬到了皇上的眼皮底下，却没有任何人指责”[⑧]。传教士开始瞒着清廷在各省安置传教士，修建新

---

① 南怀仁：《鞑靼旅行记》，载杜文凯编《清代西人见闻录》，中国人民大学出版社，1985年，第81页。

② 这匾额是南怀仁要求康熙题写的。Noël Golvers, *Letters of a Peking Jesuit: the correspondence of Ferdinand Verbiest, SJ* (1623—1688), p.598.

③ 莱布尼茨编，梅谦立等译：《中国近事——为了照亮我们这个时代的历史》，第16页。

④ Noël Golvers, *Letters of a Peking Jesuit: the correspondence of Ferdinand Verbiest, SJ* (1623—1688), p.178. 原文为：“In the rest of the letter, he repeats most of what he had said to *Couplet*, …… to have at his free disposal all the presents he receive,……he needs theses presents (and the money to buy them), to fulfill his social duties vis-à-vis officials, etc., who except to receive presents at all possible occasions.”

⑤ 南怀仁著，高华士英译，余三乐中译：《南怀仁的〈欧洲天文学〉》，第3页。

⑥ 南怀仁有时会给地方官员写信，解除有关传教士的案件。见 Noël Golvers, *Letters of a Peking Jesuit: the correspondence of Ferdinand Verbiest, SJ* (1623—1688), p.462.

⑦ Noël Golvers, *Letters of a Peking Jesuit: the correspondence of Ferdinand Verbiest, SJ* (1623—1688), p.578. 原文为南怀仁转述各地传教士的言语：“In which the author recognized ‘plenis/ expressis verbis’ Verbiest’s prominent position and engagement, and the protection he offered through his astronomical achievements to the entire, also not-Jesuit mission.”

⑧ 李明著，郭强等译：《中国近事报道(1687—1692)》，第342页。

的教堂，劝导大批百姓信仰天主教[①]。1681 年，教皇英诺森十一世在向南怀仁颁发的敕书中说道，自从康熙历狱以后，南怀仁“成为信仰的保护者，成为各省受到中国官员骚扰或迫害的传教士的依靠”[②]。

康熙二十六年(1687)，西洋人洪若等五人跟随粤商船只到达宁波，洪若等说他们希望去苏杭天主堂探望天主教同人，此外他们情愿长期居留内地传教。洪若还补充说，南怀仁在欧洲时曾写信给他，邀请他来中国[③]。礼部查定例，外国贸易人员不允许久留内地，应将洪若等五人驱逐出境；并严令商人不得携带外国人进入内地，如有违反者，严行治罪。南怀仁写信给康熙寻求帮助，称这些人是他的“兄弟”[④]。九月，康熙下旨称洪若等五人中或有通晓历法之人，下令将其送到京城听候差遣。洪若等人到京后，进呈浑天器等天文仪器和书籍。其中白进(晋)、张诚两人因通晓历法在京备用，其余三人奉康熙旨意任由其随便居住。康熙允许洪若等人在内地随便居住的命令，为传教士在华布教打开了方便之门。

在康熙允许传教士随便居住的命令带动下，传教士的活动空间渐渐延伸到县城。多明我会传教士阿尔卡拉(Alcala)在浙江兰溪县城购买房子，并在那里定居进行传教活动。当地官员质问他为何敢在该城定居时，阿尔卡拉回答道：“您很清楚几年来皇帝在帝国保留了我的五个欧洲教友(他想说的是我们)，不仅召他们到朝廷中，而且还通过一道公告给他们权利定居在帝国里他们喜欢的某个地方。”[⑤]还说他在等待洪若等亲自来掌管这里。康熙二十九年，居住在山东的汪儒望也离开济南，前往茌平县购买房产打算建造天主堂[⑥]。

综上所述，在康熙二十七年左右，康熙得出天主教不是邪教、不会谋叛，传教士通晓历法、可以信任的判断。从康熙八年到康熙二十七年，尽管康熙三次严令禁止天主教在各省传教。但是在南怀仁等的努力下，传教士在华活动的许多限制被取消，传教空间大大扩展。传教士从被集中在广东

---

① 李明著，郭强等译：《中国近事报道(1687—1692)》，第 349 页。

② 杜赫德编，郑德弟等译：《耶稣会士中国书简集——中国回忆录Ⅰ》，第 265 页。

③ 杜赫德编，郑德弟等译：《耶稣会士中国书简集——中国回忆录Ⅰ》，第 262 页。

④ Noël Golvers, *Letters of a Peking Jesuit: the correspondence of Ferdinand Verbiest, SJ* (1623—1688), p.765.

⑤ 李明著，郭强等译：《中国近事报道(1687—1692)》，第 340 页。

⑥ 中国第一历史档案馆编：《康熙朝满文朱批奏折全译》，第 12 页。

香山安置到允许返回各省天主堂；以通晓历法为名召进京的恩理格、李守谦，又重新在外省传教；康熙九年(1670)后入华传教士从不允许在内地自由活动、长久居留到听从其随便居住，传教士的活动空间从通衢都市延伸到了县城；北京城内聚集了多名通晓历法的传教士，且与康熙之间保持了交往。这一切都与南怀仁在治理历法、铸造火炮的过程中赢得康熙的信赖大有关系。

第三节　国家治理与君臣之谊
——康熙颁布容教诏令的考量

康熙三十一年(1692)清廷颁布的容教诏令是明清天主教在华传教史上的重要事件。在前辈学者的论述中，南怀仁、徐日升、索额图等人是推动容教诏令颁发的主要人物，康熙只是处于被动接受者的角色——康熙对天主教完全没有明确的方针策略[①]。学界这样的论述，与历史上康熙的形象完全不同。乾隆说："乾纲独断，乃本朝家法。自皇祖、皇考以来。一切用人听言，大权从无旁假。"[②]天主教在华传播显然属于需要康熙亲自决定的国家事务。本节从康熙治理国家的角度出发，以康熙对待天主教政策的变化为主线，分析康熙天主教政策变化的原因，阐释康熙在容教诏令颁发过程中的主导地位。

一、康熙从治理国家的角度禁止天主教在华传播

康熙八年(1669)，康熙明令禁止天主教在华传播，这是文献记载中康熙首次明确表明对待天主教的态度。利类思、安文思、南怀仁在为康熙历狱翻案时，通过礼部上奏，申明天主教并非邪教，汤若望亦未曾谋叛清廷[③]。礼部复查后认为天主教乃儒、释、道三教以外之教，不便弛禁[④]。和

① 在前辈学者的论述中，南怀仁等传教士有意识地向康熙传播有关天主教的知识，使康熙加深了对天主教的了解；南怀仁等耶稣会士在治理历法方面的贡献，更促使康熙采取"说禁实不禁"的默许政策；杭州教案发生后，在徐日升、索额图等人的推动下，康熙决定颁布容教诏令。

② 《清高宗实录》卷323，载《清实录》第一三册，中华书局，1986年，第334页。

③ 《利类思安文思南怀仁奏疏》，载钟鸣旦、杜鼎克、黄一农、祝平一等编《徐家汇藏书楼明清天主教文献》第二册，第998—1001页。

④ 莱布尼茨编，梅谦立等译：《中国近事——为了照亮我们这个时代的历史》，第8—9页。

硕康亲王杰书等奏称天主教应准许西洋人照旧供奉，但是天主教集会，散发《天学传概》、铜像等事，应照旧禁止。康熙对此批复道："天主教除南怀仁等照常自行外，恐直隶各省或复立堂入教，仍着严行晓谕禁止。"[①]此即后来杭州教案中数次提及的1669年禁教令。

康熙及整个清廷官员之所以在1669年禁止天主教传播，最主要的原因是基于政治上的考量。明清时期，中国政府强化了宗教团体"聚众图谋/结党"的形象，而在古代政治思维中"'聚众'几乎就等于政治叛乱"[②]。天主教是外来宗教，为了维护清朝统治，康熙和官员们倾向于禁止天主教传播。而且天主教也不符合清廷的治国方针：

> 基督教由于置身于中国社会之外，又属于另一种性质的宗教，因而它趋向破坏一个社会和一个国家的基础本身，而社会和国家又是以尊重一种不会有宗教和世俗对立的完整秩序为基础的。[③]

杭州教案期间，浙江巡抚张鹏翮的禁教令反而更好地反映了康熙和清廷的治国之策。张鹏翮说他谨遵康熙的旨意，努力使人民恪守儒家之道。因为儒家之道使得百姓对长辈讲求孝悌，臣民效忠皇上，人们以仁义和孝悌之道修身养性，从而实现百姓安居乐业，国家长治久安。禁令中说康熙皇帝更是树立了独尊儒术的榜样，他以熟读四书五经作为官员晋升的必经之路，各级官员也以此来治理各行各业的百姓。一些生性愚钝的百姓，却盲目地被天主教这一非法的宗教所吸引，背离了皇帝禁教的诏令，因此当权者要惩罚那些执迷不悟的信徒[④]。既然天主教教导人们关注死后之事，不同于清朝治国之本的儒家之道，就无怪乎康熙多次发布禁教令了。

况且，天主教乃儒、释、道三教以外之教，且顺治皇帝曾因旁门左道惑众结党，夜聚晓散，颁布上谕要求严禁儒释道以外的邪教的流传。彼时，康熙刚刚接触传教士与天主教，对其了解不深，颁布禁教令实属情理之中。康熙历狱中，"杨光先对传教士潜谋造反的指控虽属诬告，但也会引起清朝

① 韩琦、吴旻校注：《熙朝崇正集　熙朝定案（外三种）》，第83页。

② 吴莉苇：《介乎国体安危与华夷之辨之间——晚明政府对待外来宗教态度辨析》，《中华文史论丛》2012年第3期。

③ 谢和耐：《中国与基督教——中西文化的首次撞击》，商务印书馆，2013年，第129页。

④ 莱布尼茨编，梅谦立等译《中国近事——为了照亮我们这个时代的历史》，第22—23页。

统治者对国家安全的忧虑”[①]。作为清廷的最高统治者，康熙处理问题的出发点是维护和加强自己的统治，“因为一有风吹草动，其皇位就可能动摇”[②]。杨光先所描述的天主教“布党京省”、聚众结社的情形，使康熙和清朝官员不得不对天主教加以提防，这也是在一段时间内康熙和清廷不愿允许天主教传播的重要考虑之一。

再者，康熙并不认可天主教的教义。尽管康熙最终颁布了容教诏令，但康熙对天主教并无特殊的好感，更谈不上有信奉天主教的可能[③]。据白晋的描述，康熙行事缜密，从不流露自己的意图，“致使人们感到越是接近皇上，却越加难于察觉他的想法”[④]。因为康熙从不表露自己的想法，白晋也看不出康熙内心对天主教的真正态度[⑤]。康熙三十年（1691），传教士向康熙禀明杭州教案时，康熙问传教士为何总是关心一个他们从没有到过的世界，而对现在生活的世界视若无睹。他建议传教士将那些只对死人有好处的关心放到生命结束之后，“对于我来说，我对另一个世界的所有这些事情都不怎么感兴趣，我才不会费心竭力去裁决有关这些看不见的思想的所有诉讼”[⑥]。由此可见，康熙皇帝内心并不接受天主教，反而将其教义视为虚无缥缈的东西。南怀仁也认识到康熙“有耽溺于享乐的倾向，因之，他似乎不信仰基督教”[⑦]。康熙尚且如此，那些对天主教知之甚少的传统官僚们，更可能视天主教为“洪水猛兽”。因此，康熙和整个官僚阶层主张严禁百姓入教，也就无可厚非了。

---

① 吴伯娅：《康雍乾三帝与西学东渐》，第123页。

② 李明著，郭强等译：《中国近事报道（1687—1692）》，大象出版社，2004年，第272页。

③ 白晋因康熙公开保护天主教及向臣民表露对天主教的好感，进而认为康熙离“天国已经不远了”。见白晋《中国现任皇帝传》，载莱布尼茨编，梅谦立等译《中国近事——为了照亮我们这个时代的历史》，第96页。

④ 白晋：《中国现任皇帝传》，载莱布尼茨编，梅谦立等译《中国近事——为了照亮我们这个时代的历史》，第57页。

⑤ 白晋：《中国现任皇帝传》，载莱布尼茨编，梅谦立等译《中国近事——为了照亮我们这个时代的历史》，第96页。

⑥ 李明著，郭强等译：《中国近事报道（1687—1692）》，第348—349页。

⑦ 南怀仁：《鞑靼旅行记》，载杜文凯编《清代西人见闻录》，第84页。南怀仁在1671年的信中写道，他曾借康熙祈雨之际向康熙传教，宣扬只有一个神，就像中国只有一个皇帝一样。见Noël Golvers, *Letters of a Peking Jesuit: the correspondence of Ferdinand Verbiest, SJ* (1623—1688), p.210.

二、康熙限制天主教传播的策略

康熙禁止百姓入教的命令，显然与传教士进入中国传教之根本目的相悖，利类思、南怀仁等人必然会为寻找传教空间而努力。从名义上来讲，各地的传教士只能自己信奉天主教，但不允许向百姓传教。南怀仁在利类思、安文思去世后，利用他日渐扩大的影响力拓展传教空间，“凭其特殊才华与远见卓识，与中国人很快打成一片，使反对天主教者转变态度，拓展天主神国”①。

在具体的传教策略上，南怀仁强烈主张“不要急于向清廷要求天主教在华之自由，而只有我们对皇上和清廷的效忠和我们的仁德懿风才能保证产生更好的结果”②。南怀仁在为清廷治理历法、铸造火炮的过程中，兢兢业业、勤勤恳恳，可谓忠心耿耿，尽职尽责。南怀仁的所作所为，无一不表明他效忠康熙和清廷的立场。南怀仁的努力获得了回报，白晋曾说：“康熙皇帝非常喜欢那些愿意效力、必要时肯做出自我牺牲的人，赐予他们殊荣。”③康熙逐渐认可在京耶稣会士忠诚于清廷，康熙二十七年（1688）三月，康熙明确表示“朕看所用西洋人真实而诚悫可信”④。康熙因而对天主教释放出更多的善意。

南怀仁在1678年的一封信中写道，由于天文学和其他西方科学的影响，康熙愿意（对天主教）提供庇护，整个传教呈现积极的局面⑤。传教士开始瞒着清廷在各省安置传教士，修建新的教堂，劝导大批百姓信仰天主教⑥。南怀仁在1684年说道，因为西方天文学的颁行和使用，康熙有意假装看不到传教士的行为，当时所有的传教活动完全依靠康熙的善意来支撑⑦。李明

---

① 莱布尼茨编，梅谦立等译：《中国近事——为了照亮我们这个时代的历史》，第16页。

② 莱布尼茨编，梅谦立等译：《中国近事——为了照亮我们这个时代的历史》，第17页。

③ 白晋：《中国现任皇帝传》，载莱布尼茨编，梅谦立等译《中国近事——为了照亮我们这个时代的历史》，第72页。

④ 韩琦、吴旻校注：《熙朝崇正集　熙朝定案（外三种）》，第170页。

⑤ Noël Golvers, *Letters of a Peking Jesuit: the correspondence of Ferdinand Verbiest, SJ* (1623—1688), p.271.原文为：“In the other hand, the conditions for a further propagation are precisely now very positive, thanks to the influence of astronomy and other sciences, which warrant the protection of the Emperors.”

⑥ 李明著，郭强等译：《中国近事报道（1687—1692）》，第349页。

⑦ Noël Golvers, *Letters of a Peking Jesuit: the correspondence of Ferdinand Verbiest, SJ* (1623—1688), pp.538—539. 原文为：“As the Emperor ‘uses’ Western astronomy, he intentionally simulates to ‘not see’ the actions of the mission; therefore the mission completely depends on his good will (as heathen officials also overtly confirm); there is no other basis for the mission.”

来到中国时(1687),全国各地大约有二百余座大小不等的天主教堂[①]。康熙对天主教在中国的传播逐渐采取了默许的态度[②]。康熙默许传教士传教,但绝不是任由传教士自由传教。

康熙二十六年(1687)三月,南怀仁在权衡当时天主教的处境之后,征得徐日升和安多的同意,上奏陈述清廷对待天主教的诸多不公之处,请求依照康熙历狱发生前的情形,允许传教士在华不受任何阻碍、自由地传教:

> 既然事实已经证明西士不是为了覆灭圣朝,恰恰相反,而是为了维护圣朝,并使他强大,既然臣这许多年来的所作所为已经驳倒那些控告,朝廷应该颁布敕命,允许任何人接受和信仰天主教,断绝某些诬告者的任何诽谤。[③]

礼部、工部查明奏称天主教只准西洋人信奉,不允许其自由传教。礼部等反对天主教自由传播的理由应与以往相同,即天主教系外来宗教,如果允许天主教自由传播,有失大清国之光彩;允许天主教传播,加入该教的老百姓会很快增长,于大清江山不利[④]。康熙充分肯定了礼部等的意见:"天主教应行禁止,部议极当。但见地方官禁止条约内,将天主教同于白莲教谋叛字样,此言太过,着删去。"[⑤]

康熙一面明令禁止天主教传播,一面默许传教士传教,却又不愿意给予天主教传教自由。这些政策看似矛盾,实际上都根源于康熙限制天主教传播的策略。康熙曾对徐日升等传教士说道:"他可以庇护在中国的外国传教士,但是不愿放任信教的中国人,这些中国教徒以为依仗我们(指传教士,笔者注),便可以抬高他们自己的身价任性妄为,那是他所不能容许的。"[⑥]南怀仁等传教士为清廷效力颇多,康熙却无法用功名利禄来驾驭他们,因此康熙通过限制天主教传播规模的策略来笼络传教士。这样,既能

① 李明著,郭强等译:《中国近事报道(1687—1692)》,第333页。

② 曹增友:《康熙时期耶稣会传教士所为及政府政策的演变》,载张西平主编《莱布尼茨思想中的中国元素》,第371页;吴伯娅:《康雍乾三帝与西学东渐》,第130页。

③ 《南怀仁通信集》第535至537页,转引自林金水《试论南怀仁对康熙天主教政策的影响》,《世界宗教研究》1991年第1期,第62页。可参见Noël Golvers, *Letters of a Peking Jesuit: the correspondence of Ferdinand Verbiest, SJ* (1623—1688), pp.739—740.

④ 莱布尼茨编,梅谦立等译:《中国近事——为了照亮我们这个时代的历史》,第14—15页。

⑤ 中国第一历史档案馆整理:《康熙起居注》第二册,中华书局,1984年,第1617页。

⑥ 张诚著,陈霞飞译:《张诚日记》,第79页。

让传教士更好地为清廷服务，又能将天主教的传播限制在一定范围内，同时又不放任百姓信教，不会使天主教的传播威胁到清朝的统治。南怀仁曾经看透康熙的心思："皇帝的意志对我们是处处限制，如违背他的意志、或者对此有任何轻微的表现，都立刻危害我们的整个传教事业。"[①]尽管康熙重申禁教令，或许考虑到南怀仁等效忠清廷的立场，以及对天主教义了解的加深，康熙下令将天主教等同谋叛的字样删除。

南怀仁等传教士进入中国的唯一目的就是传播天主教，康熙也很清楚这一点。张诚说："陛下知道我们从远处来到他的帝国，留在他的宫廷中效力，唯一系念的事就是达到传教的目的。"[②]为了获得皇帝对传播天主教某种程度的允可，传教士才会心甘情愿地为清廷效力。世俗社会的高官厚禄、恩荣宠幸对传教士来说都是浮云，康熙也意识到无法用这些来操控传教士，而他又需要传教士为其服务，从传教士那里学习西学。当康熙发现天主教并不会对他的政权构成威胁后，他在默许传教中找到了禁教和利用传教士两者之间的最佳平衡点，"以自行来安慰传教士的精神需求，使其能够留在中国为朝廷服务，以禁止各省立堂入教来限制天主教在中国的传播。其用心可谓良苦"[③]。如此一来，既能让传教士为清廷服务，又限制了天主教传播的规模和速度。

三、康熙密查传教士修为得出其不为非作歹的结论

据白晋描述，康熙"对所有值得调查的事情，都要搜集大量的有关情报，与六部的公开调查相反，他委派各种身份的人秘密进行调查"[④]。传教士对待清朝和康熙本人的态度，以及天主教的传播是否会威胁到清朝的统治，显然属于康熙认为值得调查的内容。

南怀仁称康熙生性多疑，他自己曾经历过一次，为了消除康熙的怀疑，他才编写《康熙永年历法》进呈[⑤]。张诚在日记中记载康熙不但在朝廷中

---

① 南怀仁著，张美华译：《扈从康熙皇帝巡幸西鞑靼记》，《清史研究通讯》1987年第1期。

② 张诚著，陈霞飞译：《张诚日记》，第79页。

③ 吴伯娅：《康雍乾三帝与西学东渐》，第121页。

④ 白晋：《中国现任皇帝传》，载莱布尼茨编，梅谦立等译《中国近事——为了照亮我们这个时代的历史》，第57页。

⑤ Noël Golvers, *Letters of a Peking Jesuit: the correspondence of Ferdinand Verbiest, SJ* (1623—1688), p.224.原文为："The reigning Emperor, though generally well disposed towards Verbiest, is of a suspicious nature; Verbiest has experienced once, and to remove all suspicions he was forced to draw up the '*Kangxi Eternal Calendar*'."

考察传教士，还特地派人住在传教士家中，甚至派出可靠的人去外省考察教会人士在那里的举动[①]。《中国近事报道（1687—1692）》中对康熙秘密考察传教士行为的记载更为详细：

> 他（康熙）派暗探到教士们的住处去打探，对他们禁欲修行和肉体上的苦修一清二楚。皇帝还委派了一名有学问的满族人到神父那儿，美其名曰学习哲学，实际上是去了解最隐秘的事情。那人与传教士一起呆了一年时间，人们居然都没有发现皇帝的用意是命令他去发现传教士们藏而不露的放荡生活，尤其是想知道传教士究竟是怎么看待皇帝本人的。[②]

康熙派人刺探传教士是为了知晓传教士如何看待他本人，或者说是如何对待清朝统治的。康熙似乎对他派遣的人也不太信任，当那位满族暗探称传教士高洁无邪时，康熙通过酷刑来证明那名暗探没有收受传教士的贿赂[③]。康熙平常交往较多的是在京耶稣会士，虽然康熙得出在京耶稣会士忠诚可靠的判断，但是对散处各地的传教士知之不多。为了对各地传教士的行为有所了解，康熙自然不会放弃亲自考察他们的机会。在南巡期间，康熙频繁地召见传教士。

康熙二十三年（1684），康熙开始了第一次南巡[④]。康熙一到济南、南京就先打听天主堂在何处，又急于知晓济南天主堂内为何没有西洋人。在与毕嘉、汪儒望不经意的谈话中，康熙考察两人传教的经济来源、汉语水平、宗教虔诚与否等事，又从南怀仁口中得知天主堂在国内的布局。这是因为康熙"像当时众多的中国人一样，对这些非官非士、非农非商之人的生活来源感到不解，对他们的教规也不熟悉"[⑤]。由此可见，康熙希望了解天主教传播情形的心态。尽管有了这次接触，或许是因为康熙二十六年南怀仁向其祈求允许天主教自由传播的原因，康熙在第二次南巡中在更大范围内考察各地传教士。

① 张诚著，陈霞飞译：《张诚日记》，第71—72页。

② 李明著，郭强等译：《中国近事报道（1687—1692）》，第292页。

③ 李明著，郭强等译：《中国近事报道（1687—1692）》，第292页。

④ 有关康熙南巡接见传教士的具体情况，可参见吴伯娅《康雍乾三帝与西学东渐》，第297—303页。

⑤ 吴伯娅：《康雍乾三帝与西学东渐》，第301页。

康熙历次南巡会见传教士情况统计[①]

南巡年份 事项	康熙二十三年(1684)第一次南巡	康熙二十八年(1689)第二次南巡	康熙三十八年(1699)第三次南巡	康熙四十一年(1702)第四次南巡	康熙四十四年(1705)第五次南巡
地点	南京	济南、杭州、苏州、南京、济宁	杭州、苏州	杭州	杭州
康熙会见的传教士	汪儒望、毕嘉	柯若瑟、殷铎泽、潘国良、毕嘉、洪若、利安宁	潘国良	郭天宠、习圣学	艾斯玎、隆盛、蒙锐、隆盛、艾毓翰、何纳笃
会见的主要内容	互送礼物，康熙询问传教士何时到中国、在中国生活的经济来源等事。	传教士于各地迎送康熙，康熙分别详细询问传教士姓名、是否通晓汉语等各项事宜，互送礼物等。	潘国良迎送康熙，康熙详细询问潘国良姓名等事，互送礼物。	传教士迎送康熙，康熙详细询问传教士来中国几年等事，互送礼物等。	传教士集中迎送和觐见康熙，康熙简单询问传教士是何国人，互送礼物等。

康熙二十八年(1689)，康熙第二次南巡。在济南的迎接人群中，康熙看到传教士柯若瑟即召前询问。在杭州遇到殷铎泽时，康熙询问他与徐日升是否有书信来往，因殷铎泽在康熙历狱时被带到京城，还曾见过汤若望，两人又回忆起康熙历狱。在苏州康熙询问潘国良可曾读过中文书籍，是否晓得松江方言。康熙询问传教士的内容主要包括姓名、年龄、到中国多久、曾在何处居住、是否到过北京、是否通晓汉语和历法、天主堂所在何处等事。在南京，康熙派人询问毕嘉、洪若两位传教士[②]。根据史料记载统计后即可发现(见上表)，康熙在容教诏令颁发前的第二次南巡(1689)过程中，在各地接触会见传教士以及与其交流的频率次数，大大超过历次南巡。这其中或许不单单是康熙热衷西方科学的因素[③]，更可能的原因是康熙此举乃有意为之，目的在于广泛接触各地传教士，考察他们的言行举止。

① 资料来源于《熙朝定案》中的记载。

② 有关康熙第二次南巡与传教士交流的叙述，参见吴伯娅《康雍乾三帝与西学东渐》，第298—300页。

③ 此观点见吴伯娅《康雍乾三帝与西学东渐》，第301页。

康熙除亲自考察和派人刺探传教士外，还通过各级官员关注传教士的举动。如康熙二十九年(1690)，山东发生牵扯传教士的案件，康熙即要求山东巡抚查明原委。山东巡抚佛伦在奏明处理结果时充分肯定了传教士的修为："臣看得，西洋人学问真实，断不为不义之事。"①康熙五十四年(1715)，河北真定府发生因拖欠传教士地租而发生的斗殴事件，康熙给直隶总督下旨要求其细察缘由，并说："西洋人到中国将三百年，未见不好，若事无大关，从宽亦可。"②由此可知，康熙还通过考察历史来了解传教士。

从下文康熙颁布容教诏令来看，康熙通过各种途径，应该没有得到有关传教士及教徒为非作歹的消息，对于传教士来说没有坏消息就是好消息。康熙或许在第二次南巡后已经得出了以上结论，不过直到康熙四十八年(1709)，在给传教士的圣谕中康熙才明确表明这一点：

> 西洋人自南怀仁、安文思、徐日升、利类思等在廷效力，俱勉力公事，未尝有错，中国人多有不信，朕向深知真诚可信。即历年以来，朕细访伊等之行实，凡非礼之事，断不去做，岂有过犯可指。③

上述史料前半部分所述内容表明，南怀仁等耶稣会士通过效力清廷使康熙得出在京耶稣会士忠诚可靠的判断。后半部分史料所述"历年以来"考察传教士，显然包括康熙派人刺探传教士，以及第一次、第二次南巡时亲自考察各地传教士的行为。总之，康熙通过各种途径得出传教士及教徒不做非礼之事、不为非作歹的结论。

传教士及教徒不为非作歹，一方面是由于天主教教义的约束，一方面也是传教士有意为之。传教士感觉在中国犹如"被抛弃的孤儿"一般，因而努力避免诉讼、争吵和最小的争执④。南怀仁了解到中国人对特定领导者在特定地方、特定日期举办的集会非常怀疑⑤，因此他提醒耶稣会传教士组织大规

① 中国第一历史档案馆编：《康熙朝满文朱批奏折全译》，中国社会科学出版社，第12页。

② 中国第一历史档案馆编：《康熙朝汉文朱批奏折汇编》第六册，档案出版社，1985年，第122页。

③ 黄伯禄：《正教奉褒》，载韩琦、吴旻校注《熙朝崇正集　熙朝定案(外三种)》，第367页。

④ 李明著，郭强等译：《中国近事报道(1687—1692)》，第356页。

⑤ Noël Golvers, *Letters of a Peking Jesuit: the correspondence of Ferdinand Verbiest, SJ* (1623—1688), p.539. 原文为："Chinese people-however 'political'-are very suspicious towards all people who are convening on some particular place, at a particular date or under a particular leader."

模天主教徒的聚集是危险的,应当将教徒在不同地点、以小规模的群组聚集[①];同时应最大程度地避免引起中国人上奏,因为只有在极少的情况下皇帝才会不同意他们的提议[②];并警告多明我会修士小心与中国官方相处,约束好信徒,不要将整个中国的传教事业带入危险境地[③]。南怀仁在1687年的信中提醒方济各会的管理者,康熙可能并没有注意到传教士在各地传教,否则他会禁止传教,因此各地的传教士需要异常谨慎和小心[④]。徐日升也劝告教友应尽量避免与清朝官宦发生冲撞,应尽量听从他们[⑤]。

四、杭州教案:康熙对天主教矛盾政策的产物

康熙认可在京耶稣会士的功劳,得出传教士不为非作歹等判断为容教诏令的颁发奠定了基础,杭州教案的发生则直接促成康熙最终决定颁布容教诏令。杭州教案的发生根源于康熙一面明令禁止天主教的传播,一面又默许传教士传播的限制策略。

康熙对传教士的示好行为,以及南巡时接见各地传教士,使得传教士过于乐观地估计了当时的传教形势。他们有时在与清廷地方官员交往时变得不那么谨慎,有时甚至有些狂妄。杭州教案源于浙江省兰溪县和临安县发生的反教风波,当地方官员质问多明我会传教士阿尔卡拉为何在兰溪城定居,

---

① Noël Golvers, *Letters of a Peking Jesuit: the correspondence of Ferdinand Verbiest, SJ* (1623—1688), p.427.原文为:"The Jesuit fathers should learn from this that it is dangerous to organize too large meetings of Christians, and they should gather them in small groups, in around twenty different places."

② Noël Golvers, *Letters of a Peking Jesuit: the correspondence of Ferdinand Verbiest, SJ* (1623—1688), p.766.原文为:"Jesuit missionaries should avoid at maximum to raise occasions for Chinese to issue a memorial, as rarely the Emperor did not agree with their proposal."

③ Noël Golvers, *Letters of a Peking Jesuit: the correspondence of Ferdinand Verbiest, SJ* (1623—1688), p.558.原文为:"especially warning the newly arrived (sent) Dominicans to be careful towards the Chinese authorities, and to administer their Christianities in peace, without making too much noise, to not bring the China mission in danger."

④ Noël Golvers, *Letters of a Peking Jesuit: the correspondence of Ferdinand Verbiest, SJ* (1623—1688), p.729. 原文为:"Verbiest warns the Superior, that the Emperor at all probability is not aware of the missionaries crossing through the villages and cities, founding new christianities; if he would know, he certainly would forbid it! It would be convenient, that the priest of the MEP and the other religious families would be aware of it, as extreme prudence and discretion in taking care of the Christian communities is of the highest importance!"

⑤ 莱布尼茨编,梅谦立等译:《中国近事——为了照亮我们这个时代的历史》,第19页。

并且还宣扬外国宗教时，阿尔卡拉援引康熙允许洪若等五位法国耶稣会士在清朝居住的命令，称自己是为他们购买并代管房子；他还声称康熙已允许传教士从流放地返回教堂，自己也在那份返回人员的名单中[①]。地方官员并不理会阿尔卡拉的解释，张贴告示禁止在自己的辖区内信奉天主教。

本来事件只是局限在很小的范围内，可是由于耶稣会浙江省负责人殷铎泽的参与导致事件急剧升温。殷铎泽因为康熙曾下令在地方条约删去“天主教同于白莲教谋叛”的字样，认为“一个小官吏用私人的权力为皇上似乎已经同意的事情定罪是一个应受到惩罚的轻率举动”[②]。他自以为有权按照程序控告兰溪县发生的反教事件。因此，殷铎泽向浙江巡抚张鹏翮写了“一封措辞极为强硬的信，请求总督迫使这位下级官员推翻前言，并让人撕掉这个不公正的告示。他甚至还写道，为了修正这个错误，他希望这个官员在以前张贴告示的地方贴上其他的更有利于宗教和更符合皇上意图的告示”[③]。殷铎泽因康熙对传教士的示好行为，擅自揣测康熙善待天主教的意图，却完全没有考虑1669年的禁教令。

浙江巡抚张鹏翮在收到这封信后，将信转给了临安知县陈谦吉[④]，表明当时他并未做出如何处理此事的决定。临安县令则找出康熙八年(1669)禁止百姓信奉天主教的敕令，证明自己所作所为完全有据可依。站在浙江巡抚的立场，一方是临安县令给出了禁教的法理依据，而且康熙皇帝在康熙二十六年重申了禁止百姓入教的规定；一方是一位西洋人以皇帝的意图为名要求推翻政府官员的决定。浙江巡抚当然是要遵从康熙明文颁布的敕令，他发布命令要求遵从康熙的旨意，禁止百姓入教，惩罚执迷不悟的基督徒，让那些已经信奉天主教的人放弃信仰[⑤]。

---

① 李明著，郭强等译：《中国近事报道(1687—1692)》，第340页。

② 李明著，郭强等译：《中国近事报道(1687　1692)》，第341页。

③ 李明著，郭强等译：《中国近事报道(1687—1692)》，第341页。

④ 张先清考证出临安县令名为陈谦吉，见张先清《康熙三十一年容教诏令初探》，《历史研究》2006年第5期。

⑤ 对于张鹏翮严厉执行禁教政策的原因，张先清、古伟瀛认为是维护理学的正统地位，梅谦立认为是在满清统治下汉人表达的权力诉求，见张先清《康熙三十一年容教诏令初探》，《历史研究》2006年第5期；古伟瀛，Father Tomás Pereira，SJ，the Kangxi Emperor and the Court Westerners，in Artur K. Wardega，SJ，António Vasconcelos de Saldanha，eds.，*In the Light and Shadow of an Emperor*：*Tomás Pereira*，*SJ* (1645—1708)，*the Kangxi Emperor and the Jesuit Mission in China* (London：Cambridge Scholars Publishing，2012)，pp. 64—84；梅谦立：《清初的满人、汉人和西方人：1692年容教诏令和文化多元化》，《神州交流》2009年第2期。

客观来讲，殷铎泽作为一名西洋传教士，没有任何理由要求浙江省的最高行政长官去推翻下属做出的合法决定，他提出张贴有利于基督教告示的要求更属无理。正是由于殷铎泽的"狂妄"行为才导致在整个浙江省掀起大规模的禁教运动，他混淆了在中国"默许"与"大张旗鼓"之间的差异。殷铎泽之所以会如此激进，根源在于当时宽松的传教氛围。虽然传教士知道禁止百姓入教的禁令，但是他们可以大摇大摆地在北京、在康熙眼皮底下传教，却没有受到任何指责，在各省传教也没有受到阻碍；康熙下令删除地方法令中天主教等同谋叛的字句；康熙南巡时接见传教士，派侍卫去天主堂朝拜并颁赐银两等行为，使得传教士过于乐观，以为可以明目张胆地要求地方官员支持其传教行为。

浙江巡抚开始追究殷铎泽没有获得任何许可即定居杭州一事①，并命令传教士烧掉所有的宗教书籍和印刷模板。殷铎泽则以他在康熙南巡时受到皇帝的接见和礼遇为由替自己辩护，声称因为皇帝对他的种种示好行为，因此他相信他不会再遭受皇帝任何一个官员的苛刻待遇和侮辱②。可是当时的法令仍然禁止传教士自由居住，殷铎泽受到浙江省官员的审讯和盘问。浙江省的天主教徒也受到处罚，殷铎泽给洪若的信中写道："人们对我的可怜的基督徒施行的暴力；人们抢劫他们的钱财，进入他们的住宅，虐待他们，扔掉他们的圣像，使他们终日不得安宁。"③此种情形下，殷铎泽不得不向居住在北京的张诚、徐日升等人求救。

由于殷铎泽的狂妄，使得西洋传教士在民间私自传教的行为公布于众，这明显违背康熙禁教的敕令。张诚获悉这一事件后，认为不应向康熙提及此事，他恳请索额图写信给浙江巡抚张鹏翮，劝说其停止禁教活动。索额图的信并没有产生效用，这样就把传教士逼到了一个两难的境地。如果传教士任由浙江省的禁教活动发展，迫害天主教徒的行为会产生不良的示范作用，会对他们在华传教事业造成莫大的损害。如果传教士请求康熙干预此事，等于向康熙表明他们违反了皇帝的敕令，从事传教活动。由于当时徐日升、张诚、安多等在向康熙讲授西方知识过程中与康熙之间形成

---

① 殷铎泽从1660到1665年在江西传教，1665年被解送北京，1671年返回欧洲，1674年返回中国后，在杭州定居。

② 李明著，郭强等译：《中国近事报道（1687—1692）》，第343页。

③ 杜赫德编，郑德弟等译：《耶稣会士中国书简集——中国回忆录Ⅰ》，第281页。

了一种亲切的气氛,“当杭州教案爆发时,正是这种气氛最好的时候”[①]。再加上基于天主教义他们也有义务向受难的教友伸出援助之手。权衡利弊之后,传教士决定向康熙禀明杭州教案。

五、康熙继续禁止天主教传播

在收到殷铎泽的信件两个月之后,康熙三十年十一月初三(1691 年 12 月 21 日),徐日升等人终于求见康熙,请求皇帝干预杭州教案。传教士对他们私自传教之事避而不谈,集中向康熙禀明两点:第一,浙江巡抚违抗皇帝的谕旨,要将浙江境内的传教士驱逐出境[②];第二,废除以前的禁教法令[③],“恭敬地请求他给予在各省的教友以在北京、在陛下视线中和保护下享有的那种幸福的平静”[④]。康熙当时似乎也面临“两难”的境况,浙江巡抚在严格执行禁止天主教集会,禁止百姓信仰天主教的诏令;传教士则要求康熙将他默许传教士在北京传教、不追究天主教信徒责任的做法推行到全国。

两者的要求似乎都没有错,康熙并没有接见传教士,而是通过大臣向他们提供了两个解决问题的方案:第一个方案,由康熙发给浙江巡抚一道密令,让他停止禁教活动;第二个方案,传教士撰写奏折,将此事提交大臣讨论。康熙让传教士在两种方法之间选择最适合当时形势的一个,第二天再禀明他们的最终决定[⑤]。康熙提供的解决方法真可谓妙不可言,第一个方案延续了他默许传教的政策,确实最简单易行。既能迅速平息杭州教案,满足传教士的要求,又不破坏他限制天主教传播的策略。这个方法与此前康熙处理山东教案的手法相似,“不是通过一般的行政渠道,而带有个人行为的味道”[⑥]。第二个方案,如果传教士坚持要求废除以前的禁教法令,他们就需要冒着一定的风险,将此事提交大臣们决定,因为以前的禁教法令就是议政王、贝勒、大臣、九卿等共同商定的。如果大臣们继续坚持要求实施禁教令,康熙就有理由将责任推辞到大臣身上。

---

① 杜赫德编,郑德弟等译:《耶稣会士中国书简集——中国回忆录Ⅰ》,第 281 页。
② 莱布尼茨编,梅谦立等译:《中国近事——为了照亮我们这个时代的历史》,第 25 页。
③ 莱布尼茨编,梅谦立等译:《中国近事——为了照亮我们这个时代的历史》,第 25 页。
④ 李明著,郭强等译:《中国近事报道(1687—1692)》,第 348 页。
⑤ 李明著,郭强等译:《中国近事报道(1687—1692)》,第 349 页。
⑥ 吴伯娅:《康雍乾三帝与西学东渐》,第 134 页。

传教士为采用哪一种方案而犹豫不定。他们考虑如果将案子交到礼部处置，修建新教堂、传播天主教等明显违反禁教令的行为有可能引起一场在全国反对天主教的浪潮[①]。可是传教士、天主教徒受到的成见和蔑视，以及时常发生的针对天主教徒的迫害行为，使传教士期待"如果基督信仰一旦被法令所公开承认，将来任何事务也不能影响它的建立"[②]。对如此巨大好处的期盼，再加上传教士认为未来再也找不到比当时更有利于成功的机会了，"因为现在我们每天都在皇上身边，皇上对我们的恩宠有目共睹，可以阻止人们对我们的兄弟和我们神圣的教义如此施暴，但当我们不再有这种荣幸的时候，我们怎能不担忧呢？"[③]传教士讨论后决定采取第二个方案，他们需要谋求保护天主教的长久之计。

康熙三十年十一月初十日（1691 年 12 月 28 日），徐日升等人私下将一封奏折进呈给康熙，我们并不知道这封奏折的内容。几天后，康熙派侍卫前往传教士处所，宣读了一封用满文所写的信。这封信让传教士很兴奋，认为他们获得了格外的隆恩，徐日升让侍卫回禀康熙说："皇上对我们实乃仁至义尽，超乎我们原本的希望与想象。我们简直不能想象，本来生命垂危的我们，还能恢复生命活力。的确，我们把天主教的进步置于一切幸福之首。"[④]我们无法知晓康熙回复的内容，不过这封信使传教士对于推翻禁教令抱有特别大的期望。

康熙三十年十二月十六日（1692 年 2 月 2 日），徐日升、安多再次上奏康熙，奏本中说浙江巡抚将天主教视为邪教，要将传教士驱逐出浙江省。在回顾了顺治和康熙对天主教、传教士的恩典后，奏疏写道："臣等何幸，蒙圣主任用不疑，若以臣等非中国族类，皇上统一天下，用人无方，何特使殷铎泽无容身之地乎？……惟愿皇上睿鉴，将臣等无私可矜之处查明施行。"[⑤]《中国近事报道（1687—1692）》中记录的奏稿，则更为悲情：

> 陛下如此明智地治理一个庞大的君主国，如此信任地俯允使用我们，怎么允许看到惟独有一个相当不理智的官员拒绝我们的一个教友

---

① 李明著，郭强等译：《中国近事报道（1687—1692）》，第 349 页。

② 李明著，郭强等译：《中国近事报道（1687—1692）》，第 350 页。

③ 杜赫德编，郑德弟等译：《耶稣会士中国书简集——中国回忆录Ⅰ》，第 281—282 页。

④ 莱布尼茨编，梅谦立等译：《中国近事——为了照亮我们这个时代的历史》，第 26 页。

⑤ 韩琦、吴旻校注：《熙朝崇正集　熙朝定案（外三种）》，第 183 页。

> 生活在他的省份？陛下，实际上，我们不能够不为这位善良的老者的命运感到悲伤，他只是谦恭地在地球的一小角要求一块他需要平静度过余生的地方，但都不能够得到……如果陛下在了解了我们的行为之后，确实认为我们是无辜的，我们请求您用一道敕令告示整个帝国您对我们品行和教义的评价。①

徐日升的奏疏中依然丝毫不曾提及他们违法传教的行为，只是突出强调殷铎泽被驱逐出浙江和要求康熙发布对他们品行、教义评价的敕令这两点。康熙让礼部商议此事，礼部回奏准许杭州的天主堂照旧保留，但是天主教仍只许西洋人供奉。康熙批准了这一决议。

六、康熙权衡得失后推动官僚系统颁布容教诏令

礼部的决议虽然同意殷铎泽继续在杭州居住，但是康熙并没有公布对天主教教义的评价，仍然禁止百姓信仰天主教。这对在京耶稣会士来说是一个意外的打击，因为他们本来满怀希望康熙会推翻禁教令。康熙派一名侍卫前去安抚耶稣会士，神父们对侍卫说："我们好像是死了父母的人。"②巨大的痛苦使传教士说出了以下话语：

> 我们希望热忱能博得他最终批准他的子民信仰我们宣扬的宗教；主啊……您知道，这就是我们一切行动的惟一动机；如果我们神圣信仰的利益没有使我们投身其中的话，无论这位君主是如何强大如何慷慨，我们也不会想从那么远的地方来为他效劳。然而，他今天竟禁止了我们的信仰，并亲自签署了取缔我们的耻辱判决。主啊，这就是我们的希望所得到的结果；这就是而我们所有工作的结果。比起这个性质的法令来，我们将会坦然的多地接受死刑的判决！因为反正您也不考虑我们失去基督教能否继续生存。③

这一番夹杂着痛苦和泪水的讲话听起来似乎更像是对康熙的告白，这名侍卫也确实向康熙描述了传教士的"失望与难过"④。

---

① 李明著，郭强等译：《中国近事报道(1687—1692)》，第355—356页。
② 杜赫德编，郑德弟等译：《耶稣会士中国书简集——中国回忆录Ⅰ》，第283页。
③ 李明著，郭强等译：《中国近事报道(1687—1692)》，第357页。
④ 莱布尼茨编，梅谦立等译：《中国近事——为了照亮我们这个时代的历史》，第31页。

在京耶稣会士非常清楚康熙在整个政治决策中的关键地位，他们将朝廷继续禁止天主教传播的责任归结到康熙身上。通过上面的陈述，耶稣会士清晰地向康熙表明了以下态度：在康熙禁止天主教传播的情况下，耶稣会士"失去了工作的兴趣，而且他们留在中国也失去了意义。他们清楚地表明他们在朝廷的工作不是无条件的而是有目的的"①。此时，通过迎接庐依道神父来京一事，四名在京耶稣会士表达了他们的不合作态度②。因身在澳门的庐依道是医生，康熙命他前来北京教授自己学习医学，康熙希望从在京的耶稣会士中选派一人前去澳门迎接庐依道来京。耶稣会士婉拒了康熙的要求，他们认为在当时的情形下接受这一任命，对他们来说是一种"羞辱"。因为别的传教士会怀疑在京耶稣会士"宁愿住在皇宫里，而不愿意留居西洋，是否为了他们所得到的优待，而并不是为了福音的传播"③。通过这一举动，"耶稣会士也冒着风险来迫使康熙做出选择：要不他认可天主教，要不耶稣会士为朝廷的服务受巨大的影响"④。

恰在此时，康熙对西学有着极强的求知欲，他需要从西方传教士那里学习西学。康熙曾向南怀仁学习西方科学，在一段时间内"他几乎是让我整天待在他那里，没有别的事，就是在他繁忙公务的空暇时间里，和他一道研究有关数学方面，特别是有关天文学方面的问题"⑤。南怀仁感叹："的确，皇帝对天文学的事务抱有如此炽烈的热情！"⑥此后康熙对西学一直保持强烈的兴趣。

康熙二十六年（1687），张诚等法国耶稣会士"达到北京之后的一两年内，康熙的求知欲极强，经常把传教士请到宫中，传授西学。此后的近二十年间，他对西学颇有好感，深信不疑"⑦。康熙对西学的求知欲使得他经常

---

① 梅谦立：《清初的满人、汉人和西方人：1692年容教诏令和文化多元化》，《神州交流》2009年第2期。

② 梅谦立：《清初的满人、汉人和西方人：1692年容教诏令和文化多元化》，《神州交流》2009年第2期。

③ 莱布尼茨编，梅谦立等译：《中国近事——为了照亮我们这个时代的历史》，第31页。

④ 梅谦立：《清初的满人、汉人和西方人：1692年容教诏令和文化多元化》，《神州交流》2009年第2期。

⑤ 南怀仁著，高华士英译，余三乐中译：《南怀仁的〈欧洲天文学〉》，2016年，第117页。此段引文中"他"指康熙皇帝，"我"是南怀仁。

⑥ 南怀仁著，高华士英译，余三乐中译：《南怀仁的〈欧洲天文学〉》，第118页。

⑦ 韩琦：《康熙时代的历算活动：基于档案资料的新研究》，载张先清编《史料与视界——中文文献与中国基督教史研究》，上海人民出版社，2007年，第54页。

请在京耶稣会士向他传授知识，并对其以礼相待。据史料记载：

康熙二十八年十二月二十五日（1690年2月3日），上召徐日升、张诚、白进（晋）、安多等至内廷，谕以自后每日轮班养心殿，以清语授讲量法等西学。上万几之暇，专心学问，好量法、测算、天文、形性、格致诸学，自是，即或临幸畅春园，及巡行省方，必谕张诚等随行，或每日，或间日，授讲西学。①

于是就出现了这样的场景，音乐教师徐日升努力制造一些乐器，张诚、白晋与安多给皇上介绍他们翻译成满文的欧几里得几何学与哲学，安多给康熙讲解数学②。康熙也在学习数学等西学的过程中体会到巨大的乐趣。杭州教案发生时，正值康熙学习西学兴趣正浓之时。

传教士在陷入巨大苦楚与表明不合作态度的同时，张诚等人又央求索额图再去康熙面前为他们求情。索额图在康熙面前，重提传教士在为清廷服务时付出的心血，他对康熙说：

陛下，这是一些为了遵从您或取悦您面（而）把他们的生命视若无物的人。的确，如果此外他们的信仰是危险的，那么所有这一切都不应该使您批准它；但是曾经有过一个比他们的教义更纯洁和对统治人民更有用的教义吗？③

索额图的说辞集中在两点：传教士效忠康熙，天主教的传播不会威胁到清朝的统治，这也是康熙作为清朝最高统治者最为看重的东西。

南怀仁等在治理历法、铸造火炮方面的贡献，使康熙认可耶稣会士效忠清廷；康熙考察各地传教士，得出其不为非作歹的结论；传教士因没有取消禁教令而产生的强烈反应，以及索额图的劝说，康熙对西学强烈的求知欲，这些因素叠加在一起，终于促使康熙改变禁止传教与默许传教的限制策略，颁布容教诏令。康熙三十一年正月三十日（1692年3月17日），康熙给大学士伊桑阿下达谕旨："西洋人治理历法，用兵之际修造兵器，效力勤劳，且天主教并无为恶乱行之处，其进香之人，应仍照常行走，前部议奏疏

① 黄伯禄：《正教奉褒》，载韩琦、吴旻校注《熙朝崇正集　熙朝定案（外三种）》，第352页。

② 莱布尼茨编，梅谦立等译：《中国近事——为了照亮我们这个时代的历史》，第21页。

③ 李明著，郭强等译：《中国近事报道（1687—1692）》，第358—359页。

着掣回销毁。”[①]

两天后，康熙再给伊桑阿等内阁大臣下达圣谕，除了重复前面旨意的内容外，重申天主教被视为邪教实属无辜，要求内阁会同吏部商议。康熙之所以在如此短的时间内连下两道圣谕，很可能是因为大臣们对允许天主教传播持有异议。大臣们的疑虑与康熙一样，就是担心天主教的快速传播对清朝江山不利[②]。谢和耐认为：

> 对于官僚和文士阶层来说，宗教只有在下述情况下才能被接受：它能加强全面的秩序（这种秩序囊括了一切，包括宇宙、自然、政治和宗教），它能以其教义加强政治伦理、能为其帝国及其地区带来的恩宠而有助于国家的稳定和集体繁荣。[③]

天主教显然并不完全符合这些条件。尽管中国“实行的是不折不扣的君主专政政体，惟独皇帝享有至高无上的权力。下级必须无条件地服从上级”[④]。但是大臣们的考虑毕竟也是从维护清廷的统治出发，法令的颁布也需要服众。这时索额图就担当了康熙说客的角色[⑤]，他劝告大臣们实现皇上的意志：

> 难道你们对传教士为中华帝国所做出的贡献视而不见，反要惩罚他们吗？……关于他们所传播与信奉的宗教，我跟他们经常讨论，而我发现这个宗教实为圣善之宗：崇拜天地万物的创造者，服从皇上与长上，孝敬父母，不发虚誓，毋杀人，毋贪求他人之妻。这就是他们所信奉的。……如果你们找到了任何恶，不必隐讳，我们定不容许这个宗教。[⑥]

索额图的说辞与说服康熙时一样，仍然集中在传教士效忠清廷和天主教不为恶两点上。因为允许天主教传播是康熙的旨意，再加上索额图的劝告，康熙三十一年二月初三日（1692 年 3 月 20 日），礼部尚书等上报了协商后的结果：

---

① 韩琦、吴旻校注：《熙朝崇正集　熙朝定案（外三种）》，第 184 页。

② 礼部等禁止天主教传播理由，见莱布尼茨编，梅谦立等译《中国近事——为了照亮我们这个时代的历史》，第 14—15 页。

③ 谢和耐：《中国与基督教——中西文化的首次撞击》，第 133 页。

④ 白晋：《中国现任皇帝传》，载莱布尼茨编，梅谦立等译《中国近事——为了照亮我们这个时代的历史》，第 64 页。

⑤ 没有康熙的旨意和授权，索额图是无论如何不可能擅自在内阁会议上做出这一番陈述的。

⑥ 莱布尼茨编，梅谦立等译：《中国近事——为了照亮我们这个时代的历史》，第 33 页。

查得西洋人仰慕圣化，由万里航海而来，现今治理历法，用兵之际，力造军器火炮，差往阿罗素，诚心效力，克成其事，劳绩甚多。各省居住西洋人，并无为恶乱行之处，又并非左道惑众，异端生事。喇嘛僧道等寺庙尚容人烧香行走，西洋人并无违法之事，反行禁止，似属不宜。相应将各处天主堂俱照旧存留，凡进香供奉之人，仍许照常行走，不必禁止。俟命下之日，通行直隶各省可也。[①]

康熙批准了这一决议，容教诏令下发全国。

传教士得到消息后兴奋异常，在康熙批准诏令的当天，他们就进宫谢恩。徐日升代表传教士叩谢，说容教令是他们昼思夜想的愿望，终于得以实现，这是他们最幸福的时刻。这一切都是康熙赐予他们的，“今天所领受的恩惠，我们永远无法偿还，我们所有传教士只有终生效忠皇上”[②]。康熙表示这是他给与传教士最大的优待，同时他提醒徐日升等写信告诫各省的传教士小心谨慎，不能滥用这个许可，不要让他收到官员的抱怨，“因为如果他们向朕抱怨的话，朕将立即取消这种许可，那么，神父们就只能怪自己了”[③]。同时，康熙还明确向传教士表示，天主教应与中国的风俗习惯相适应，“如果天主教不排斥有关中国的风土人情、朝廷皇权，中国人很可能不会排斥基督宗教”[④]。

七、结语

谢和耐指出：“1692 年著名的容教圣旨，除了阐述该宗教不是煽动叛乱性的宗教之外，几乎未包括其他任何有关宗教的内容。在康熙帝思想中，最起作用的因素是，传教士可以为他效劳的地方。”[⑤]钟鸣旦认为诏令中并没有表明“完全的宗教自由”或者允许“自由传播天主教”[⑥]。分析康熙给伊桑阿的谕旨和容教诏令，可以发现这些文献集中表明了两点：第一，南怀仁等耶稣会士诚心为清廷效力，劳绩甚多；第二，传教士并不为非作

---

① 韩琦、吴旻校注：《熙朝崇正集　熙朝定案(外三种)》，第 185 页。

② 莱布尼茨编，梅谦立等译：《中国近事——为了照亮我们这个时代的历史》，第 35 页。

③ 杜赫德编，郑德弟等译：《耶稣会士中国书简集——中国回忆录》第 1 卷，第 285 页。

④ 莱布尼茨编，梅谦立等译：《中国近事——为了照亮我们这个时代的历史》，第 35 页。

⑤ 谢和耐：《中国与基督教——中西文化的首次撞击》，第 171 页。

⑥ Nicolas Standaert, “The ‘Edict of Tolerance’ (1692): A Textual History and Reading”, in Artur K. Wardega, SJ, António Vasconcelos de Saldanha, eds., *In the Light and Shadow of an Emperor: Tomás Pereira, SJ (1645—1708), the Kangxi Emperor and the Jesuit Mission in China*, p. 358.

歹，妄生是非，不会威胁到清朝的统治。由此可以看出，耶稣会士的功劳和国家统治安危是康熙决定颁布容教诏令最重要的两个考量。

史景迁曾这样描述康熙对待耶稣会士的态度："极度的亲切混合着精明，只要一发现任何对皇权的威胁，无论是真实的还是想象中的，貌似的随意就会即刻消失。"①皇权在中国古代政治体制中处于中枢位置，统治者一切方针最重要的出发点就是维护和加强其统治。从以上论述中可以看出，康熙皇帝主导了康熙初年清廷的天主教政策。天主教的传播是否威胁到清廷的统治，成为康熙对天主教政策最主要的考量。白晋曾清楚地观察到这一点："康熙皇帝是个政治家，但他如果对天主教和儒教的一致性稍有疑惑，就绝不会准许天主教的存在。"②综上所述，南怀仁等耶稣会士在治理历法、铸造火炮以及中俄边界谈判中的功劳，构成了康熙决定颁布容教诏令的基础；康熙确认天主教传播不会威胁到清朝统治是容教诏令颁布的前提；而康熙对西学强烈的求知欲则促成了康熙最终颁布容教诏令。

容教诏令的颁发也与康熙的宗教政策有关。康熙认为佛教、道教的教义虚幻，无益于政治，曾说："至于僧道邪教，素悖礼法，其惑世诬民尤甚。"③尽管如此，康熙并不禁止其流传，他认为"僧道二教皆起自中国，递传而降，历有岁年，此并非我朝所始。朕但听其僧仍为僧，道仍为道，守其成规而已，何必禁耶？"④尽管如此，康熙仍然为全国的名庙古刹题写匾额，晚年回忆总数大概有一千余块。不过康熙通过控制僧道出家人数、限制寺院的发展等措施，对其进行管理⑤。将此与康熙对待天主教的策略对比，就会发现康熙赐给传教士匾额、优待传教士等行为，没什么特别之处，这些都只是康熙笼络人心的手段。康熙在与传教士的接触过程中，对天主教义也有所了解，正如索额图所说天主教劝人向善，不为恶，与儒家学说并无根本性的相悖之处。况且，天主教并非邪教，与佛、道两教的区别在于其来自西洋、流传不久。既然它不会对清朝政权构成威胁，佛教、道教尚且允许百

---

① 史景迁著，陈引驰等译：《曹寅与康熙——一个皇室宠臣的生涯揭秘》，上海远东出版社，2005年，第155—156页。

② 白晋：《中国现任皇帝传》，载莱布尼茨编，梅谦立等译《中国近事——为了照亮我们这个时代的历史》，第94页。

③ 中国第一历史档案馆编：《康熙起居注》第二册，第1595页。

④ 中国第一历史档案馆编：《康熙起居注》第三册，第2440页。

⑤ 张践：《康熙的实学思想和宗教政策》，《开封大学学报》1998年第4期。

姓信奉,也就没有必要继续禁止天主教的流传了。

索额图在容教令的颁发过程中发挥了什么样的作用?是否如吴伯娅、张先清等学者所说起了重要作用?据耶稣会士白晋的描述康熙没有宠臣,他不受制于任何人,越接近康熙的人,越难以察觉他的想法,因而大臣们坦言:“行政事务中的成就,与其说是靠他们自己的本事,莫如说是依靠皇上授予他们的旨意才取得的。”[①]索额图因杭州教案给浙江巡抚张鹏翮的信中说:“皇上寻找一切机会帮助基督教信仰的学者,你迫害他们又如何能够取悦皇上呢?”[②]表明索额图是在根据康熙以往的作为劝说浙江巡抚。当这封信没有起到作用后,索额图又让徐日升不要告诉康熙他曾经给浙江巡抚写过信[③],这个细节更印证了白晋所描述的康熙。索额图之所以敢于劝说康熙容教,原因在于康熙以往优待南怀仁等传教士的行为,以及康熙默许传教的态度;索额图在内阁会议上为天主教辩护,更是在不折不扣地执行康熙的旨意。索额图在容教令颁发过程中的作用十分有限,他的所作所为只不过是康熙对待天主教态度的延伸而已。

康熙三十一年(1692)容教诏令的颁发,标志着明清耶稣会士学术传教策略的成功。南怀仁等耶稣会士凭借天文历法等西方科学知识,维持了在康熙皇帝周围和清廷中央政权中的存在,打通了“通天捷径”,并藉此拓展了天主教在华传播的空间。容教诏令的颁发,在很大程度上归功于康熙和传教士之间因西学而发生的良性互动。容教诏令颁发后,在中国和欧洲都引起了较大的反响,耶稣会士通过各种途径积极在欧洲宣传容教诏令[④]。这些宣传在招募更多耶稣会士来华的同时,客观上也吸引了许多非耶稣会传教士来到中国,为耶稣会文化适应策略招来更多的反对者,在一定程度上为后来礼仪之争的发生埋下了伏笔[⑤]。

---

① 白晋:《中国现任皇帝传》,载莱布尼茨编,梅谦立等译《中国近事——为了照亮我们这个时代的历史》,第 58 页。

② 李明著,郭强等译:《中国近事报道(1687—1692)》,第 344 页。

③ 布尼茨编,梅谦立等译:《中国近事——为了照亮我们这个时代的历史》,第 24 页。

④ 关于此的详细论述,见张先清《康熙三十一年容教诏令初探》,《历史研究》2006 年第 5 期。

⑤ 此观点见伯理安著,毛瑞方译《东方之旅:1579—1724 耶稣会传教团在中国》,江苏人民出版社,2017 年,第 175—214 页。

结　论

一、皇权决定历法改革和天主教在华传播的命运

君主集权不断加强是明清时期中国政治体制的显著特征，耶稣会士进入中国后，很快便发现皇权在天主教在华传播一事上可能发挥的重要作用。利玛窦称："请求中国皇帝恩准自由传教之事，就是我日夜所思所念，也可以说，是我多年希望能够获得到的。只可惜中国的政情与其它国家不同。"①因为中国皇帝被尊崇为天子，至高无上，普通人无法与其直接交流，更何况耶稣会士，"洋人呈递'奏疏'是行不通的，因为洋人根本禁止居留，当然不能直接上奏疏了"②。南怀仁在向欧洲说明他受到康熙优待时的特别之处时，特意强调"首先了解中国的皇帝是如何被他的臣民当作一种神秘、神圣的权力来崇拜，了解到接近皇帝是一件多么难得的机会，更何况是一个外国人"③的时代背景。明末的历法改革则为耶稣会士提供了接触皇权的契机，之后更成为耶稣会士接近皇权的"通天捷径"④。明末清初的改历活动始终与天主教传播、皇权政治交织在一起。

耶稣会士在华参与天文历法工作与他们希望在华传播天主教之目的紧密联系在一起。南怀仁曾一语中的地说："天文学成为保持我们宗教在整个中国生存最为重要的根。"⑤耶稣会士希冀借助参与改历合法地留在

---

① 罗渔译：《利玛窦书信集》（下），第 408 页。

② 罗渔译：《利玛窦书信集》（下），第 408 页。

③ 南怀仁著，高华士英译，余三乐中译：《南怀仁的〈欧洲天文学〉》，第 118 页。

④ 江晓原教授曾用"通天捷径"四字概括明清之际耶稣会士在华传播欧洲天文学说的作用与意义，其中"通天"两字的一层意思即指耶稣会士借助天文学从而打入中国社会之最上层——北京宫廷（其余两层含义是天文星占之学时古代王权得以确立的基础和象征，天文学帮助传教可以看成传布福音、走向天国的"天路历程"之一段）。江晓原：《通天捷径——明清之际耶稣会士在华传播的欧洲天文学说及其作用与意义》，载江晓原、钮卫星《天文西学东渐集》，第 399—413 页。

⑤ 南怀仁著，高华士英译，余三乐中译：《南怀仁的〈欧洲天文学〉》，第 2 页。南怀仁在 1671 年写回欧洲的信中也如此强调："All the Jesuits successes in China are indebted to astronomy!"见 Noël Golvers, *Letters of a Peking Jesuit: the correspondence of Ferdinand Verbiest, SJ* (1623—1688), p.204.正因为如此，在 1677 年信中，南怀仁建议耶稣会学院应加强数学和天文学的学习（同前书 p. 224）。

中国，接触皇权，进而利用皇权的影响传播天主教。因为传教的使命，耶稣会士才会在明朝给予极少廪给的情况下依然参与改历，并极力希望通过御赐匾额的方式，利用皇权的影响传教。不过明末耶稣会士与崇祯帝之间的沟通并不顺畅。顺治年间，西洋历法的正统地位确立，汤若望被任命管理钦天监，耶稣会士与顺治皇帝之间的"通天捷径"才得以打通。在辅政大政当政之时，耶稣会士与最高统治阶层间的"通天捷径"再次中断。康熙八年(1669)，南怀仁把握时机重新确立了西洋历法的正统地位，并利用掌管钦天监事务的便利条件，再次疏通了耶稣会士与康熙之间的联系。

正因为天文历法对耶稣会士来说如此重要，对天主教和耶稣会士怀有敌意的人士也将天文历法作为他们攻击的重点。杨光先清醒地认识到只要能证明西洋历法存在错误，汤若望等传教士就失去了在清朝的安身立命之所，所以他才会不遗余力地攻击西洋历法。西方天文历法知识是耶稣会士参与中土改历活动的"资本"，掌控钦天监为耶稣会士提供了接近皇权、服务皇权的渠道，传播天主教则是耶稣会士来华一切活动的最终目的。

皇权对中西历法态度的不断转变是明清之际历法之争发生的根源。历法改革相比政治改革、文化革新而言，有比较客观的标准——可以通过推算和测验交食、天体运行轨迹等方法判别各家历法的优劣、高下。明清之际的改历活动发生在皇权专制的政治体制下，改历不可避免地受到皇权的影响、干扰。万历年间，各方都赞成改历，却因万历皇帝对改历不置可否的态度，导致历法改革迟迟无法展开。崇祯追究钦天监推算日食失误的旨意，反而成为进行历法改革的重要契机。可是，崇祯改历整体上呈现外行领导内行的局面，因为崇祯设定的改历目标没有实现，因此他决定暂不将西法颁行。明清嬗代之后，在汤若望的积极活动之下，通过测验证明了西法的优越性，西洋历法的正统地位确定。然而辅政大臣秉持朝政期间，因为汤若望曾经与其的政治纠葛，辅政大臣以西洋历法和误择荣亲王葬期为借口判处汤若望。当康熙开始亲政之时，康熙才又开始以测验的方法检验中西历法的优劣，使得西法重新确立了正统地位。西洋历法在推算交食等数据方面优于中国传统历法的事实始终没有改变，改变的是皇权对中西历法的态度以及皇权认可的检验改历成功的标准。

皇权也决定了明清之际天主教在华传播的空间。耶稣会士借助崇祯改历，摆脱了万历年间将传教士驱逐出境的命令，名正言顺地进入中国，进入官僚体制。崇祯改历中，耶稣会士有意借助崇祯御赐的匾额来扩大传教影响。顺治年间，清廷不干预天主教的传播。由于顺治对汤若望和天主教的褒奖，反而促进了天主教在华的迅猛传播。康熙初年，在秉持朝政的辅政大臣对汤若望的不满和杨光先的反教行为双重力量的综合作用下，清廷开始干预传教事业，下令禁止天主教在华传播。康熙虽然为历狱平反，但他从国家治理的角度出发，依然禁止天主教公开传播。然而康熙又需要传教士为他治理历法、铸造火炮以及教授自己学习天文历法知识，他因此逐渐默许传教士在华传教。在确认传教不会威胁到自己的统治后，康熙才连发两道谕旨改变了自己先前批准的禁教令，促使内阁与礼部商议后最终颁发容教令。

总之，明清之际中西历法之争中历法改革、天主教传播与皇权政治三者紧密联系、息息相关，皇权政治则在其中发挥决定性作用。耶稣会士以西方天文历法知识作为他们接近皇权的"通天捷径"，期望通过皇权的影响拓展在华传教事业。虽然中间有过波折和反复，但是总体上说耶稣会士"学术传教"的策略是成功的。从崇祯二年(1629)到康熙三十一年(1692)，经过耶稣会士六十余年的努力，西方历法最终确立了正统地位。中华文明吸收了欧洲的科学知识，而天主教也历经波折暂时获得了耶稣会士梦寐以求的在华传教自由。

二、耶稣会士的政治适应策略

耶稣会自创始起就确立了两个传教原则，"一是走上层路线，即与主流社会保持良好的关系；二是本土化方针，即一种倾向于以学习传教地区语言和风俗为必要条件的灵活传教方法"[①]。利玛窦在华因地制宜地执行上述政策，逐渐打开了天主教在华传播的局面。他与士大夫阶层广泛接触，"利玛窦在广东、江西、南京、北京所来往过的士大夫总计 129 人……在这 129 位士大夫中，仅 29 位在利玛窦结识之时为布衣学者(其中一位举人，一位医生)，其余 100 人则是从县丞到六部官员的各级官吏，其中还包括 2 位公侯和 3 位皇族"[②]。尽管利玛窦交往之人包括徐光启、李之藻等许多官

---

① 张国刚：《从中西初识到礼仪之争——明清传教士与中西文化交流》，第 347 页。

② 吴莉苇：《当诺亚方舟遭遇伏羲神农》，中国人民大学出版社，第 60 页。

宦士人，但他们的往来多属于私人关系范畴。利玛窦并没有与明朝官方，或者明朝皇帝有正式、直接的联系。

利玛窦并不满足于此，他曾说："现在我们所希望的，是无论采取什么方式，务必先获得中国皇帝的青睐，准许我们自由传教，假使能办到这一项，我敢说，很快会归化几十万、几百万人。"[①]耶稣会士此后的传教策略，似乎正是沿着利玛窦所指引的方向前行——获得中国皇帝允许传教的诏令。要达到这个目标，就必须要接近皇权，适应中国当时的政治体制。然而利玛窦始终游离于明清官僚体制之外，崇祯改历则为耶稣会士提供了融入明朝官僚体制的机会。

在徐光启的努力之下，崇祯改历开始后，先后有龙华民、邓玉函、罗雅谷、汤若望四名耶稣会士进入新成立的改历机构。尽管他们在改历中更多从事的是翻译、制作仪器等方面的工作，且西局是临时机构，但无论如何耶稣会士已经开始进入明代的政府体制当中。明清鼎革之后，汤若望更是获得了钦天监的管理权。如此一来，耶稣会士彻底融入了清朝正式的政治体制与官僚序列之中，这为他们接触皇权、传播天主教提供了便利条件。汤若望试图向顺治皇帝传播天主教，还利用天象示警的方法阻止顺治会见五世达赖喇嘛，却无意之间卷入了当时满汉大臣之间的争斗，康熙历狱的发生更是将耶稣会士彻底从清廷政府机构中踢出。

南怀仁利用恰当的时机，重新进入并掌控钦天监。从南怀仁对待中国传统选择术、星占术的态度可以看出，政治是他决定在华采取何种行为时首先考虑的因素。南怀仁一改汤若望过多参与政治的行为，兢兢业业、勤勤恳恳地为康熙治理历法、铸造火炮，并逐渐获得康熙的信任与肯定，拓展了天主教的传教空间。闵明我、徐日升、安多等人延续了南怀仁的策略，继续为康熙和清朝的利益服务。康熙对西学强烈的求知欲，更是为耶稣会士获得梦寐以求的容教诏令提供了千载难逢的历史机遇。南怀仁等人服务皇权、效忠皇权的行为，正是他们适应当时君主集权体制的表现。康熙也给了耶稣会士回报，允许天主教在华自由传播。

耶稣会士进入中国以后，依旧笃信天主教信仰，孜孜不倦地谋求在更

① 罗渔译:《利玛窦书信集》(上)，光启出版社、辅仁大学出版社，1986年，第219页。

大范围内传播天主教，他们的文化信仰仍然以欧洲文化为主[①]。不过从政治立场上看，从崇祯改历到颁布容教诏令期间的历史事实表明，耶稣会士对明清时期中国的君主集权体制采取顺从、适应的态度，并试图从服务皇权中受益——获得允许在华传播自由天主教的诏令，我们可将此称之为耶稣会士的政治适应策略。

耶稣会士进入中国之后，清醒地认识到皇权的态度是决定天主教在华命运的关键，于是便通过历法改革进入政治体制中，采取政治适应策略接近、服务于皇权。政治适应策略是耶稣会士及其传教事业在华生存的前提，学术传教策略和文化适应策略依赖于政治适应策略才能发挥效用。耶稣会士的政治适应策略、学术传教策略、文化适应策略紧密结合在一起，相辅相成。政治适应策略是在华生存下去的前提与基础，学术传教策略、文化适应策略是接触皇权、官员、民众的渠道，三者的有机结合则保障了天主教在华传播事业的顺利开展。

耶稣会士政治适应策略效用的发挥需要特定的历史时机。汤若望、南怀仁作为较早进入明清官僚体制的耶稣会士，他们以西洋人的身份服务皇权的行为，在当时是较为新奇的现象。尤其是南怀仁铸造火炮的行为，为清廷平定三藩叛乱提供了帮助，此种“远泛海以输忱，久服官而宣力”的行为自然获得康熙的信任与嘉奖。这时的耶稣会士处于逐渐融入官僚体制的过程之中，他们的行为获得了崇祯、顺治、康熙三人的嘉赞。但当雍正朝以后的耶稣会士“彻底”融入体制中，担任钦天监监正，充当一些技术服务工作时，皇帝将其服务皇权视作理所当然的事情，由此所产生的收益就大大减小了。

政治适应策略、学术传教策略是否发挥作用以及作用大小，还与皇帝个人的品性爱好有关。汤若望以管理钦天监为契机，与顺治保持了较为良好的私人关系。顺治称汤若望为“玛法”（满语，爷爷的意思），并不断给他加官进爵、赐堂、赐名等等。这种较为密切的私人关系，为天主教的传播打开了方便之门。容教诏令的颁发很大程度上也受益于康熙与耶稣会士的私人关系，康熙彼时对欧洲天文、算学等西方知识的强烈求知欲是促成他决定颁布容教诏令的一个重要因素。不过康熙对待西学的态度在清朝皇

① 关于文化信仰，从南怀仁对中西星占术的不同态度即可看出。

帝中实属凤毛麟角，之后的皇帝无求于耶稣会士却又把他们的效忠看成天经地义的事情，耶稣会士的政治适应策略、学术传教策略也就无用武之地了。良好的私人关系的确是明清皇权体制中获得君主信赖与支持的一个重要途径。明清之际进入中国的耶稣会士，似乎非常透彻地领悟、体会、融入、运用了当时中国的政治文化。不过，当皇权发生更迭时，所有的一切都需要重新检验，这就考验在华耶稣会士的政治经验与政治智慧了。

三、天学管理机构中的集权与专制

明清之际中西历法之争中保存丰富的有关改历机构和钦天监管理的史料，又为探讨、研究皇权政治之下各级官署的运行机制提供了很好的案例。尽管皇权在是否改历、改历成功的标准、历法优劣等问题上拥有绝对的权力，但在具体改历事务中主管官员则拥有相当大的自主权。

徐光启被崇祯帝任命主持改历事务后，在改历方向、人事配备、财政等方面拥有相对较大的权力。正是依靠这些权力，徐光启才能主张以西法改历、吸收耶稣会士参与改历、督促钦天监官生学习西法。魏文魁在其负责成立的东局中权力似乎也很大，东局内郭正中、魏象乾等人后来被证明不懂历法（不懂历法却被招进历局，表明缺乏合理的选拔机制），东局反对西法的立场始终没有改变（与魏文魁的主张始终一致），即是很好的例证。李天经的管理策略影响了改历的进程，但现存《治历缘起》中几乎未见西局中人员对他的策略提出异议，更没有发现西局中其他人上奏崇祯的奏折，说明李天经基本上垄断了西局与皇帝交往的渠道。

顺治年间，西法的正统地位确立，汤若望获得了钦天监的管理权，使得他获得了大于精习大统历法之人的权势。汤若望采取了一系列措施确立西法在钦天监的主导地位，如控制钦天监中层领导权、笼络钦天监内中下层人员的人心，同时加紧督促钦天监众人学习西法、压制打击回回科。当杨光先被任命为钦天监监正后，汤若望的管理措施又被完全反转。杨光先极力打压精习西法之人，最典型的案例是精通西法之人鲍英齐被诬陷受贿二十两，刑部判刑后将其责打四十板，与妻子一同被流放宁古塔。其后，杨光先的管理策略又被南怀仁再次扭转，鲍英齐被平反，并逐渐被提拔任钦天监监副。鲍英齐的遭遇简直是康熙历狱的翻版，鲍英齐面对杨光先的“迫害”无可奈何，正如汤若望面对辅政大臣的压迫无计可施一样。下级对上级滥用权力的行为只有服从的选择，而没有任何抗辩的机会，他们命运的改变只能等待下一位“贤者”的出现。

明末改历机构负责人的策略决定了改历的走向，清初钦天监的管理权成为决定钦天监内中西历法孰胜孰负的决定因素，而由谁管理改历机构或钦天监则取决于最高统治者的态度。此处需要特别注意的是魏文魁、汤若望、杨光先、南怀仁在管理相关机构前，没有任何在明清官署衙门任职的经历。他们“随心所欲”的行为[①]，表明他们的职权几乎没有受到任何制约，而任意行使职权的前提是他们获得皇权的支持。皇权专制体制又为此提供了条件，明清时期君主集权达到“登峰造极”的地步，诸如政治、财政、赋税、军事等大小事务都需要皇帝亲自决断，这就要求皇帝具备勤政、博学、善断等才能。当天文历法这种专业性很强的工作也要皇权决断后，皇权掌控者的才干显露无遗——万历的不置可否、崇祯的固执己见、多尔衮和顺治的任其自然、辅政大臣的颠倒黑白、康熙的勤敏好学。除康熙之外的其他皇权执掌者对天文历法知之甚少，此种情况下皇权只能将治理历法的具体责任下放给主管官员。在没有出现重大差错的情况下，对其采取信任和听之任之的态度。

皇权执掌者大小庶务都要管理，也决定了他们获取信息的渠道不能太多[②]。治理历法的官员因权势的优势，垄断了与皇权交往的渠道（体现为上奏权）。下级臣僚的各种情况也都有主管官员呈递，他们的命运也就进一步掌控在这些官员手中。徐光启利用礼部尚书的职权没有将与魏文魁的争论上奏，杨光先两次三番到各衙门上奏均被拒绝[③]，更突显了“通天”手段的重要性。只要没有出现重大失误，主管官员可以坐享皇权的支持。下级臣僚的建议和意见无法上达，就造成了主管官员在其管辖范围内一定程度上拥有了随心所欲的权力。

明清之际改历机构、钦天监的运行只是当时皇权体制中的一个环节，不过透过它的运行却可以发现，明清时期权力的集中与专制并不仅仅存在

---

① 杨光先的经历最有代表性，他在任职之前坚定地拒绝到钦天监任职，任职后却在监内任凭己意管理。

② 如果各级官员都有上奏权，那么海量的信息将涌向皇权执掌者，使他们根本无法选择信息。

③ 事后表明所有拒绝的理由都不成立。

于皇权层面，而是存在于各个级别的官署衙门之中。这种专制的权力掌握在各衙门的长官手中，下级在上级的专制面前只有顺从的义务，而没有申辩的权利。明清之际的历法改革其实在崇祯七年(1634)即应该完成，却延宕了几十年之久，许多人的命运随之跌宕起伏，其中最根本的原因在于政治。明清之际中西历法之争的经验表明，政治权力制约、影响、决定了历法改革的进程。在缺乏自由讨论、辩驳的氛围中改历，其结果往往是事倍功半。

参考文献

原始文献

白晋著,马绪祥译:《康熙帝传》,中国社会科学院历史所清史研究室编《清史资料》第一辑,中华书局,1980年。

班固:《汉书》,中华书局,1962年。

戴震:《经考》,载杨应芹等主编《戴震全书》,黄山书社,2010年。

杜赫德编,郑德弟等译:《耶稣会士中国书简集——中国回忆录》,大象出版社,2001年。

何丙郁、赵令扬编:《〈明实录〉中之天文资料》,香港大学中文系,1986年。

黄伯禄:《正教奉褒》,载韩琦、吴旻校注《熙朝崇正集　熙朝定案(外三种)》,中华书局,2006年。

黄兴涛、王国荣编:《明清之际西学文本》,中华书局,2013年。

江永:《数学》,载《景印文渊阁四库全书》第796册,台湾商务印书馆,1986年。

《康熙庭训格言》,载《丛书集成续编》第60册,新文丰出版公司,1988年。

昆冈等编:《大清会典》,新文丰出版公司,1976年。

莱布尼茨编,梅谦立等译:《中国近事——为了照亮我们这个时代的历史》,大象出版社,2005年。

李淳风:《观象玩占》,载《续修四库全书》第1049册,上海古籍出版社,2002年。

李东阳等:《大明会典》,广陵古籍刻印社,1989年。

李明著,郭强等译:《中国近事报道(1687—1692)》,大象出版社,2004年。

利类思:《不得已辩》,载杨光先等撰,陈占山校注《不得已(附二种)》,黄山书社,2000年。

利类思、安文思:《奏疏》,载钟鸣旦、杜鼎克编《耶稣会罗马档案馆明清天主教文献》第十二册,台北利氏学社,2002年。

利类思等:《利类思安文思南怀仁奏疏》,载钟鸣旦、杜鼎克、黄一农、祝平一等编《徐家汇藏书楼明清天主教文献》第二册,辅仁大学神学院,1996 年。

利玛窦、金尼阁著,何高济等译:《利玛窦中国札记》,中华书局,1983 年。

利玛窦授,李之藻编:《同文算指前编》,载《丛书集成新编》第 41 册,新文丰出版公司,1985 年。

利玛窦著,罗渔译:《利玛窦书信集》(上、下),光启出版社、辅仁大学出版社,1986 年。

利玛窦著,文铮译,梅欧金校:《利玛窦书信集》,商务印书馆,2018 年。

利玛窦著,朱维铮主编:《利玛窦中文著译集》,复旦大学出版社,2007 年。

梅文鼎:《历学疑问》,载《梅氏丛书辑要》,清同治十三年刻本。

南怀仁:《辞衔问答》,载钟鸣旦、杜鼎克编《耶稣会罗马档案馆明清天主教文献》第十二册,台北利氏学社,2002 年。

南怀仁:《鞑靼旅行记》,载杜文凯编《清代西人见闻录》,中国人民大学出版社,1985 年。

南怀仁:《历法不得已辩》,载杨光先等撰,陈占山校注《不得已(附二种)》,黄山书社,2000 年。

南怀仁:《灵台仪象志》,载薄树人主编《中国科学技术典籍通汇·天文卷》第七分册,河南教育出版社,1993 年。

南怀仁:《钦定新历测验纪略》,载钟鸣旦、杜鼎克、蒙曦编著《法国国家图书馆明清天主教文献》第五册,台北利氏学社,2009 年。

南怀仁:《妄推吉凶辩》,载钟鸣旦、杜鼎克、蒙曦编著《法国国家图书馆明清天主教文献》第十六册,台北利氏学社,2009 年。

南怀仁:《妄择辩》,载钟鸣旦、杜鼎克、蒙曦编著《法国国家图书馆明清天主教文献》第十六册,台北利氏学社,2009 年。

南怀仁:《妄占辩》,载钟鸣旦、杜鼎克、蒙曦编著《法国国家图书馆明清天主教文献》第十六册,台北利氏学社,2009 年。

南怀仁:《熙朝定案》,载韩琦、吴旻校注《熙朝崇正集　熙朝定案(外三种)》,中华书局,2006 年。

南怀仁:《预推纪验》,载钟鸣旦、杜鼎克编《耶稣会罗马档案馆明清天主教文献》第六册,台北利氏学社,2002 年。

南怀仁著，高华士英译，余三乐中译：《南怀仁的〈欧洲天文学〉》，大象出版社，2016 年。

《清朝文献通考》，浙江古籍出版社，2000 年。

《清高宗实录》，中华书局，1986 年。

《清圣祖实录》，中华书局，1985 年。

《清世祖实录》，中华书局，1985 年。

沈德符：《万历野获编》，中华书局，1959 年。

石云里、褚龙飞校注：《〈崇祯历书〉合校》，中国科技大学出版社，2017 年。

《数理精蕴》，商务印书馆，1936 年。

汤若望：《新法表异》，载《丛书集成续编》第 78 分册，新文丰出版公司，1985 年。

魏特著，杨丙辰译：《汤若望传》，商务印书馆，1949 年。

魏徵、令狐德棻：《隋书》，中华书局，1973 年。

吴相湘主编：《天主教东传文献》，学生书局，1962 年。

吴相湘主编：《天主教东传文献三编》，学生书局，1984 年。

吴相湘主编：《天主教东传文献续编》，学生书局，1964 年。

五世达赖喇嘛阿旺洛桑嘉措著，陈庆英、马连龙、马林译：《五世达赖喇嘛传·云裳》，中国藏学出版社，1997 年。

希都日古编译：《清内秘书院蒙古文档案汇编汉译》，社会科学文献出版社，2015 年。

徐昌治编，夏瑰琦校编：《圣朝破邪集》，建道神学院，1996 年。

徐光启编纂，潘鼐汇编：《崇祯历书(附西洋新法历书增刊十种)》，上海古籍出版社，2009 年。

徐光启著，朱维铮等主编：《徐光启全集》，上海古籍出版社，2011 年。

徐光启撰，王重民辑校：《徐光启集》，中华书局，1963 年。

徐光启纂修，汤若望重订：《西洋新法历书》，载薄树人主编《中国科学技术典籍通汇·天文卷》第八分册，河南教育出版社，1993 年。

《续文献通考》，浙江古籍出版社，2000 年。

杨光先：《不得已》，载薄树人主编《中国科学技术典籍通汇·天文卷》第六分册，河南教育出版社，1993 年。

杨光先等撰，陈占山校注：《不得已(附二种)》，黄山书社，2000 年。

永瑢、纪昀主编:《四库全书总目提要》,海南出版社,1999 年。
张廷玉等:《明史》,中华书局,1974 年。
张西平、马西尼、任大援、裴佐宁主编:《梵蒂冈图书馆藏明清中西文化交流史文献丛刊》,大象出版社,2014 年。
赵尔巽等:《清史稿》,中华书局,1977 年。
中国第一历史档案馆编:《康熙朝汉文朱批奏折汇编》,档案出版社,1985 年。
中国第一历史档案馆编:《康熙朝满文朱批奏折全译》,中国社会科学出版社,1996 年。
中国第一历史档案馆编:《清初内国史院满文档案译编》,光明日报出版社,1989 年。
中国第一历史档案馆编:《清中前期西洋天主教在华活动档案史料》,中华书局,2003 年。
中国第一历史档案馆等编:《明清时期澳门问题档案文献汇编》,人民出版社,1999 年。
中国第一历史档案馆等编:《清代天文档案史料汇编》,大象出版社,1997 年。
中国第一历史档案馆整理:《康熙起居注》,中华书局,1984 年。
中国第一历史档案馆、中国藏学研究中心合编:《清初五世达赖喇嘛档案史料选编》,中国藏学出版社,2000 年。
中国第一历史档案馆、中国海外汉学研究中心合编,安双成编译:《清初西洋传教士满文档案译本》,大象出版社,2015 年。
"中央研究院"历史语言研究所编:《明清史料》,北京图书馆出版社,2008 年。
钟鸣旦等主编:《法国国家图书馆明清天主教文献》,台北利氏学社,2009 年。
钟鸣旦、杜鼎克编:《耶稣会罗马档案馆明清天主教文献》,台北利氏学社,2002 年。
钟鸣旦、杜鼎克、黄一农、祝平一等编:《徐家汇藏书楼明清天主教文献》,辅仁大学神学院,1996 年。
钟鸣旦、杜鼎克、王仁芳主编:《徐家汇藏书楼明清天主教文献续编》,台北利氏学社,2013 年。
周岩编校:《明末清初天主教史文献新编》,国家图书馆出版社,2013 年。

周振鹤主编：《明清之际西方传教士汉籍丛刊》第二辑，凤凰出版社，2017年。

周振鹤主编：《明清之际西方传教士汉籍丛刊》第一辑，凤凰出版社，2013年。

Noël Golvers, *The Astronomia Europaea of Ferdinand Verbiest, S.J. (Dillingen, 1687): Text, translation, notes and commentaries*, Steyler Verlag, 1993.

Noël Golvers, Efthymios Nicolaidis, *Ferdinand Verbiest and Jesuit Science in 17th Century China: An Annotated Edition and Translation of the Constantinople Manuscript*, Athens-Leuven, 2009.

Noël Golvers, *Letters of a Peking Jesuit: the correspondence of Ferdinand Verbiest, SJ (1623—1688)*, Leuven: Ferdinand Verbiest Institute, 2017.

近人论著

艾尔曼著，原祖杰等译：《科学在中国(1550—1900)》，中国人民大学出版社，2016年。

安双成：《康熙帝与西洋传教士》，《历史档案》1994年第1期。

安双成：《礼仪之争与康熙皇帝》，《历史档案》2007年第1期。

安双成：《汤若望案始末》，《历史档案》1992年第3期。

安双成：《汤若望在华传教之得与失》，《历史档案》1996年第3期。

白新良：《康熙擒鳌拜时间考》，《满族研究》2005年第3期。

柏理安著，毛瑞方译：《东方之旅：1579—1724耶稣会传教团在中国》，江苏人民出版社，2017年。

宝成关：《中西文化的第一次激烈冲突——明季〈南京教案〉文化背景剖析》，《史学集刊》1993年第4期。

薄树人：《徐光启的天文工作》，载中国科学院自然科学史研究室编《徐光启纪念论文集》，中华书局，1963年。

薄树人：《中国天文学史》，文津出版社，1996年。

曹增友：《传教士与中国科学》，宗教文化出版社，1999年。

陈静：《杨光先述论》，《清史研究》1996年第2期。

陈久金:《中国古代时制研究及其换算》,《自然科学史研究》1983年第2期。
陈美东:《中国科学技术史·天文学卷》,科学出版社,2003年。
陈卫平:《第一页与胚胎——明清之际的中西文化比较》,上海人民出版社,1992年。
陈晓华:《十八世纪中西互动:学术交流与传承》,中国社会科学出版社,2015年。
陈晓中、张淑莉、陈美东等:《中国天文学史大系》,中国科学技术出版社,2013年。
陈遵妫:《中国天文学史》,上海人民出版社,2006年。
褚龙飞:《崇祯改历期间西法交食预报所用时制及相关问题再探——兼与马伟华博士商榷》,《中国科技史杂志》2016年第4期。
褚龙飞:《明版〈治历缘起〉新探》,《上海交通大学学报(哲学社会科学版)》2017年第3期。
褚龙飞、石云里:《〈崇祯历书〉存本考》,《中国科技史杂志》2018年第1期。
褚龙飞、石云里:《再论崇祯改历期间西法交食预报的时制与精度》,《中国科技史杂志》2014年第2期。
崔广社:《南怀仁在华事迹考》,《文献》2000年第2期。
达力扎布:《清太宗邀请五世达赖喇嘛史实考略》,《中国藏学》2008年第3期。
邓恩著,余三乐、石蓉译:《从利玛窦到汤若望》,上海古籍出版社,2003年。
邓建华:《杨光先与康熙朝"历案"——兼谈明清人士对待外来文化的传统心态》,《社会科学辑刊》1993年第4期。
董少新:《论徐光启的信仰与政治理想——以南京教案为中心》,《史林》2012年第1期。
董少新、黄一农:《崇祯年间招募葡兵新考》,《历史研究》2009年第5期。
董煜宇:《北宋天文管理研究》,博士学位论文,上海交通大学,2004年。
董煜宇:《历法在宋朝对外交往中的作用》,《上海交通大学学报(社会科学版)》2002年第3期。
董煜宇:《天文星占在北宋皇权政治中的作用》,《上海交通大学学报(哲学社会科学版)》2003年第3期。

杜文凯编:《清代西人见闻录》,中国人民大学出版社,1985 年。
樊洪业:《耶稣会士与中国科学》,中国人民大学出版社,1992 年。
方豪:《中国天主教史人物传》(上、中、下),中华书局,1988 年。
方豪:《中西交通史》,岳麓书社,1987 年。
费赖之著,冯承钧译:《在华耶稣会士列传及书目》,中华书局,1995 年。
辅仁大学:《历史与宗教——纪念汤若望四百周年诞辰暨天主教传华史学国际研讨会论文集》,辅仁大学,1992 年。
辅仁大学:《南怀仁逝世三百周年国际学术讨论会论文集》,辅仁大学,1987 年。
付邦红、石云里:《〈崇祯历书〉和〈历象考成后编〉中所述的蒙气差修正问题》,《中国科技史料》2001 年第 3 期。
龚缨晏、陈雪军:《康熙“1692 年宽容敕令”与浙江》,载黄爱平、黄兴涛编《西学与清代文化》,中华书局,2008 年。
顾长声:《传教士与近代中国》,上海人民出版社,1981 年。
顾宁:《汤若望进呈顺治皇帝的新法地平日晷》,《中国科技史料》1995 年第 1 期。
顾卫民:《中国天主教编年史》,上海书店出版社,2003 年。
关增建:《传教士对中国计量的贡献》,《自然科学史研究》2003 年增刊。
关增建:《传统 365 1/4 分度不是角度》,《自然辩证法通讯》1989 年第 5 期。
关增建:《地球观念的传入及其对中国计量发展的影响》,《上海交通大学学报(哲学社会科学版)》2005 年第 6 期。
关增建:《计量史话》,中国大百科全书出版社,2000 年。
关增建:《量天度地衡万物:中国计量简史》,大象出版社,2013 年。
关增建:《中国古代计量的社会功能》,《中国计量》2003 年第 6 期。
关增建:《中国古代科学技术史纲·理化卷》,辽宁教育出版社,1996 年。
关增建:《中国古代物理思想探索》,湖南教育出版社,1991 年。
关增建:《中国天文学史上的地中概念》,《自然科学史研究》2000 年第 3 期。
郭美兰:《五世达赖喇嘛入觐述论》,《中国边疆史地研究》1997 年第 2 期。
韩琦:《康熙朝法国耶稣会士在华的科学活动》,《故宫博物院院刊》1998 年第 3 期。

韩琦:《康熙时代西方数学在宫廷的传播——以安多和〈算法纂要总纲〉的编纂为例》,《自然科学史研究》2003 年第 2 期。

韩琦:《科学、知识与权力——日影观测与康熙在历法改革中的作用》,《自然科学史研究》2011 年第 1 期。

韩琦:《通天之学:耶稣会士和天文学在中国的传播》,生活·读书·新知三联书店,2018 年。

韩琦:《"自立"精神与历算活动——康乾之际文人对西学态度之改变及其背景》,《自然科学史研究》2002 年第 3 期。

郝贵远:《中国传统文化与西方文化的较量——杨光先与汤若望之争》,《世界历史》1998 年第 5 期。

黄爱平、黄兴涛主编:《西学与清代文化》,中华书局,2008 年。

黄一农:《从〈始信录序〉析究杨光先的性格》,*Sino-Western Cultural Relations Journal* (U. S. A.),1994.no. 16.

黄一农:《从汤若望所编民历试析清初中欧文化的冲突与妥协》,《清华学报》(新竹)新 26 卷(1996)第 2 期。

黄一农:《红夷大炮与皇太极创立的八旗汉军》,《历史研究》2004 年第 4 期。

黄一农:《红夷大炮与明清战阵——以火炮测准技术之演变为例》,《清华学报》(新竹)新 26 卷(1996)第 1 期。

黄一农:《康熙朝涉及"历狱"的天主教中文著述考》,《书目季刊》(台北)第 25 卷(1991)第 1 期。

黄一农:《两头蛇:明末清初的第一代天主教徒》,上海古籍出版社,2006 年。

黄一农:《明末清初天主教传华史研究的回顾与展望》,《新史学》(台北)第 7 卷(1996)第 1 期。

黄一农:《清初钦天监中各民族天文家的权力起伏》,《新史学》(台北)第 2 卷(1991)第 2 期。

黄一农:《清初天主教与回教天文家间的争斗》,《九州学刊》(美国)第 5 卷(1993)第 3 期。

黄一农:《清前期对"四余"定义及存废的争执——社会天文学史个案研究(上、下)》,《自然科学史研究》1993 年第 3 期、1993 年第 4 期。

黄一农：《清前期对觜、参两宿先后次序的争执——社会天文学史之一个案研究》，载杨翠华、黄一农主编《近代中国科技史论集》，“中央”研究院近代史研究所、清华大学历史研究所，1991 年。
黄一农：《社会天文学史十讲》，复旦大学出版社，2004 年。
黄一农：《汤若望〈新历晓或〉与〈民历铺注解惑〉二书略记》，《“国立中央”图书馆馆刊》（台北）新 25 卷（1992）第 1 期。
黄一农：《汤若望与清初西历之正统化》，载吴嘉丽、叶鸿洒主编《新编中国科技史》（下册），银禾文化事业公司，1990 年。
黄一农：《吴明炫与吴明烜——清初与西法相抗争的一对回回天文家兄弟？》，《大陆杂志》（台北）第 84 卷（1992）第 4 期。
黄一农：《新发现的杨光先〈不得已〉一书康熙间刻本》，《书目季刊》（台北）第 27 卷（1993）第 2 期。
黄一农：《杨光先家世与生平考》，《“国立”编译馆馆刊》（台北）第 19 卷（1990）第 2 期。
黄一农：《杨光先著述论略》，《书目季刊》（台北）第 23 卷（1990）第 4 期。
黄一农：《杨燝南——最后一位疏告西方天文学的保守知识分子》，《汉学研究》（台北）第 9 卷（1991）第 1 期。
黄一农：《耶稣会士对中国传统星占术数的态度》，《九州学刊》（美国）第 4 卷（1991）第 3 期。
黄一农：《耶稣会士汤若望在华恩荣考》，《中国文化》1992 年第 2 期。
黄一农：《择日之争与康熙历狱》，《清华学报》（新竹）新 21 卷（1991）第 2 期。
黄一农：《张宸生平及其与杨光先间的冲突》，《九州学刊》（美国）第 6 卷（1993）第 1 期。
黄一农、张志诚：《中国传统候气说的演进与衰颓》，《清华学报》（新竹）新 23 卷（1993）第 2 期。
江晓原：《〈崇祯历书〉的前前后后》（上、下），《中国典籍与文化》1996 年第 4 期、1997 年第 2 期。
江晓原：《第谷天文体系的先进性问题》，《自然辩证法通讯》1989 年第 1 期。
江晓原：《第谷天文学说的历史作用：西方与东方》，《大自然探索》1987 年第 4 期。

江晓原:《江晓原自选集》,广西师范大学出版社,2001年。
江晓原:《论耶稣会士没有阻挠哥白尼学说在华传播——西方天文学早期在华传播之再评价》,《学术月刊》2004年第12期。
江晓原:《明末来华耶稣会士所介绍之托勒密天文学》,《自然科学史研究》1989年第4期。
江晓原:《欧洲天文学在清代社会中的影响》,《上海交通大学学报(哲学社会科学版)》2006年第6期。
江晓原:《十七、十八世纪中国天文学的三个新特点》,《自然辩证法通讯》1988年第3期。
江晓原:《世界历史上的星占学》,上海交通大学出版社,2013年。
江晓原:《试论清代"西学中源"说》,《自然科学史研究》1988年第2期。
江晓原:《天学外史》,上海人民出版社,1999年。
江晓原:《天学真原》,辽宁教育出版社,1991年。
江晓原:《星占学与传统文化》,广西师范大学出版社,2004年。
江晓原:《耶稣会士与哥白尼学说在华的传播》,《二十一世纪》(香港)2002年第10期。
江晓原:《中国星占学类型分析》,上海书店出版社,2009年。
江晓原、钮卫星:《欧洲天文学东渐发微》,上海书店出版社,2009年。
江晓原、钮卫星:《天文西学东渐集》,上海书店出版社,2001年。
江晓原、钮卫星:《天学史上的梁武帝》,《中国文化》1998年第15、16合期。
江晓原、钮卫星:《中国天学史》,上海人民出版社,2005年。
江晓原主编:《多元文化中的科学史——第10届国际东亚科学史会议论文集》,上海交通大学出版社,2005年。
康志杰:《论明清在华耶稣会财务经济》,《史学月刊》1994年第3期。
黎正甫:《明季修改历法始末》(上、中、下),《大陆杂志》(台北)第27卷(1963)第10、11、12期。
李保文:《顺治皇帝邀请第五世达赖喇嘛考》,《西藏研究》2006第1期。
李大鸣:《中西历法的三次较量》,《紫禁城》2006年Z1期。
李迪:《中国历史上一次最大的天算引进项目》,《内蒙古师范大学学报(自然科学汉文版)》2007年第6期。
李亮:《明代历法的计算机模拟分析与综合研究》,博士学位论文,中国科学技术大学，2011 年。
李亮等：《〈回回历法〉交食精度之分析》，《自然科学史研究》2011 年第 3 期。
李亮、吕凌峰、石云里：《被遗漏的交食——传教士对崇祯改历时期交食记录的选择性删除》，《中国科技史杂志》2014 年第 3 期。
李天纲：《跨文化的诠释：经学与神学的相遇》，新星出版社，2007 年。
李天纲：《清代儒学与“西学”》，载杨念群等主编《新史学——多学科对话的图景》，中国人民大学出版社，2003 年。
李天纲：《中国礼仪之争：历史·文献与意义》，上海古籍出版社，1998 年。
梁家勉原编，李天纲增编：《增补徐光启年谱》，上海古籍出版社，2011 年。
林广志等主编：《西学与汉学——中外交流史与澳门史论集》，上海古籍出版社，2009 年，
林健：《西方近代科学传来中国后的一场斗争——清初汤若望和杨光先关于天文历法的论争》，《历史研究》1980 年第 2 期。
林金水：《试论南怀仁对康熙天主教政策的影响》，《世界宗教研究》1991 年第 1 期。
林仁川、徐晓望：《明末清初中西文化冲突》，华东师范大学出版社，1999 年。
刘次沅等：《崇祯实录和长编中的天文资料》，《陕西天文台台刊》1998 年第 2 期。
刘次沅、庄威凤：《明代日食记录研究》，《自然科学史研究》1998 年第 1 期。
刘钝、王扬宗主编：《中国科学与科学革命》，辽宁教育出版社，2002 年。
刘君灿编：《中国天文学史新探》，明文书局，1988 年。
柳陞祺、邓锐龄：《清初第五辈达赖喇嘛进京及受封经过》，载陈庆英主编《藏族历史宗教研究》第一辑，中国藏学出版社，1996 年。
吕江英：《康熙初年的历法之争与儒耶冲突》，中华书局，2015 年。
吕凌峰：《明末及清代交食记录研究》，博士学位论文，中国科学技术大学，2002 年。
吕凌峰、石云里：《礼制、传教与交食测验——清钦天监档案中的交食记录透视》，《自然辩证法通讯》2002 年第 6 期。
吕凌峰、石云里：《明末历争中交食测验精度之研究》，《中国科技史料》2001 年第 2 期。

吕凌峰、石云里:《清代日食预报记录的精度分析》,《中国科技史料》2003年第4期。

吕实强:《南怀仁的科技贡献与宣道风范》,载《南怀仁逝世三百周年国际学术讨论会论文集》,辅仁大学,1987年。

梅谦立:《清初的满人、汉人和西方人:1692年容教诏令和文化多元化》,《神州交流》2009年第2期。

孟德卫著,陈怡译:《奇异的国度:耶稣会适应政策及汉学的起源》,大象出版社,2010年。

孟森:《明清史讲义》,中华书局,1981年。

孟森:《明清史论著集刊正续编》,河北教育出版社,2000年。

宁晓玉:《明清之际确定日月食方位的几种方法》,《自然科学史研究》2004年第1期。

宁晓玉:《〈新法算书〉中的日月五星运动理论及清初历算家的研究》,博士学位论文,中国科学院国家授时中心,2007年。

宁晓玉:《〈新法算书〉中的月亮运动理论》,《自然科学史研究》2007年第3期。

钮卫星:《汉唐之际历法改革中各作用因素之分析》,《上海交通大学学报(哲学社会科学版)》2004年第5期。

潘吉星:《康熙帝与西洋科学》,《自然科学史研究》1984年第2期。

潘鼐:《〈崇祯历书〉的成书前后》,载《中国天文学史文集》第六集,科学出版社,1994年。

潘鼐:《中国古天文图录》,上海科技教育出版社,2009年。

潘鼐:《中国古天文仪器史》,山西教育出版社,2005年。

钱志坤:《"钦天监教案"起因探析》,《杭州师范学院学报(人文社会科学版)》2001年第4期。

桥本敬造著,曲扬译:《从〈崇祯历书〉看科学革命的一个过程》,《科学史译丛》1984年第3期。

屈春海:《清代钦天监暨时宪科职官年表》,《中国科技史料》1997年第3期。

全和均:《我国古代的时制》,《中国科学院上海天文台年刊》1982年第4期。

荣振华著,耿昇译:《在华耶稣会士列传及书目补编》,中华书局,1995年。

尚智丛:《南怀仁〈穷理学〉的主体内容与基本结构》,《清史研究》2003年第

3期。
沈福伟:《中西文化交流史》,上海人民出版社,1985年。
石云里:《崇祯改历过程中的中西之争》,《传统文化与现代化》1996年第3期。
石云里:《从“苟求其故”到“但求无弊”——17—18世纪中国天文学思想的一条演变轨迹》,《科学技术与辩证法》2005年第1期。
石云里:《中国古代科学技术史纲·天文卷》,辽宁教育出版社,1996年。
史景迁著,陈引驰等译:《曹寅与康熙——一个皇室宠臣的生涯揭秘》,上海远东出版社,2005年。
史玉民:《清钦天监管理探赜》,《自然辩证法通讯》2002年第4期。
史玉民:《清钦天监研究》,博士学位论文,中国科学技术大学,2001年。
史玉民:《清钦天监职官制度》,《中国科技史料》2001年第4期。
舒理广等:《南怀仁与中国清代铸造的大炮》,《故宫博物院院刊》1989年第1期。
宋浩杰主编:《中西文化会通第一人:徐光启学术研讨会论文集》,上海古籍出版社,2006年。
孙尚扬:《基督教与明末儒学》,东方出版社,1994年。
孙小淳:《〈崇祯历书〉星表和星图》,《自然科学史研究》1995年第4期。
孙小淳:《从“里差”看地球、地理经度概念之传入中国》,《自然科学史研究》1998年第4期。
孙小淳、曾雄生主编:《宋代国家文化中的科学》,中国科学技术出版社,2007年。
谭笑:《秩序世界与均质世界——析杨光先和南怀仁的天文学争论》,《上海交通大学学报(哲学社会科学版)》2013年第6期。
汤开建:《明清之际中国天主教会传教经费之来源》,《世界宗教研究》2001年第4期。
汤开建:《顺治朝全国各地天主教教堂教友考略》,《清史研究》2002年第3期。
汪小虎:《明代颁历制度研究》,博士学位论文,上海交通大学,2011年。
王辅仁:《达赖五世朝清考》,《西藏研究》1982年第3期。
王广超:《明清之际圭表测影考》,《中国科技史杂志》2010年第4期。
王广超:《明清之际望远镜的传入对中国天文学的影响》,《自然科学史研究》2008 年第 4 期。

王广超:《明清之际中国天文学关于岁差理论之争议与解释》,《自然科学史研究》2009 年第 1 期。

王广超:《明清之际中国天文学转型中的宇宙论、计算与观测》,博士学位论文,中国科学院自然科学史研究所,2009 年。

王广超、孙小淳:《〈崇祯历书〉中的开普勒物理天文学思想》,《中国科技史杂志》2008 年第 1 期。

王剑:《情绪化的批判——从杨光先的〈不得已〉说起》,《吉林大学社会科学学报》2002 年第 1 期。

王力:《明末清初达赖喇嘛系统与蒙古诸部互动关系研究》,民族出版社,2011 年。

王立兴:《纪时制度考》,载《中国天文学史文集》第四集,科学出版社,1986 年。

王淼:《邢云路与明末传统历法的复兴》,博士学位论文,中国科学技术大学,2003 年。

王淼:《邢云路与明末传统历法改革》,《自然辩证法通讯》2004 年第 4 期。

王萍:《西方历算学之输入》,《"中央"研究院近代史研究所专刊》第十七号。

王扬宗:《康熙、梅文鼎与"西学中源说"》,《传统文化与现代化》1995 年第 3 期。

魏若望编:《传教士·科学家·工程师·外交家南怀仁(1623～1688)》,社会科学文献出版社,2001 年。

吴伯娅:《康熙帝事考两则》,载《清史论丛(2009 年号)》,中国广播电视出版社,2008 年。

吴伯娅:《康雍乾三帝与西学东渐》,宗教文化出版社,2002 年。

吴蕴豪:《崇祯改历——明清学术变迁中的国家科学活动》,博士学位论文,中国科学院自然科学史研究所,2008 年。

吴宗泽:《明末清初火炮初探》,《清华大学学报(哲学社会科学版)》1990 年第 2 期。

席泽宗:《20 世纪中国学者的天文学史研究》,《广西民族学院学报(自然科学版)》2004 年第 1 期。

席泽宗:《论康熙科学政策的失误》,《自然科学史研究》2000 年第 1 期。

席泽宗：《十七、十八世纪西方天文学对中国的影响》，《自然科学史研究》1988 年第 3 期。

席泽宗、吴德铎主编：《徐光启研究论文集》，学林出版社，1986 年。

席泽宗主编：《中国科学技术史·科学思想卷》，科学出版社，2001 年。

肖清和：《身份认同与历法之争——以〈不得已〉与〈不得已辩〉为中心》，载赵建敏主编《天主教研究论辑》第 5 辑，宗教文化出版社，2008 年。

肖清和：《"天会"与"吾党"：明末清初天主教徒群体研究》，中华书局，2015 年。

谢和耐：《中国与基督教——中西文化的首次撞击》，商务印书馆，2013 年。

谢和耐、戴密微等著，耿昇译：《明清间耶稣会士入华与中西汇通》，东方出版社，2011 年。

谢景芳：《杨光先与清初"历案"的再评价》，《史学月刊》2002 年第 6 期。

熊月之：《西学东渐与晚清社会》，上海人民出版社，1994 年。

徐光台：《台湾近 20 年的科技史研究：近代东西文明的遭遇与冲撞取向》，《自然科学史研究》2010 年第 2 期。

徐海松：《清初士人与西学》，东方出版社，2000 年。

徐宗泽：《明清间耶稣会士译著提要》，上海书店出版社，2006 年。

阎纯德主编：《汉学研究》第十一集，学苑出版社，2008 年。

阎丽娟、陈静：《杨光先排教思想概观》，《兰州大学学报(社会科学版)》1995 年第 1 期。

阎林山、全和均：《论我国的百刻计时制》，载刘君灿编《中国天文学史新探》，明文书局，1988 年。

杨念群、黄兴涛、毛丹主编：《新史学——多学科对话的图景》，中国人民大学出版社，2003 年。

杨珍：《清初权力之争中的特殊角色——汤若望与顺治帝关系研究之一》，《清史研究》1999 年第 3 期。

张柏春：《明末欧洲式天文仪器的试制与使用》，《中国科技史料》2000 年第 1 期。

张柏春：《明清测天仪器之欧化——十七、十八世纪传入中国的天文仪器技术及其历史地位》，辽宁教育出版社，2000 年。

张柏春：《南怀仁所造天文仪器的技术及其历史地位》，《自然科学史研究》1999 年第 4 期。

张柏春:《清朝前期观象台天文仪器的欧洲化》,《中国科技史料》1999 年第 4 期。
张柏春:《影响欧洲天文仪器技术东渐的若干因素》,《自然辩证法通讯》1999 年第 5 期。
张承友、张普、王淑华:《明末清初中外科技交流研究》,学苑出版社,2000 年。
张国刚:《从中西初识到礼仪之争——明清传教士与中西文化交流》,人民出版社,2003 年。
张践:《康熙的实学思想和宗教政策》,《开封大学学报》1998 年第 4 期。
张力、刘鉴唐:《中国教案史》,四川省社会科学院出版社,1987 年。
张双志:《五世达赖喇嘛对清初蒙古地区稳定的贡献》,《中国藏学》2008 年第 2 期。
张顺洪等:《明清时代的中国与世界》,江西人民出版社,2011 年。
张西平主编:《莱布尼茨思想中的中国元素》,大象出版社,2010 年。
张先清:《官府、宗族与天主教:17—19 世纪福安乡村教会的历史叙事》,中华书局,2009 年。
张先清:《康熙三十一年容教诏令初探》,《历史研究》2006 年第 5 期。
张先清主编:《史料与视界——中文文献与中国基督教史研究》,上海人民出版社,2007 年。
张昭军:《西学东渐与理学名儒的回应——以清顺治、康熙、雍正三朝为考察中心》,载王俊义主编《炎黄文化研究》第九辑,大象出版社,2009 年。
张中鹏:《许之渐与康熙历狱——兼论许之渐的西学人脉关系》,载林广志等主编《西学与汉学——中外交流史与澳门史论集》,上海古籍出版社,2009 年。
赵殿红:《"康熙历狱"中被拘押传教士在广州的活动:1662—1771》,《澳门研究》2003 年第 19 期。
中国科学院中国自然科学史研究室编:《徐光启纪念论文集》,中华书局,1963 年。
中国天文学史整理研究小组编著:《中国天文学史》,科学出版社,1981 年。
钟鸣旦著,张佳译:《礼仪的交织——明末清初中欧文化交流中丧葬礼》,上海古籍出版社,2007 年。

朱维铮：《走出中世纪》，上海人民出版社，1986 年。

朱维铮主编：《基督教与近代文化》，上海人民出版社，1994 年。

祝平一：《金石盟——〈御制天主堂碑记〉与清初天主教》，载《“中央”研究院历史语言研究所集刊》第七十五本(2004)第二分。

祝平一：《跨文化知识传播的个案研究：明清之际地圆说的争议(1600—1800)》，载《“中央”研究院历史语言研究所集刊》第六十九本(1998)第三分。

祝平一：《三角函数表与明末中西历法之争——科学的物质文化试探》(上、下)，《大陆杂志》(台北)第 99 卷(1999)第 5、6 期。

祝平一著，余晓岚译：《西学东渐：晚明中西历法的初步接触与历法形式的冲突》，载《法国汉学》丛书编辑委员会编《法国汉学》第六辑，中华书局，2002 年。

庄吉发：《南怀仁与清初历法的改革》，载庄吉发《清史论集》(六)，文史哲出版社，2000 年。

卓新平主编：《相遇与对话：明末清初中西文化交流国际学术研讨会论文集》，宗教文化出版社，2003 年。

邹小站：《西学东渐：迎拒与选择》，四川人民出版社，2008 年。

邹振环：《明末南京教案在中国教案史研究中的“范式”意义——以南京教案的反教与“破邪”模式为中心》，《学术月刊》2008 年第 5 期。

A.C.马丁诺夫著，张开运译：《五辈达赖剌嘛进京》，中国社会科学院民族研究所历史研究室编译《民族史译文集》第 14 集，1986 年。

Catherine Jami, Revisiting the Calendar Case (1664—1669): Science, Religion, and Politics in Early Qing Beijing, *The Korean Journal for the History of Science*, vol. 37, no. 2 (August 2015).

Catherine Jami. *The Emperor's New Mathematics: Western Learning and Imperial Authority During the Kangxi Reign (1662—1722)*, Oxford University Press, 2011.

Florence C. Hsia, *Sojourners in a Strange Land: Jesuits and Their Scientific Missions in Late Imperial China*, University Of Chicago Press, 2009.

Heilbron, J. L. *The Sun in the Church: Cathedrals as Solar*

Observatories. Harvard University Press, 1999.

Huang Yi-long, Court Divination and Christianity in the K'ang-hsi Era, *Chinese Science* 10 (1991): 1—20.

Keizo Hashimoto, *Hsu Kuang-chi and Astronomical reform: the process of the Chinese acceptance of Western astronomy (1629—1635)*, Osaka: Kansai University Press, 1988.

Ku Weiying, Father Tomás Pereira, SJ, the Kangxi Emperor and the Court Westerners, in Artur K. Wardega, SJ, António Vasconcelos de Saldanha ed., *In the Light and Shadow of an Emperor: Tomás Pereira, SJ (1645—1708), the Kangxi Emperor and the Jesuit Mission in China*. London: Cambridge Scholars Publishing, 2012, pp. 64—84.

Nicolas Standaert, The 'Edict of Tolerance' (1692): A Textual History and Reading, in Artur K. Wardega, SJ, António Vasconcelos de Saldanha ed., *In the Light and Shadow of an Emperor: Tomás Pereira, SJ (1645—1708), the Kangxi Emperor and the Jesuit Mission in China*, pp. 308—358.

Pingyi Chu, Archiving Knowledge: A Life History of the Chongzhen lishu (Calendrical Treatises of the Chongzhen Reign), *Extrême-Orient, Extrême-Occident Spring* (2007): 159—184.

Pingyi Chu, Scientific Dispute in the Imperial Court: The 1664 Calendar Case, *Chinese Science* 14 (1997): 7—34.

Pingyi Chu, *Technical Knowledge, Cultural Practices and Social Boundaries: Wan-nan Scholars and the Recasting of Jesuit Astronomy, 1600—1800* (UMI, PhD diss., UCLA, 1994).

Qiong Zhang, *Making the New World Their Own: Chinese Encounters with Jesuit Science in the Age of Discovery*, Leiden & Boston: Brill, 2015.

后　记

本书是在我博士论文的基础上不断修改、完善而成的。自 2008 年 9 月读博以来的十年时间里，受惠于诸多师长的教导，我从学术研究的门外汉渐渐登堂入室，体悟到学术研究的乐趣所在。

上海交通大学的读博经历打开了我从事学术研究的路径。读博伊始，完成博士论文对我来说是个不可能完成的任务。导师关增建教授传授我从事学术研究的正确方法，指导我完成第一篇学术论文，至今恩师帮我逐字逐句修改论文的场景仍历历在目。江晓原教授、纪志刚教授、钮卫星教授、李侠教授、董煜宇副教授等老师的课程和教诲，使我受到了系统的科学史训练，打下了博士论文写作的基础。历史系曹树基教授的人口史、经济史课程使我在学术方法上受益匪浅，也促使我找到博士论文写作的第一个突破口。

悉尼大学科学史与科学哲学系 Ofer Gal 教授在我读博期间为我提供了宝贵的访学机会。每次上 Ofer Gal 教授的西方科学史课程之前，都要阅读大量的西方经典文献，这强化了我对史料重要性的认识，也加深了自己对西方科学史的了解。Ofer Gal、Dominic Murphy、Victor Boantza 等老师给研究生讲授的方法论课程，又使我受到一次系统的西方科学史、科学哲学训练，锻炼了自己的思辨能力。上海交通大学和悉尼大学的学术训练使我渐渐掌握了学术研究的规范，一步步完成了博士论文的写作。

到郑州大学工作之后，在不断修改博士论文的同时，我也面临如何解决导师关增建教授提出的博士论文结论深度不够的问题。困顿之际，普林斯顿大学东亚系艾尔曼教授雪中送炭，给我提供了到普大访学的机会。旁听艾尔曼老师的课程，让我见识了美国博士生培养的高压和严苛。大量阅读欧美学者的学术著作进一步锻炼了我的思维，启发我思考出了本书的结论。更为重要的是，普林斯顿大学优越的学术环境让我对自己的下一个研究计划有了清晰的构思。本书书稿完成后，艾尔曼老师亲自帮我修改英文提要，更让我感受到他的提携爱护之意。

郑州大学历史学院王星光教授是我攻读硕士学位时的导师，他指引我走上科技史研究的道路。上海社会科学院熊月之教授、中国科学院自然科学史研究所廖育群研究员、中国科学技术大学石云里教授参加了我博士论文的预答辩或答辩，提出了许多宝贵意见。国家社科基金五位匿名评委对我提交的书稿给出了详细、准确的修改意见，我也在项目结项时一一吸收。《自然辩证法通讯》杂志社的王大明教授、《郑州大学学报（哲学社会科学版）》编辑部的陈朝云教授、《世界宗教研究》编辑部的袁朝晖先生在我学术成长过程中提供了许多帮助。郑州大学历史学院韩国河教授、安国楼教授、谢晓鹏教授、许俊平女士、袁延胜教授、戴庞海教授等诸位老师，既是我本科、硕士期间的授业恩师，又在工作后为我访学、从事研究提供了许多便利。中华书局罗华彤先生和吴爱兰女士为本书的顺利出版付出了大量精力。

感谢所有给予我帮助的师长、朋友和家人，也期待自己的下一个研究计划可以更上一层楼。

2018 年 12 月写于台北

2019 年 4 月改定于郑州

Abstract

Many achievements have been done on the topic of the contest between Chinese and Western Calendars during the Late Ming and Early Qing period. Based on some new materials, this book gives new views on some of the great events on this topic, such as the Chongzhen Calendar Reform, the Kangxi Calendar Case and their overthrow, the Edict of Toleration released by Kangxi Emperor, etc. The theme is to discuss the relationship between calendar reform, the spread of Catholicism and imperial power during the Late Ming and Early Qing period. There are five chapters.

The First Chapter, the Contest between Chinese and Western Calendars during the Chongzhen Calendar Reform.

This chapter has two parts:(1)The Chongzhen Emperor's role in the Chongzhen Calendar Reform. This part studies the contest between the factions who took part in the Chongzhen Calendar Reform, examines why the Western calendar was not promulgated. The Chongzhen Emperor combined the Datong Calendar (《大统历》) and Western Calendar, thinking all the factions should have identical results, which indicated the Calendrical Reform was successful. A method was devised by Xu Guangqi to satisfy Chongzhen's request. However, Li Tianjing asked the Emperor to replace the Datong Calendar with the Western Calendar, which failed to meet the emperor's request, so the reform deadlocked.

(2) Reassessment of the Records of Eclipses Predicted by Western Astronomical Methods during the Chongzhen Calendar Reform. This part argues that the Western astronomical methods always used the 100 units of chronometry(百刻制)in the Chongzhen Calendar Reform. The people used the 100 units of chronometry in calculating the length of eclipse, but

they ignored the small units(小刻), which led to a misunderstanding that the Western astronomical method had adopted the 96 units of chronometry in Chongzhen Calendar Reform. The administrator decided whether to ignore the small units or not. When Li Tianjing administrated the bureau of Western astronomical methods, the accuracy of the eclipse predictions and observations were declining. Moreover, the observation of eclipses were affected by the weather and what instruments were used. This part also discusses some misunderstandings of the Chongzhen Calendar Reform, and reached some conclusions: first, the Chongzhen Calendar Reform was carried out not because the Western astronomical method had a better prediction of eclipse than Chinese astronomical method. Second, accuracy was not the goal for those taking part in the calendar reform. Instead, they held a loose criterion of accuracy.

The Second Chapter, the Jesuits' activities in the Calendar Reform during the Ming-Qing Transition.

There are two parts:(1) A Survey on the Purpose and Significance of the Jesuits Participating in the Chongzhen Calendar Reform from the Perspective of Wages and Patronages. The Jesuits got little wages at the beginning of the Chongzhen Calendar Reform. The Jesuits worked hard and demonstrated their loyalty to the court when the Manchus invaded Ming's territory. Then the Court added the wages after the request of the Ming officials. The Jesuits were concerned more about their missionary work and tried to spread Catholicism by means of imperial power, so they were willing to participate in the Calendar Reform, though getting little wages from the Ming Dynasty.

(2)Study How Johann Adam Schall von Bell Managed the Qing Astro-calendric Bureau During the Reign of Shunzhi. After the Ming-Qing transition, Adam Schall changed his position to support the Manchu court, which helped him get the right of managing the Astro-calendric Bureau. Then Johann Adam Schall von Bell

established the dominant position of the Western calendar in the

Qing Astro-calendric Bureau by taking over the middle leadership, winning over the support of the staffs and urged them to learn the Western calendar. All this took a long time. Schall suppressed the development of the Muslim Huihui Calendar, which led to the attack on the Western calendar by Wu Mingxuan.

The Third Chapter, the Outbreak of Kangxi Calendar Case.

There are three parts: (1) The Relationship between the Fifth Dalai Lama's Pilgrimage to Beijing and the Occurrence of Kangxi Calendar Case. In the Shunzhi Reign, the Han ministers and Manchu ministers had a debate on whether the Shunzhi Emperor should go out of Beijing to welcome the Fifth Dalai Lama. For the purpose of keeping the border area in a stable situation, the Manchu ministers insisted that the Shunzhi Emperor should give preferential treatment to Dalai Lama. However, the Han ministers held a completely opposite standpoint. Johann Adam Schall von Bell was chosen to support the Han ministers and contributed to stop Shunzhi Emperor's decision that he should leave Beijing to welcome the Fifth Dalai Lama. Adam Schall did so because of his consideration of religion matters. In the third year of Kangxi Reign, when Manchu ministers whom Adam Schall had opposed took imperial power, there was a disturbance in the border areas that the Manchu ministers had worried about. Moreover, Adam Schall was the only one who once opposed the Fifth Dalai Lama's pilgrimage to Beijing and still held a high position in court. Under the circumstances, Yang Guangxian reported to the Court that Adam Schall had plotted treason and other crimes. Then the Kangxi Calendar Case occurred. The cause of this Kangxi Calendar Case was the political resentment between Adam Schall and Manchu ministers.

(2) Study How Yang Guangxian sued the Kangxi Calendar Case. This part uses the newly published Manchu Archives to study on how Yang Guangxian accused the Kangxi Calendar Case. The reasons for Yang Guangxian's accusation and what situation he met are the key part of the book. Here are the conclusions: the target of Guangxian's accusa-

tions was transferred from the Western Calendar to Johann Adam Schall von Bell. The reason for Guangxian's accusations was he believed that the missionaries were trying to rebel. The political situation determined the occurrence of the Kangxi Calendar Case.

(3) A Political Conflict: Rethinking on the Trial of the Kangxi Calendar Case. The core of Kangxi Calendar Case was not the Western Calendar and the funeral date for the fourth son of Shunzhi Emperor, but how to sentence Adam Schall to death. The Court first sentenced Adam Schall and others to death, for the judge believed that Adam Schall had committed the crime of treason, which was reported by Yang Guangxian. However, the accusation couldn't be executed, because the Shunzhi Emperor once publicly praised Adam Schall and Catholicism. Then the focus of the trial moved to the Western Calendar and the incorrect funeral date for the fourth son of Shunzhi Emperor. Adam Schall was sentenced for choosing the incorrect funeral date for the fourth son of Shunzhi Emperor. The essence of the Kangxi Calendar Case was not a Rites Controversy for the funeral date for the fourth son of the Shunzhi Emperor, but the results were political struggles with Adam Schall.

The fourth chapter, the Redressing of Kangxi Calendar Case.

There are three parts: (1) Political Power and Astronomical Administration: Study how Yang Guangxian Administrated the Qing Astro-calendric Bureau. In the Kangxi Calendar Case, the court appointed Yang Guangxian to be the director of Astro-calendric Bureau. Yang Guangxian rejected the appointment five times, but he was forced to administrate the bureau. After he held the position, Yang Guangxian cracked down on the staff who knew the Western Calendar well. When there was a big dispute concerning the calendar, the Kangxi Emperor took Ferdinand Verbiest's advice that they should examine the Chinese and the Western Calendars through a test. Ferdinand Verbiest defeated Yang Guangxian in the court test. Then Yang Guangxian was removed from the office. The fact that Yang Guangxian didn't know the calendar never changed; what changed was the ruler's new standards. In the political system of Qing Dynasty, political power decided the orientation of astronomical administration. The standards of the ruler was the guideline to select the staff of Astro-calendric Bureau.

(2) The Relationship between Aobai's arrest and the Redress of the Kangxi Calendar Case. This part investigates how the change of political situation impacted on the redress of the Kangxi Calendrical Case. When the senior assistant minister Aobai (鳌拜) took power, the Kangxi Emperor and Ferdinand Verbiest didn't talk about redress for the case of Adam Schall. When Aobai lost power, there was a big change in the political situation. Ferdinand Verbiest took the initiative and asked for the redress of the Kangxi Calendar Case. The Kangxi Emperor ordered the court to investigate the case again, and the Calendar Case was totally overthrown. In the redress of the Kangxi Calendrical Case, the Kangxi Emperor's attitude about the Calendar and Adam Schall play an important role. Moreover, the collapse of the senior ministers' within the assistant system was a necessary condition for the redress of the Kangxi Calendar Case.

(3) How the ninety-six units of chronometry were established in China. The traditional Chinese calendar adopted 100 units of chronometry to measure, while the European calendar still employed Hour-Minute-Second system. When the Jesuits arrived in China, they adopted the strategy of integrating the Chinese and Western timing systems in the field of chronometry. The Jesuits found the 96 units of chronometry became a perfect intermediate point between Chinese and Western timing system. In this part, we see that the 96 units of chronometry had the same fate with the Western Calendar. The reason for the debate between the 100 units of chronometry and the 96 units of chronometry was that the Chinese and Western Calendars adopted different metrological systems. Yang Guangxian opposed the implementation of 96 units of chronometry for political and cultural reasons.

The fifth Chapter, The Issue of the' Edict of Tolerance' (1692).

There are three parts: (1) Faith, Duty and Politics: Ferdinand Verbiest's Attitude on Soothsaying and Astrology. This part investigates the four books written by Ferdinand Verbiest which were *Wang Ze Bian*《妄择辩》、*Wang Zhan Bian*《妄占辩》、*Wang Tui Ji Xiong Bian*《妄推吉凶辩》and *Yu Tui Ji Yan*《预推纪验》. It examines Ferdinand Verbiest's attitude on soothsaying and astrology. Ferdinand Verbiest should have adamantly opposed the Chinese soothsaying (选择术)and astrology(星占术)for his Catholic faith. However, he couldn't overturn the theory of Chinese soothsaying, because of the political situation and the duties of the Astro-calendric Bureau. Meanwhile, Ferdinand Verbiest attempted to overturn the theory and practice of Chinese astrology. Although Ferdinand Verbiest refuted Chinese astrology, he firmly believed the astro-meteorology, which was part of European astrology. At the end, Ferdinand Verbiest ceased submitting the memorial to the throne about astro-meteorology, and reported according to Chinese astrology. Politics was the key element in Ferdinand Verbiest's attitude on Chinese soothsaying and astrology. Cultural belief was the reason why Ferdinand Verbiest took different attitudes on Chinese astrology and European astrology.

(2) Study How Ferdinand Verbiest Administered the Calendar Affairs. In order to keep the orthodox position of Western calendar, Ferdinand Verbiest did a lot of work when he was in charge of the calendar affairs, such as fight with those who were against the Western Calendar and urging the staff to master the Western Calendar, etc. At the same time, Ferdinand Verbiest made military artillery for the Qing government. The Kangxi Emperor gradually recognized Ferdinand Verbiest's contributions, which created a good atmosphere for the missionary work.

(3) State Governance and Friendship between the Monarch and the Jesuits:

Study the reason Why the Emperor Kangxi issued the' Edict of Tolerance' (1692). Most of the research results about the ' Edict of

Tolerance'(1692) focused on the role of Ferdinand Verbiest, Tomás Pereira and Suo etu (索额图). Not too much attention has been paid to Emperor Kangxi. Actually, Emperor Kangxi made the decision to issue the 'Edict of Tolerance'(1692). At the beginning, Kangxi Emperor prohibited the preaching activities of Catholicism, because it didn't fit with the Qing government's ruling policy. Ferdinand Verbiest tried to create a good atmosphere for the missionary work. After the Jesuits did a lot of work for the Court, the prohibition against Catholicism was not seriously implemented. Meanwhile, the Kangxi Emperor investigated the missionaries in many ways. He found that the missionaries didn't commit crimes. Before the anti-Christian incident occurred in Hangzhou, Emperor Kangxi had concluded that the missionary couldn't threaten his imperial power. To resolve the anti-Christian incident, the Jesuits wished Emperor would abandon the prohibition against Catholicism. But Emperor Kangxi still wanted to continue the same policy, and the Jesuits were very depressed and expressed their non-cooperation attitude with Emperor Kangxi. At that time, Emperor Kangxi was very interested in the Western learning. Finally, the Kangxi Emperor decided to issue the Edict of Toleration whereby Catholicism was allowed to spread in China. The Emperor Kangxi played a key role to issue the 'Edict of Tolerance'.

Conclusion

(1) The root of the dispute between Chinese and Western Calendars during the late Ming and early Qing period was the constant change in the imperial power's attitude towards the calendar reform. The attitude of the imperial power determined the fate of the calendar reform and the spread of Catholicism in China.

(2) The Jesuits' political adaptation strategy. Adapting to the political system in the Ming and Qing Dynasties was the basis for the Jesuits' mission in China. The Jesuits tried to integrate into the bureaucratic system of the Ming and Qing Dynasties. Through the control of the Astro-calendric Bureau, the Jesuits gained access to the imperial power

and served the imperial power, and then gain the imperial power to protect the spread of Catholicism in China. The Jesuits' Academic communication strategies and cultural adaptation strategies depended on their political adaptation strategies to be effective.

(3) The Centralization and autocracy of the administration of the Astro-calendric Bureau. The officials who administered the Astro-calendric Bureau had unrestricted powers. This political power determined the fate of the Chinese and Western calendars in the astronomical institutions. Such centralization and autocracy didn't just exist on the imperial power level, but it may have existed on all levels of the bureaucratic system of the Ming and Qing Dynasties.